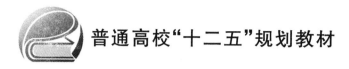

普通高校"十二五"规划教材

无线射频识别(RFID)工程实践

彭 力 冯 伟 编著

北京航空航天大学出版社

内 容 简 介

无线射频识别(RFID)技术是物联网应用技术中的主流技术,被誉为 21 世纪最有应用和市场前景的十项技术之一,因其应用广泛的重要地位,使之成为物联网工程专业的主干课程。

本书结合自主开发的 RFID 实验研发平台,详细阐述了在土流工作频率 125 kHz、13.56 MHz、900 MHz 与微波 2.4 GHz 应用下的 RFID 的操作原理和开发实践,使读者对 RFID 技术有一个更深刻的认识,并能够更好地应用 RFID 技术。

本书侧重于工程实践,针对具体应用提供了阅读器、应答器和天线的设计以及软、硬件的实现方法,不仅能为本科生、专科生提供教学实践指导,同时还能为研究生和科研工程人员提供工程实践参考。

图书在版编目(CIP)数据

无线射频识别(RFID)工程实践 / 彭力,冯伟编著
. -- 北京 : 北京航空航天大学出版社,2013.8
　ISBN 978 - 7 - 5124 - 1216 - 3

Ⅰ. ①无…　Ⅱ. ①彭…　②冯…　Ⅲ. ①无线电信号—射频—信号识别　Ⅳ. ①TN911.23

中国版本图书馆 CIP 数据核字(2013)第 180879 号

无线射频识别(RFID)工程实践

彭 力　冯 伟　编著

责任编辑　杨　昕　刘　工　刘爱萍

*

北京航空航天大学出版社出版发行

北京市海淀区学院路 37 号(邮编 100191)　http://www.buaapress.com.cn

发行部电话:(010)82317024　传真:(010)82328026

读者信箱：goodtextbook@126.com　邮购电话:(010)82316936

北京时代华都印刷有限公司印装　各地书店经销

*

开本:787×1 092　1/16　印张:16.75　字数:429 千字

2013 年 8 月第 1 版　2013 年 8 月第 1 次印刷　印数:3 000 册

ISBN 978 - 7 - 5124 - 1216 - 3　定价:30.00 元

序

随着人们对物联网概念和技术的深入了解与认识，对物品属性的定位和跟踪成为社会广泛的需求，无线射频识别（RFID）技术具有对无线电射频应用的物品数据可读可写的功能，使用方便、卫生、永久，因而受到人们的青睐，成为物联网应用中的核心技术。

RFID技术的应用最早可以追溯到第二次世界大战时期，美军将该技术用于识别盟军的飞机。目前，RFID技术已应用于我们的日常生活中，如非接触式就餐卡、车辆防盗系统、道路自动收费系统、门禁系统、身份识别系统，等等。特别是随着近几年零售业和物流行业信息化的不断深入，使得这些行业越来越依赖于应用信息技术来控制库存，改善供应链管理，降低成本，提高工作效率，这为RFID技术的应用和快速发展提供了极大的市场空间。

RFID技术被誉为21世纪最有应用和市场前景的十项技术之一。本书主要介绍RFID原理、技术及其在工业、生活中的应用，以此使读者对RFID技术有一个更深刻的认识，并能够更好地应用RFID技术。同时，本书结合自主开发的RFID实验研发平台，详细阐述了主流工作频率下的RFID开发和操作原理，这对于进行RFID实践有较大的帮助。

全书共分五章。第1章帮助读者初步了解RFID技术的基本概念；第2章介绍RFID标准的基础理论和几种不同标准的内容；第3章介绍RFID在物联网中的应用；第4章给出实验平台，通过对软、硬件的介绍，分析讨论在主流工作频率125 kHz、13.56 MHz、900 MHz与微波应用下的阅读器、应答器和天线的设计，并提供软、硬件实现的方法；第5章详细介绍实验指导过程。

本书由江南大学物联网工程学院的彭力教授主编，江南大学的吴治海博士、闻继伟博士、李稳高工和冯伟工程师以及研究生韩潇、贾云龙、高雪、董国勇、卢晓龙和吴凡等参加了图书编写和实验平台开发工作。在此向他们表示感谢；同时感谢物联网应用技术教育部工程研究中心和江南感知能源研究院的资助。

彭　力
2012 年 12 月于无锡

目　　录

第1章　射频识别技术概论 ……………………………………………………………… 1

1.1　射频识别技术及特点 ……………………………………………………………… 1

1.2　射频识别的基本原理 ……………………………………………………………… 1

　　1.2.1　RFID 的基本交互原理 ……………………………………………………… 1

　　1.2.2　RFID 的耦合方式 …………………………………………………………… 2

　　1.2.3　RFID 的工作频率 …………………………………………………………… 2

1.3　射频识别的应用构架 ……………………………………………………………… 3

　　1.3.1　RFID 应用系统的组成 ……………………………………………………… 3

　　1.3.2　应答器(射频卡和标签) …………………………………………………… 4

　　1.3.3　阅读器(读写器和基站) …………………………………………………… 6

　　1.3.4　天　线 ………………………………………………………………………… 7

　　1.3.5　高　层 ………………………………………………………………………… 8

1.4　RFID 技术的应用 ………………………………………………………………… 8

第2章　RFID 的 ISO/IEC 标准 ……………………………………………………… 11

2.1　RFID 标准概述 …………………………………………………………………… 11

　　2.1.1　标准的作用和内容 ………………………………………………………… 11

　　2.1.2　RFID 标准的分类 …………………………………………………………… 11

　　2.1.3　ISO/IEC 制定的 RFID 标准概况 ………………………………………… 12

　　2.1.4　RFID 标准多元化的原因 …………………………………………………… 12

2.2　ISO/IEC 的 RFID 标准简介 ……………………………………………………… 13

　　2.2.1　非接触式 IC 卡标准 ………………………………………………………… 13

　　2.2.2　物品识别标准 ……………………………………………………………… 14

2.3　ISO/IEC 14443 标准 ……………………………………………………………… 14

　　2.3.1　ISO/IEC 14443—1 物理特性 ……………………………………………… 14

　　2.3.2　ISO/IEC 14443—2 射频能量和信号接口 ……………………………… 14

　　2.3.3　ISO/IEC 14443—3 防碰撞协议 ………………………………………… 17

　　2.3.4　ISO/IEC 14443—4 传输协议 …………………………………………… 27

2.4　ISO/IEC 15693 标准 ……………………………………………………………… 35

　　2.4.1　空中接口与初始化 ………………………………………………………… 35

　　2.4.2　传输协议 …………………………………………………………………… 40

　　2.4.3　防碰撞 ……………………………………………………………………… 47

2.5　ISO/IEC 18000—6 标准 ………………………………………………………… 48

　　2.5.1　TYPE A 模式 ……………………………………………………………… 49

　　2.5.2　TYPE B 模式 ……………………………………………………………… 59

第3章　基于 RFID 的物联网 ………………………………………………………… 69

3.1　RFID 和物联网 …………………………………………………………………… 69

3.2 物联网的诞生历史 ······· 69

3.3 国内外 RFID 物联网现状 ······· 70

  3.3.1 国外现状 ······· 70

  3.3.2 国内现状 ······· 71

3.4 RFID 物联网应用的市场前景 ······· 72

3.5 RFID 物联网组件 ······· 73

  3.5.1 RFID 物联网信息服务(IOT‐IS) ······· 73

  3.5.2 RFID 物联网名称解析服务(IOT‐NS) ······· 73

  3.5.3 RFID 物联网中间件服务(IOT‐MWS) ······· 74

  3.5.4 物联网中的 RFID 编码及射频识别 ······· 74

3.6 RFID 物联网关键技术 ······· 75

  3.6.1 RFID 物联网编码 ······· 75

  3.6.2 识别和防碰撞问题 ······· 76

  3.6.3 RFID 物联网安全 ······· 78

3.7 物联网工作流程举例 ······· 80

第 4 章 RFID 教学实验平台 ······· 82

4.1 硬件开发平台 ······· 82

  4.1.1 系统控制主板 ······· 82

  4.1.2 仿真器 ······· 82

  4.1.3 液晶模块 ······· 84

  4.1.4 RFID‐125 kHz‐Reader 125 kHz 低频 RFID 模块 ······· 84

  4.1.5 RFID‐13.56 MHz‐Reader 13.56 MHz 高频 RFID 模块 ······· 85

  4.1.6 RFID‐900 MHz‐Reader 900 MHz 超高频 RFID 模块 ······· 85

  4.1.7 RFID‐ZigBee‐Reader 2.4 GHz 微波 RFID 模块 ······· 85

  4.1.8 RFID‐ZigBee‐Tag 2.4 GHz 微波 RFID 标签模块 ······· 86

4.2 系统控制主板 ······· 87

  4.2.1 系统控制主板概览 ······· 87

  4.2.2 系统控制主板的供电 ······· 87

  4.2.3 系统控制主板上的各种连接座 ······· 87

  4.2.4 系统控制主板上的 RFID 选择拨码开关 ······· 88

  4.2.5 系统控制主板上的按键 ······· 89

  4.2.6 系统控制主板上的 JTAG 调试接口 ······· 89

  4.2.7 系统控制主板上的 USB 接口 ······· 89

  4.2.8 系统控制主板上的其他人机接口 ······· 89

4.3 仿真器 ······· 90

  4.3.1 MSP430 仿真器 ······· 90

  4.3.2 CC2530 仿真器 ······· 90

4.4 RFID‐125 kHz‐Reader 125 kHz 低频 RFID 模块 ······· 91

4.5 RFID‐13.56 MHz‐Reader 13.56 MHz 高频 RFID 模块 ······· 92

4.6　RFID-900 MHz-Reader 900 MHz 超高频 RFID 模块 ················ 93

　　4.6.1　RFID-900 MHz-Reader 900 MHz 超高频 RFID 模块的供电 ···· 93

　　4.6.2　RFID-900 MHz-Reader 900 MHz 超高频 RFID 模块的用户接口 ···· 93

4.7　RFID-2.4 GHz 微波 RFID 模块 ······························· 94

　　4.7.1　RFID-ZigBee-Reader 2.4 GHz 微波 RFID 模块 ············· 94

　　4.7.2　RFID-ZigBee-Tag 2.4 GHz 微波 RFID 标签模块 ············ 95

4.8　软件开发平台 ··· 97

4.9　系统控制主板驱动程序安装（采用 CP2102 芯片） ················ 101

4.10　仿真器驱动程序安装 ·· 105

　　4.10.1　安装 MSP-FET430UIF JATG Tool 驱动 ················ 105

　　4.10.2　安装 MSP-FET430UIF-Serial Port 驱动 ·············· 110

4.11　IAR for MSP430 开发环境下 TIUSBFET 口的选择 ············· 111

第 5 章　无线射频识别技术实验 ·· 115

5.1　在 IAR 开发环境下对 MSP430 进行程序仿真和固化 ············· 115

5.2　125 kHz LF RFID 实验 ·· 121

　　5.2.1　寻卡实验（由 MSP430F2370 控制） ···················· 121

　　5.2.2　125 kHz LF RFID 寻卡实验（由 PC 控制） ··············· 122

5.3　13.56 MHz HF RFID 实验 ······································ 124

　　5.3.1　脱机实验 ·· 124

　　5.3.2　联机通信实验 ·· 126

　　5.3.3　上位机 GUI 软件介绍 ·································· 128

　　5.3.4　ISO15693 协议联机通信实验 ·························· 130

　　5.3.5　ISO14443A 协议联机通信实验 ························· 164

　　5.3.6　ISO14443B 协议联机通信实验 ························· 169

　　5.3.7　Tag-it 协议 ··· 175

　　5.3.8　寻找标签实验 ·· 184

　　5.3.9　寄存器设置实验 ······································ 186

　　5.3.10　自定义命令测试实验 ·································· 187

5.4　900 MHz UHF RFID 实验 ······································ 191

　　5.4.1　寻卡实验（由 MSP430F2370 控制） ···················· 191

　　5.4.2　模块通信数据包格式 ·································· 193

　　5.4.3　获取信息和设置功率实验 ······························ 195

　　5.4.4　单次寻卡实验 ·· 201

　　5.4.5　连续寻卡实验 ·· 203

　　5.4.6　防碰撞连续寻卡实验 ·································· 206

　　5.4.7　读取标签信息实验（不指定 UII 模式） ·················· 209

　　5.4.8　读取标签信息实验（指定 UII 模式） ···················· 213

　　5.4.9　写入标签数据实验（不指定 UII 模式） ·················· 216

　　5.4.10　写入标签数据实验（指定 UII 模式） ··················· 218

5.4.11　擦除标签数据实验 ……………………………………………………… 221

5.4.12　锁定存储区实验 ……………………………………………………… 223

5.4.13　销毁标签实验 ………………………………………………………… 227

5.5　RFID－ZigBee－Reader 2.4 GHz 微波 RFID 实验准备工作 ………… 229

5.5.1　基于 ZigBee2007/PRO 的 2.4 GHz 微波通信 ………………… 235

5.5.2　RFID－ZigBee－Reader 2.4 GHz 微波 RFID 读卡实验 ………… 238

5.5.3　RFID－ZigBee－Reader 2.4 GHz 微波 RFID 上位机实验 ……… 241

附　录 …………………………………………………………………………… 246

附录 A　AFI 编码 ……………………………………………………………… 246

附录 B　UII 格式 ……………………………………………………………… 246

附录 C　Error codes(错误码) ……………………………………………… 247

附录 D　Extensible Bit Vectors(EBV) ……………………………………… 247

附录 E　Lock－command Payload ………………………………………… 248

附录 F　实验部分电路原理图 ……………………………………………… 249

附录 G　实验常见问题 ……………………………………………………… 256

附录 H　RFID 国际标准 ……………………………………………………… 257

参考文献 ………………………………………………………………………… 260

第 1 章　射频识别技术概论

1.1　射频识别技术及特点

　　射频识别(RFID)是无线射频识别(Radio Frequency Identification)的简称,是自动识别技术的一种,通过无线射频方式进行非接触双向数据通信,可对目标加以识别并获取相关数据。

　　RFID 的主要核心部件是阅读器和应答器(也称为电子标签),通过相距几厘米到几米距离内读写器发射的无线电波,来读取电子标签内存储的信息,以识别电子标签所代表的物品、人和器具的身份。由于电子标签的存储容量可以是 2^{96} 次方以上,因此,它彻底抛弃了条形码的种种限制,使世界上的每一种商品都可以拥有独一无二的电子标签。并且,贴上这种电子标签之后的商品,从它在工厂的流水线上开始,到被放在商场的货架,再到消费者购买后最终结账,甚至到电子标签最后被回收的整个过程都能够被追踪管理。在一些应用中,阅读器不仅可以读出存放的信息,而且可以对应答器写入数据,读/写过程是通过双方之间的无线通信来实现的。

　　射频识别具有下述特点:
- 它不需人工干预、不需直接接触、不需光学可视即可完成信息输入和处理;
- 它是通过电磁耦合方式实现的非接触自动识别技术;
- 它需要利用无线电频率资源,必须遵守无线电频率使用的众多规范;
- 它存放的识别信息是数字化的,因此通过编码技术可以方便地实现多种应用,如身份识别、商品货物识别、动物识别、工业过程监控和收费等;
- 它可以容易地对多应答器、多阅读器进行组合建网,以完成大范围的系统应用,并构成完善的信息系统;
- 它涉及计算机、无线数字通信、集成电路、电磁场等众多学科,是一个融合多种技术的领域。

1.2　射频识别的基本原理

1.2.1　RFID 的基本交互原理

　　射频识别的基本原理框图如图 1-1 所示。

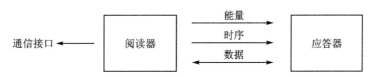

图 1-1　RFID 的基本原理框图

应答器为集成电路芯片,它工作时需要由阅读器提供能量,阅读器产生的射频载波用于为应答器提供能量。

阅读器和应答器之间的信息交互通常采用询问-应答的方式进行,因此必须有严格的时序关系,时序由阅读器提供。

应答器和阅读器之间可以实现双向数据交换,应答器存储的数据信息采用对载波的负载调制方式向阅读器传送,阅读器给应答器的命令和数据通过采用载波间隙、脉冲位置调制、编码调制等方式实现传送。

1.2.2　RFID 的耦合方式

根据射频耦合方式的不同,RFID 可以分为电感耦合(磁耦合)和反向散射耦合(电磁场耦合)两大类。

1. 电感耦合系统

在电感耦合系统中,阅读器和应答器之间的射频信号的实现为变压器模型,通过空间高频交变磁场实现耦合,该系统依据的是电磁感应定律,如图 1-2 所示。

电感耦合方式一般用于中、低频工作台的近距离射频识别系统。电感耦合系统典型的工作频率为 125 kHz、225 kHz 和 13.56 MHz。该系统的识别距离小于 1 m,典型作用距离为 10～20 cm。

2. 反向散射耦合系统

在反向散射耦合系统中,阅读器和应答器之间的射频信号的实现为雷达原理模型,发射出去的电磁波碰到目标后被反射,同时携带回目标信息。该系统依据的是电磁波的空间传输规律,如图 1-3 所示。

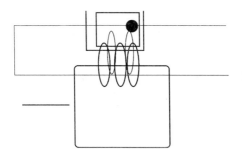
图 1-2　电感耦合

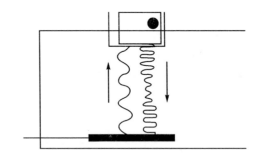
图 1-3　反向散射耦合

电磁场反向散射耦合系统一般适用于高频、微波工作的远距离射频识别。电磁场反向散射耦合系统典型的工作频率为 433 MHz、916 MHz、2.45 GHz 和 5.8 GHz。该系统的识别距离大于 1 m,典型作用距离为 3～10 m。

1.2.3　RFID 的工作频率

RFID 系统的工作频率划分为下述频段:
(1) 低频(LF)
工作频率范围一般为 30～300 kHz,典型的工作频率为 125 kHz 和 133 kHz。基于这些频率点的射频识别系统一般都有相应的国际标准。其基本特点是标签的成本较低,标签内保存的数据量较少,阅读距离较短(无源情况,典型阅读距离为 10 cm),应答器外形多样(卡状、环状、纽扣状、毛状),阅读天线方向性不强等。

(2) 高频(HF)

工作频率范围一般为 3~30 MHz,典型工作频率为 13.56 MHz±7 kHz。高频系统在这些频段上也有众多的国际标准予以支持。其基本特点是标签及阅读器的成本均较高,标签内保存的数据量较大,性能好,外形一般为卡状,阅读天线及电子标签均有较强的方向性。

(3) 超高频(UHF)

工作频率范围为 300~960 MHz,典型工作频率为 433 MHz、860~960 MHz。

(4) 微　波

工作频率为 2.4 GHz 和 5.8 GHz。2.4 GHz 和 5.8 GHz 的射频识别系统多以半无源微波射频标签产品面世。半无源标签一般采用纽扣电池供电,具有较远的阅读距离。微波射频标签的典型特点主要集中在是否无源,无线读写距离,是否支持多标签读写,是否适合高速识别应用,读写器的发射功率容限,射频标签及读写器的价格等方面。

1.3　射频识别的应用构架

1.3.1　RFID 应用系统的组成

RFID 应用系统的组成结构如图 1-4 所示,它由阅读器、应答器和高层等部分组成。最简单的应用系统只有单个阅读器,它一次对一个应答器进行操作,如公交汽车上的票务操作,较复杂的应用需要一个阅读器同时对多个应答器进行操作,要具有防碰撞(也称为防冲突)的能力。更复杂的应用系统要解决阅读器的高层处理问题,包括多阅读器的网络连接。

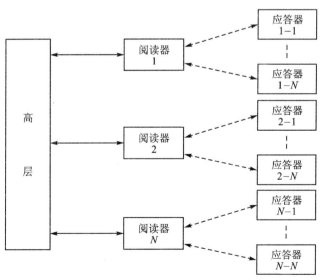

图 1-4　RFID 应用系统的组成结构

1.3.2　应答器(射频卡和标签)

从技术角度来说,射频识别技术的核心在应答器,阅读器是根据应答器的性能而设计的。虽然在 RFID 系统中应答器的价格远比阅读器低,但通常情况下,在应用中应答器的数量是很大的,尤其在物流应用中,应答器的用量不仅大,而且可能是一次性使用,而阅读器的数量相对要小很多。

1. 射频卡和标签

应答器在某种应用场合还有一些专有的名称,如射频卡(也称为非接触卡)、标签等,但都可统称为应答器。

(1) 射频卡(RF Card)

应答器的外形多种多样,如盘状、卡状、条状、钥匙状、手表状等,不同的形状适于不同的应用。

如果将应答器的芯片和天线塑封成如银行的银联卡和电信的电话卡那样,塑料卡的物理尺寸符合 ID-1 型卡的规范,那么这类应答器称为射频卡或非接触卡,如图 1-5 所示。

(a) 外　形

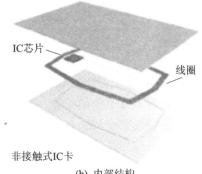

(b) 内部结构

图 1-5　射频卡

ID-1 是国际标准 ISO/IEC 7810 中规定的三种磁卡尺寸规格中的一种,其宽度×高度×厚度为 85.6 mm×53.98 mm×0.76 mm±容许误差。

当射频卡的工作频率低于 135 kHz 或 13.56 MHz 时,采用电感耦合方式实现能量和信息的传输。射频卡通常应用于身份识别和收费系统。

(2) 标签(Tag)

除了卡状外形,应答器还具有前面介绍的很多形状,可用于动物识别、商品货物识别、集装箱识别等,在这些应用领域应答器常称为标签。

图 1-6 所示为几种典型标签的外形。应答器芯片安放在一张薄纸膜或塑料膜内,这种薄膜往往和一层纸胶合在一起,背面涂上黏胶剂,这样就很容易粘贴到被标识的物体上。

2. 应答器的主要性能参数

应答器的主要性能参数有:工作频率、读/写能力、编码调制方式、数据传输速率、信息数据存储容量、工作距离、多应答器识别性能(也称为防碰撞或防冲突能力)、安全性能(密钥、认证)等。

| (a) 智能标签 | (b) 金属标签 | (c) 动物耳标 |

图 1-6　标　签

3．应答器的分类

根据应答器是否需要加装电池及电池供电的作用,可将应答器分为无源(被动式)、半无源(半被动式)和有源(主动式)应答器三种类型。

(1) 无源应答器

无源应答器不附带电池,在阅读器的阅读范围之外,应答器处于无源状态;在阅读器的阅读范围之内,应答器从阅读器发出的射频能量中提取工作所需的电能。采用感耦合方式的应答器多为无源应答器。

(2) 半无源应答器

半无源应答器内装有电也,但电池仅起辅助作用,它对维持数据的电路供电或对应答器芯片工作所需的电压做辅助支持。应答器电路本身耗能很少,平时处于休眠状态。当应答器进入阅读器的阅读范围时,受阅读器发出的射频能量的激励而进入工作状态,它与无源应答器一样,用于传输通信的射频能量源自阅读器。

(3) 有源应答器

有源应答器的工作电源完全由内部电池供给,同时内部的电池能量也部分地转换为应答器与阅读器通信所需的射频能量。

4．应答器电路的基本结构和作用

应答器电路的基本结构如图 1-7 所示,它由天线、编/解码器、电源、解调器、存储器、控制器和负载调制电路组成。

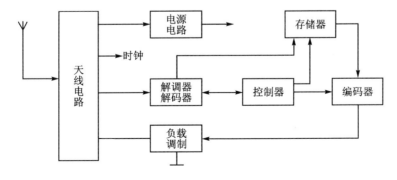

图 1-7　应答器电路的基本结构

(1) 存储器应答器、具有密码功能的应答器和智能应答器

应答器组成电路的复杂度与应答器所具有的功能相关。单从应答器的功能来分类,应答器可分为存储器应答器(又可分为只读应答器和可读/写应答器)、具有密码功能的应答器和智能应答器。

(2) 能量获取

天线电路用于获取射频能量,由电源电路整流稳压后为应答器电路提供直流工作电压,对于可读/写应答器,如果存储器是 E^2PROM,电源电路还需要产生写入数据时所需要的直流高电压。

(3) 时　钟

天线电路获取的载波信号的频率经分频后,分频信号可作为应答器的控制器、存储器、编/解码器等电路工作时所需的时钟信号。

(4) 数据的输入/输出

从阅读器送来的命令,经过解调、解码电路送至控制器,控制器实现命令所规定的操作;从阅读器送来的数据,经解调、解码后在控制器的管理下写入存储器。

(5) 存储器

RFID 应答器存储的数据通常在几字节到几千字节之间,但有一个例外,就是用于电子防盗系统(EAS)的 1 比特应答器。

简单的应答器的存储数据量不大,通常多为序列号码(如唯一识别号 UID、电子商品 EPC 等),它们在芯片生产时写入,以后就不能改变。

在可读/写的应答器中,除了固化数据外,还需支持数据的写入,为此有 3 种常见的存储器:E^2PROM(电可擦除只读存储器)、SRAM(静态随机存储器)和 FRAM(铁电随机存储器)。

在具有密码功能的应答器中,存储器中还存有密码,以供加密信息的提供和认证。

(6) 控制器

控制器是应答器芯片有序工作的指挥器。只读应答器的控制器电路比较简单,对于可读/写和具有密码功能的应答器,必须由内部逻辑控制来对存储器的读/写操作和读/写授权请求进行处理,该项工作通常由一台状态机来完成。然而,状态机的缺点是缺乏灵活性,这意味着当需要变化时就要更改芯片上的电路,这在经济性和完成时间上都存在着问题。

如果应答器上带有微控制器(MCU)或数字信号处理器(DSP),则称为智能应答器,它对于更改的应对会更灵活方便,而且还增加了很多运算和处理能力。随着 MCU 和 DSP 功耗的不断降低,智能应答器在身份识别、金融等领域的应用不断扩大。

1.3.3　阅读器(读写器和基站)

阅读器也有一些其他称呼,如读写器、基站等。实际上在 RFID 系统中,也可将应答器固定安装,而将阅读器应用于移动状态。

1. 阅读器的功能

虽然因频率范围、通信协议和数据传输方法的不同,各种阅读器在一些方面会有很大的差异,但阅读器通常都应具有下述功能:

- 以射频方式向应答器传输能量;

- 从应答器中读出数据或向应答器写入数据；
- 完成对读取数据的信息处理并实现应用操作；
- 若有需要，应能和高层一起处理交互信息。

2. 阅读器电路的组成

阅读器电路的组成框图如图 1-8 所示，各部分的作用简述如下。

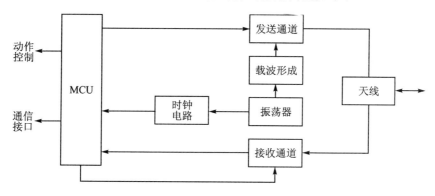

图 1-8　阅读器电路的组成框图

（1）振荡器

振荡器电路产生符合 RFID 系统要求的射频振荡信号，一路经过时钟电路产生 MCU 所需的时钟信号，另一路经过载波形成电路产生阅读器工作的载波信号。例如，振荡器的振荡频率为 4 MHz，经整形后提供 MCU 工作的 4 MHz 时钟，经分频（32 分频）产生 125 kHz 的载波。

（2）发送通道

发送通道包括编码、调制和功率放大电路，用于向应答器传送命令和写数据。

（3）接收通道

接收通道包括解调、解码电路，用于接收应答器返回的应答信息和数据。根据应答器的防碰撞能力的设置，还应考虑防碰撞电路的设计。

（4）微控制器（MCU）

MCU 是阅读器工作的核心，完成收/发控制、向应答器发送命令与写数据、应答器数据的读取与处理、与应用系统的高层进行通信等任务。

MCU 的动作控制包括与声、光、显示部件的接口，通信接口可采用 RS232、USB 或其他通信接口。

随着数字信号处理器（DSP）应用的普及，阅读器也可采用 DSP 器件作为核心器件，以实现更加完善的功能。

1.3.4　天　线

阅读器和应答器都需要安装天线，天线的应用目标是取得最大的能量传输效果。选择天线时，需要考虑天线的类型、天线的阻抗、应答器附着物的射频特性、阅读器与应答器周围的金属物体等因素。

RFID 系统所用的天线类型主要有偶极子天线、微带贴片天线、线圈天线等。偶极子天线辐射能力强，制造工艺简单，成本低，具有全方向性，常用于远距离 RFID 系统。微带贴片天线的方向图是定向的，但工艺复杂，成本较高。线圈天线用于电感耦合方式的 RFID 系统中（阅读器和应答器之间的耦合电感线圈在这里也称为天线），线圈天线适用于近距离（1 m 以下）的 RFID 系统，在 UHF、微波频段以及工作距离和方向不定的场合难以得到广泛的应用。

在应答器中，天线和应答器芯片封装在一起，由于应答器尺寸的限制，天线的小型化、微型化成为决定 RFID 系统性能的重要因素。近年来研制的嵌入式线圈天线、分型开槽环天线和低剖面圆极化 EBG（电磁带隙）天线等新型天线为应答器的天线小型化提供了技术保证。

1.3.5　高　层

1．高层的作用

对于独立的应用，阅读器可以完成应用的需求，例如，公交车上的阅读器可以实现对公交票卡的验读和收费。但是对于多阅读器构成的网络架构的信息系统，高层（或后端）是必不可少的。也就是说，针对 RFID 的具体应用，需要在高层将多阅读器获取的数据有效地整合起来，提供查询和历史档案等相关管理和服务。更进一步，通过对数据的加工、分析和挖掘，可以为正确决策提供依据。这就是所谓的信息管理系统和决策系统。

2．中间件与网络应用

在 RFID 网络应用中，企业通常最想问的一个问题是："如何将我现有的系统与 RFID 阅读器连接？"针对这个问题的解决方案就是 RFID 中间件（middle ware）。

RFID 中间件是介于 RFID 阅读器和后端应用程序之间的独立软件，能够与多个 RFID 阅读器和多个后端应用程序链接。应用程序使用中间件所提供的一组通用应用程序接口（API），就能链接到 RFID 阅读器，读取 RFID 应答器的数据。这样一来，即使当存储应答器信息的数据库软件改变、后端应用程序增加或改由其他软件取代、阅读器种类增加等情况发生时，应用端不需要修改也能应对这些变化，从而减轻了对多连接的设计与维护的复杂性。

图 1-9 所示为利用中间件的网络应用结构。

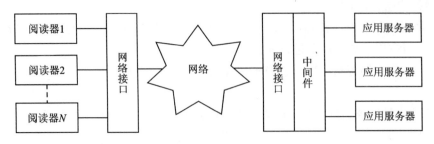

图 1-9　利用中间件的网络应用结构

1.4　RFID 技术的应用

射频识别技术被广泛应用于工业自动化、商业自动化、交通运输控制管理、仿伪等众多领域,下面是几个典型的应用领域。

1. 高速公路收费及智能交通系统

高速公路收费是射频识别技术最成功的应用之一。

目前中国高速公路的发展非常快,地区经济发展的先决条件就是有便利的交通,而高速公路收费却存在一些问题,一是交通堵塞,在收费站口,许多车辆要停车排队交费,成为交通瓶颈问题;二是少数不法的收费员贪污收取的过路费,使国家蒙受了财政收入损失。RFID 技术应用在高速公路自动收费上能够充分体现该技术的优势。在车辆高速通过收费站的同时自动完成缴费,解决了交通的瓶颈问题,提高了车行速度,避免了拥堵,提高了收费效率,同时可以解决收费员贪污收取过路费的问题。

2. 生产的自动化及过程控制

RFID 技术因其具有抗恶劣环境能力强和非接触识别等特点,在生产过程控制中有很多应用,通过在大型工厂的自动化流水作业线上使用 RFID 技术,实现了物料跟踪和生产过程的自动控制和监视,提高了生产效率,改进了生产方式,降低了成本。

3. 车辆的自动识别及防盗

通过建立基于射频识别技术的自动车号识别系统,能够随时了解车辆的运行情况,不仅实现了车辆的自动跟踪管理,还可以大大减小发生事故的可能性;并且可以通过射频识别技术对车辆的主人进行有效验证,防止车辆偷盗的发生;而在车辆丢失以后,还可以有效地寻找丢失的车辆。

4. 电子票证

使用电子标签代替各种"卡",实现非现金结算,解决了现金交易不方便也不安全以及以往的各种磁卡、IC 卡容易损坏等问题。同时电子标签使用起来方便、快捷,还可以同时识别几张电子标签,并行收费。

5. 货物跟踪管理及监控

射频识别技术为货物的跟踪管理及监控提供了方便、快捷、准确的自动化技术手段,以射频识别技术为核心的集装箱自动识别,称为全球范围内最大的货物跟踪管理应用。将记录有集装箱位置、物品类别、数量等数据的电子标签安装在集装箱上,借助射频识别技术,就可以确定集装箱在货场内的确切位置。系统还可以识别未被允许的集装箱移动,有利于管理和安全。

6. 仓储、配送等物流环节

将射频识别系统用于智能仓库货物管理,可以有效地解决仓库里与货物流动相关的信息的管理,监控货物信息,实时了解库存情况,自动识别货物,确定货物的位置。

7. 邮件、邮包的自动分拣系统

射频识别技术已经被成功应用到邮政领域的邮包自动分拣系统中,该系统具有非接触和非视线数据传输的特点，所以包裹传送中可以不考虑包裹的方向性问题。另外，当多个目标同时进入识别区域时，可以同时识别，大大提高了货物的分拣能力和处理速度。另外，由于电子标签可以记录包裹的所有特征数据，因此更有利于提高邮包分拣的准确性。

8. 动物跟踪和管理

射频识别技术可以应用于动物跟踪与管理，将用小玻璃封装的电子标签植于动物皮下，可以标识牲畜和监测动物健康状况等重要信息，为牧场的管理现代化提供可靠的技术手段。在大型养殖场，可以通过采用射频识别技术建立饲养档案和预防接种档案等，达到高效、自动化管理牲畜的目的，同时为食品安全提供保障。

9. 门禁保安

未来的门禁保安系统可以使用电子标签，而且一卡可以多用，比如作为工作证、出入证、停车证、饭店住宿证，甚至旅游护照等。使用电子标签可以有效识别人员的身份、进行安全管理以及高效收费，从而简化了出入手续，提高了工作效率，并且有效地进行了安全保护，人员出入时该系统会自动识别身份，非法闯入时会有报警。安全级别要求高的地方，还可以结合其他的识别方式，将指纹、掌纹或颜面特征存入电子标签。

10. 防　伪

防伪在世界各地都是令人头疼的问题，现在应用的防伪技术如全息防伪等同样会被不法分子伪造。将射频识别技术应用在防伪领域有它自身的技术优势，它具有成本低而又很难伪造的优点。电子标签的成本相对便宜，且芯片的制造需要有昂贵的工厂，使伪造者望而却步。电子标签本身包含内存，可以存储、修改与产品有关的数据，有利于进行真伪的鉴别，利用这种技术不用改变现行的数据管理体制，唯一的产品标识号完全可以做到与已用数据库体系兼容。

11. 运动计时

在马拉松比赛中，由于参赛人员太多，如果没有一个精确的计时装置就会造成不公平的竞争。将电子标签应用于马拉松比赛的精确计时，这样每个运动员都有自己的起始和结束时间，不公平的竞争就会在一定程度上避免。射频识别技术还可以应用于汽车大奖赛的精确计时。

第 2 章　RFID 的 ISO/IEC 标准

标准是 RFID 技术的重要环节,RFID 的标准众多,且与行业应用关系密切,本节将对 ISO/IEC 标准进行介绍,包括非接触式 IC 卡标准(ISO/IEC 14443,ISO/IEC 15693)、动物识别标准(ISO/IEC 11784,ISO/IEC 11785,ISO/IEC 14223)、集装箱识别标准(ISO/IEC 10374,ISO/IEC 18185)和物品识别标准(ISO/IEC 18000,ISO/IEC 18001)。本系统主要用到了非接触式 IC 卡标准和物品识别标准,所以下面将对这 2 个标准进行讲解。

2.1　RFID 标准概述

2.1.1　标准的作用和内容

1. 标准的作用

标准能够确保协同工作的进行,规模经济的实现,工作实施的安全性以及其他许多方面工作更高效地开展。RFID 标准化的主要目的在于,通过制定、发布和实施标准,解决编码、通信、空中接口和数据共享等问题,最大限度地促进 RFID 技术与相关系统的应用。

标准的发布和实施应处于恰当的时机。标准采用过早,有可能会制约技术的发展和进步;采用过晚,则可能会限制技术的应用范围。

2. 标准的内容

RFID 标准的主要内容包括以下几个方面:
- 技术。技术包含的层面很多,主要是接口和通信技术,如空中接口、防碰撞算法、中间件技术和通信协议等。
- 一致性。一致性主要指数据结构、编码格式和内存分配等相关内容。
- 电池辅助与传感器的融合。目前,RFID 技术也融合了传感器,使得温度和应变检测的应答器在物品追踪中得到广泛应用。几乎所有带传感器的应答器和有源应答器都需要从电池获取能量。
- 应用。运用 RFID 技术设计了众多的具体应用,如不停车收费系统、身份识别、动物识别、物流、追踪和门禁等。各种不同的应用涉及不同的行业,因而标准还需要涉及有关行业的规范。

2.1.2　RFID 标准的分类

RFID 标准主要有:ISO/IEC 制定的国际标准、国家标准和行业标准。

国际标准化组织(ISO)和国际电工委员会(IEC)制定了多种重要的 RFID 国际标准。国家标准是各国根据自身国情制定的有关标准,我国国家标准制定的主管部门是工业和信息化部与国家标准化管理委员会，RFID 的国家标准正在制定中。

行业标准的典型一例是由国际物品编码协会（EAN）和美国统一代码委员会（UCC）制定的 EPC 标准，主要应用于物品识别。

2.1.3　ISO/IEC 制定的 RFID 标准概况

ISO/IEC 制定的 RFID 标准可以分为技术标准、数据内容标准、性能标准和应用标准 4 类，如表 2-1 所列。

表 2-1　ISO/IEC 制定的 RFID 标准

分　类	标准号	说　明
技术标准	ISO/IEC 10536	密耦合非接触式 IC 卡标准
	ISO/IEC 14443	近耦合非接触式 IC 卡标准
	ISO/IEC 15693	疏耦合非接触式 IC 卡标准
	ISO/IEC 18000 系列标准	基于物品管理的 RFID 空中接口参数
	ISO/IEC 18000—1	空中接口一般参数
	ISO/IEC 18000—2	低于 125 kHz 频率的空中接口参数
	ISO/IEC 18000—3	13.56 MHz 频率下的空中接口参数
	ISO/IEC 18000—4	2.45 GHz 频率下的空中接口参数
	ISO/IEC 18000—6	860~930 MHz 频率下的空中接口参数
	ISO/IEC 18000—7	433 MHz 频率下的空中接口参数
数据内容标准	ISO/IEC 15424	数据载体/特征标识符
	ISO/IEC 15418	EAN、UCC 应用标识符及 ASC MH10（ANSI 标准）数据标识符
	ISO/IEC 15434	大容量 ADC 媒体用的传送语法
	ISO/IEC 15459	物品管理的唯一识别号（UID）
	ISO/IEC 15961	数据协议：应用接口
	ISO/IEC 15962	数据编码规则和逻辑存储功能的协议
	ISO/IEC 15963	射频标签（应答器）的唯一标识
性能标准	ISO/IEC 18046	RFID 设备性能测试方法
	ISO/IEC 18047	有源和无源 RFID 设备一致性测试方法
	ISO/IEC 10373—6	按 ISO/IEC 14443 标准对非接触式 IC 卡进行测试的方法
应用标准	ISO/IEC 10374	货运集装箱识别标准
	ISO/IEC 18185	货运集装箱密封标准
	ISO/IEC 11784	动物 RFID 的代码结构
	ISO/IEC 11785	动物 RFID 的技术准则
	ISO/IEC 14223	动物追踪的直接识别数据获取标准
	ISO/IEC 17363 和 17364	一系列物流容器（如货盘、货箱、纸盒等）识别的规范

2.1.4　RFID 标准多元化的原因

RFID 的国际标准较多，其主要原因是技术因素和利益因素。

1. 技术因素

(1) RFID 的工作频率和信息传输方式

RFID 射频工作频率分布在低频至微波的多个频段中,频率不同,其技术差异很大。例如,125 kHz 与 2.4 GHz 的电路和天线设计就会迥然不同。即使是同一频率,由于基带信号和调制方式的不同,也会形成不同的标准。例如,对于 13.56 MHz 工作频率,ISO/IEC 14443 标准有 TYPE A 和 TYPE B 两种方式。

(2) 作用距离

作用距离的差异也是标准不同的主要原因。作用距离不同产生的差异表现如下:

- 应答器的无源工作方式和有源工作方式。
- RFID 系统工作原理的不同,近距离为电感耦合方式,远距离为基于微波的反向散射耦合方式。
- 载波功率的差异。例如,同为 13.56 MHz 工作频率的 ISO/IEC 14443 标准和 ISO/IEC 15693 标准,由于 ISO/IEC 15693 标准规范的作用距离较远,因此其阅读器输出的载波功率较大(但不能超出 EMI 有关标准的规定)。

(3) 应用的目标不同

RFID 的应用面很广,不同的应用目的,其存储的数据代码、外形需求、频率选择、作用距离、复杂度等都会有很大的差异。例如,动物识别和货物识别、高速公路的车辆识别计费和超市货物的识别计费等,它们之间都存在着较大的不同。

(4) 技术的发展

由于新技术的出现和制造业的进步,标准需要不断融入这些新进展,以构成与时俱进的标准。

2. 利益因素

尽管标准化是开放的,但标准中的技术专利会给相应的国家、集团、公司带来巨大的市场和经济效益,因此标准的多元化与标准之争也是这些利益之争的必然反映。

2.2　ISO/IEC 的 RFID 标准简介

本系统主要用到了非接触式 IC 卡标准和物品识别标准。

2.2.1　非接触式 IC 卡标准

非接触式 IC 卡由于作用距离不同,有三种不同的标准,如表 2-2 所列。密耦合(close-coupled)IC 卡及其系统至今几乎没有得到应用。近(proximity)耦合和疏(vicinity)耦合非接触式 IC 卡标准可用于身份证和各种智能卡,工作频率为 13.56 MHz。

表 2-2　三种非接触式 IC 卡标准

标　准	卡的类型	阅读器	作用距离
ISO/IEC 10536	密耦合(CICC)	CCD	紧靠
ISO/IEC 14443	近耦合(PICC)	PCD	<10 cm
ISO/IEC 15693	疏耦合(VICC)	VCD	约 50 cm

2.2.2　物品识别标准

美国国防部对军用物资的供应,全球最大的零售商 Wal‑Mart 对与其来往的前 100 个大供货商的物资供应,都要求全面采用 RFID 应答器(标签),这使得物品识别标准获得了广泛的重视。

ISO/IEC 18000 标准是空中接口的重要标准。在工作频率上,ISO/IEC 18000 允许的无线频段(频率)有 6 个,即低于 135 kHz,13.56 MHz,433 MHz,860～930 MHz,2.45 GHz 和 5.8 GHz。作用距离从数厘米至十多米不等,无源和被动方式在 10 cm 以内,超越 10 cm 则需要采用带电池的主动方式。

识别信息存储于应答器(RFID 标签)串行式接口的非易失性(non‑volatile)内存中,内存芯片可以是只读的(Mask ROM)、只写一次的(OTP EPROM)、可重复擦写的(E^2 PROM)。在应答器芯片的构造上往往采用混态法:应答器的部分存储空间为 Mask ROM(出厂时储存数据已定),部分是 OTP EPROM,部分是 E^2 PROM;或者部分存储空间为开放的,部分为保密的等。更先进的还具有内置微控制器(MCU)。

应答器的天线依据弹性取向和成本取向有不同的做法。对于要求弹性者则将使应答器能够自由转接天线,对于希望价低者则将应答器芯片与天线以一体的成型方式制造。

2.3　ISO/IEC 14443 标准

ISO/IEC 14443 是近耦合非接触式 IC 卡的国际标准,可用于身份证和各种智能卡、存储卡。ISO/IEC 14443 标准由四部分组成,即 ISO/IEC 14443—1/2/3/4。

2.3.1　ISO/IEC 14443—1 物理特性

第 1 部分物理特性规定了非接触式 IC 卡的机械性能。其尺寸应满足 ISO 7810 中的规范,即 85.72 mm×54.03 mm×0.76 mm±容差。

此外,在标准化的这一部分中还有对弯曲和扭曲实验的附加说明,以及用紫外线、X 射线和电磁射线的辐射试验的附加说明。

2.3.2　ISO/IEC 14443—2 射频能量和信号接口

1. 能量传送

阅读器(PCD)产生耦合到应答器(PICC)的射频电磁场,用以传送能量。PICC 通过耦合获取能量,并转换成芯片的工作直流电压。PCD 和 PICC 之间通过调制与解调实现通信。

射频频率为 13.56 MHz±7 kHz,阅读器产生的磁场强度为 1.5 A/m≤H≤7.5 A/m(有效值)。若 PICC 的动作场强为 1.5 A/m,那么 PICC 在距离 PCD 为 10 cm 时应能不间断地工作。

2. 信号接口

信号接口也称为空中接口。协议规定了两种信号接口:TYPE A 和 TYPE B,因而 PICC 仅需采用两者之一的方式,而 PCD 最好对两者都能支持,并可任意选择其中之一来适配

PICC。

(1) TYPE A 型

1) PCD 向 PICC 通信

载波频率为 13.56 MHz,数据传输速率为 106 kbit/s,采用修正米勒码的 100%ASK 调制。为保证对 PICC 的不间断的能量供给,载波间隙(pause)的时间约为 2~3 μs,其实际波形如图 2-1 所示。

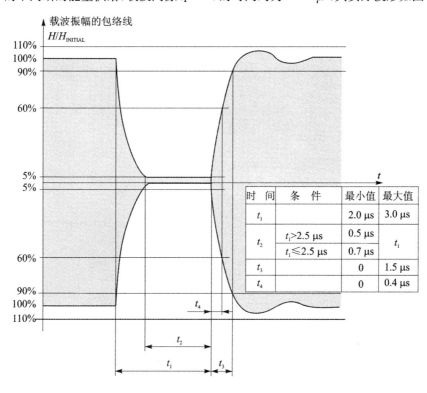

时　间	条　　件	最小值	最大值
t_1		2.0 μs	3.0 μs
t_2	$t_1 > 2.5$ μs	0.5 μs	t_1
	$t_1 \leqslant 2.5$ μs	0.7 μs	
t_3		0	1.5 μs
t_4		0	0.4 μs

图 2-1　脉冲波形

2) PICC 向 PCD 通信

PICC 向 PCD 通信以负载调制方式实现,用数据曼彻斯特码的副载波调制(ASK)信号进行负载调制。副载波频率为载波频率 f_c 的 16 分频,即 847 kHz。

TYPE A 接口信号波形示例如图 2-2 所示。

(2) TYPE B 型

1) PCD 向 PICC 通信

数据传输速率为 106 kbit/s,用数据的 NRZ 码对载波进行 ASK 调制,调制度为 10%(8%~14%)。当为逻辑 1 时,载波高幅度(无调制);当为逻辑 0 时,载波低幅度。

2) PICC 向 PCD 通信

数据传输速率为 106 kbit/s,用数据的 NRZ 码对副载波(847 kHz)进行 BPSK 调制,然后再用副载波调制信号进行负载调制来实现通信。

从 PCD 发出任意一个命令后,在 TR0 的保护时间内,PICC 不产生副载波,TR0>64T_s(T_s 为副载波周期)。然后,在 TR1 时间内,PICC 产生相位为 Φ_0 的副载波(在此期间相位不变),TR1>80 T_s。副波载的初始相位定义为逻辑 1,所以第一次相位转变(相位为 Φ_0+180°)

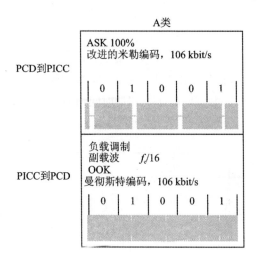

图 2 - 2　TYPE A 接口信号波形示例

表示从逻辑 1 转变到逻辑 0。副载波的相位变化如图 2 - 3 所示。

　　TYPE B 接口信号波形示例如图 2 - 4 所示。

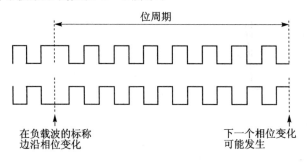

图 2 - 3　副载波相位变化示例

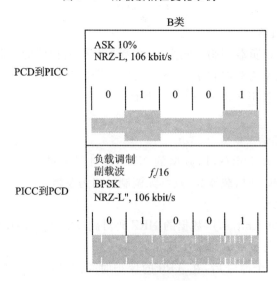

图 2 - 4　TYPE B 接口信号波形示例

2.3.3　ISO/IEC 14443—3 防碰撞协议

ISO/IEC 14443—3 标准中提供了 A 型(TYPE A)和 B 型(TYPE B)两种不同的防碰撞协议。TYPE A 采用位检测防碰撞协议,TYPE B 通过一组命令来管理防碰撞过程,防碰撞方案以时隙为基础。下面分别介绍这两种防碰撞协议。

1. TYPE A 的防碰撞协议

(1) 帧结构

TYPE A 的帧有 3 种类型:短帧、标准帧和面向比特的防碰撞帧。

1) 短　帧

短帧的结构如图 2-5 所示,它由起始位 S、7 位数据位和通信结束位 E 构成。

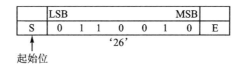

图 2-5　短帧结构

2) 标准帧

标准帧的结构如图 2-6 所示,帧中每一个数据字节后有一个奇校验位 P。

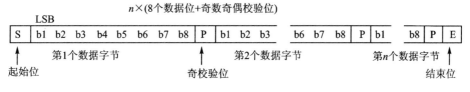

图 2-6　标准帧

3) 面向比特的防碰撞帧

该帧仅用于防碰撞循环,它是由 7 个数据字节组成的标准帧。在防碰撞过程中,它被分离成两部分:第 1 部分用于从 PCD 到 PICC 的传输,第 2 部分用于从 PICC 到 PCD 的传输。第 1 部分数据的最大长度为 55 位,最小长度为 16 位,第 1 部分和第 2 部分的总长度为 56 位。这两部分的分离有 2 种情况,如图 2-7 所示。第 1 种情况是在完整的字节之后分开,在完整的字节后加校验位。第 2 种情况是在字节当中分开,在第 1 部分分开的位后不加校验位,并且对于分离的字节,PCD 对第 2 部分的第 1 个校验位不予检查。

(2) 命令集

1) REQA/WUPA 命令

这两个命令为短帧命令。REQA 命令的编码为 26H(高半字节取 3 位),WUPA 命令的编码为 52H(高半字节取 3 位)。

2) ATQA 应答

PCD 发出 REAQ 命令后,处于空闲(Idle)状态的 PICC 都应同步地以 ATQA 应答 PCD,PCD 检测是否有碰撞。ATAQ 的编码结构如表 2-3 所列。

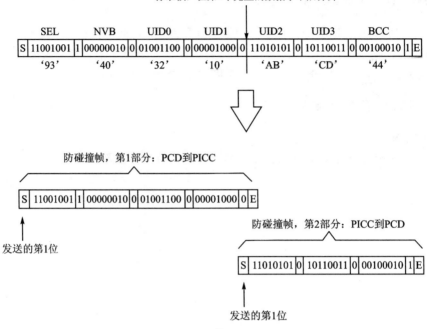

(a) 情况1

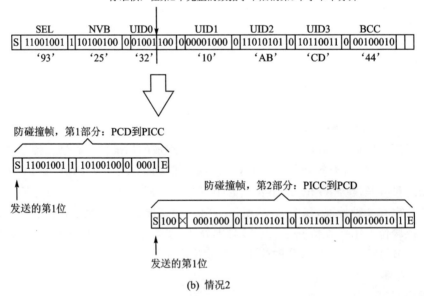

(b) 情况2

图 2-7 面向比特的防碰撞帧的组成与分裂

表 2-3 ATAQ 的结构

位	$b_{16} \sim b_{13}$	$b_{12} \sim b_9$	b_8 b_7	b_6	$b_5 \sim b_1$
说　明	RFU	厂商编码	UID 大小	RFU	比特帧防碰撞方式

① b_{16}～b_{13} 和 b_6 为 RFU(备用)位,都设置为 0。

② b_8　b_7 为 00 时 UID 级长为 1(CL_1),为 01 时级长为 2(CL_2),为 10 时级长为 3(CL_3),11 为备用。

③ b_5～b_1 仅有 1 位设置成 1,表示采用的是比特帧防碰撞方式。

3) ANTICOLLISION 和 SELECT 命令

PCD 接收 ATQA 应答,PCD 和 PICC 进入防碰撞循环。ANTICOLLISION 和 SELECT 命令的格式如表 2-4 所列。

表 2-4　ANTICOLLISION 和 SELECT 命令的格式

组成域	SEL	NVB	UID CL_n	BCC
说　明	1 B	1 B	0～4 B	1 B

① SEL 域的编码:93H 为选择 UID CL_1,95H 为选择 UID CL_2,97H 为选择 UID CL_3。

② NVB(有效位数)域的编码:高 4 位为字节数编码,是 PCD 发送的字节数,包括 SEL 和 NVB,因此字节数最小为 2,最大为 7,编码范围为 0010～0111。低 4 位表示命令的非完整字节最后一位的位数,编码 0000～0111 对应的位数为 0～7 位,位数为 0 表示没有非完整字节。

SEL 和 NVB 的值指定了在防碰撞循环中分离的位。若 NVB 指示其后有 40 个有效位(NVB=70H),则应添加 CRC-A(2 字节),该命令为 SELECT 命令,SELECT 命令是标准帧。若 NVB 指定其后有效位小于 40 位,则为 ANTICOLLISION 命令。ANTICOLLISION 命令是比特防碰撞帧。

③ UID CL_n:UID CL_n 为 UID 的一部分,n 为 1,2,3。ATQA 的 b_8　b_7 表示 UID 的大小,UID 的构成对应于 n 有 4,7 或 10 个字节。UID CL_n 域为 4 字节,其结构如表 2-5 所列,其中的 CT 为级联标志,编码为 88H。

表 2-5　UID 的结构定义

UID 大小:1	UID 大小:2	UID 大小:3	UID CL_n
UID0	CT	CT	
UID1	UID0	UID0	
UID2	UID1	UID1	UID CL1
UID3	UID2	UID2	
BCC	BCC	BCC	
	UID3	CT	
	UID4	UID3	
	UID5	UID4	UID CL2
	UID6	UID5	
	BCC	BCC	
		UID6	
		UID7	
		UID8	UID CL3
		UID9	
		BCC	

UID 可以是一个固定的唯一序列号，也可以是由 PICC 动态产生的随机数。当 UID CL$_n$ 为 UID CL$_1$ 时编码如表 2-6 所列，为 UID CL$_2$ 或 UID CL$_3$ 时编码如表 2-7 所列。

④ BCC：BCC 是 UID CL$_n$ 的校验字节，是 UID CL$_n$ 的 4 个字节的异或。

表 2-6　UID CL$_1$ 编码

UID	UID0	UID1～UID3
说　明	08H	PICC 动态产生的随机数
	X0～X7H（X 为 0～F）	固定的唯一序列号

表 2-7　UID CL$_2$ 或 UID CL$_3$ 编码

UID	UID0	UID1～UID6（或 UID9）
说　明	ISO/IEC 7816 标准定义的制造商标识	制造商定义的唯一序列号

4）SAK 应答

PCD 发送 SELECT 命令后，与 UID CL$_n$ 匹配的 PICC 以 SAK 作为应答。SAK 为 1 字节，它的结构和编码如表 2-8 所列。b$_3$ 位为 Cascade 位，b$_3$=1 表示 UID 不完整，还有未被确认部分；b$_3$=0 表示 UID 已完整。当 b$_3$=0 时，b$_6$=1 表示 PICC 依照 ISO/IEC 14443—4 标准的传输协议；b$_6$=0 表示传输协议不遵守 ISO/IEC 14443—4 标准。SAK 的其他位为 RFU（备用），置 0。

SAK 后附加 2 字节 CRC-A，它以标准帧的形式传送。

表 2-8　SAK 的结构和编码

字节名称	SAK	CRC-A
内　容	b$_1$ b$_2$ b$_3$ b$_4$ b$_5$ b$_6$ b$_7$ b$_8$	2 字节

5）HALT 命令

HALT 命令为在 2 字节（0050H）的命令码后跟 CRC-A（共 4 字节）的标准帧。

(3) PICC 的状态

TYPE A 型 PICC 的状态及转换图如图 2-8 所示。

① POWER OFF（断电）状态：在任何情况下，PICC 离开 PCD 有效作用范围即进入 POWER OFF 状态。

② IDLE（空闲）状态：此时 PICC 加电，能对已调制信号解调，并可识别来自 PICC 的 REQA 命令。

③ READY（就绪）状态：在 REQA 或 WUPA 命令作用下 PICC 进入 READY 状态，此时进入防碰撞流程。

④ ACTIVE（激活）状态：在 SELECT 命令作用下 PICC 进入 ACTIVE 状态，完成本次应用应进行的操作。

⑤ HALT（停止）状态：当在 HALT 命令或在支持 ISO/IEC 14443—4 标准的通信协议时，在高层命令 DESELECT 作用下 PICC 进入此状态。在 HALT 状态，PICC 接收到 WUPA（唤醒）命令后返回 READY 状态。

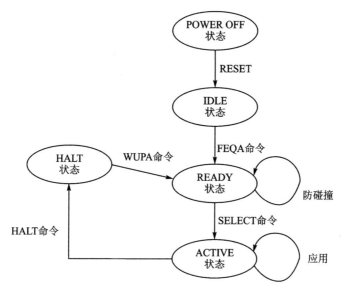

图 2-8　TYPE A 型 PICC 的状态及转换

（4）防碰撞流程

PCD 初始化和防碰撞流程如图 2-9 所示，其步骤如下。

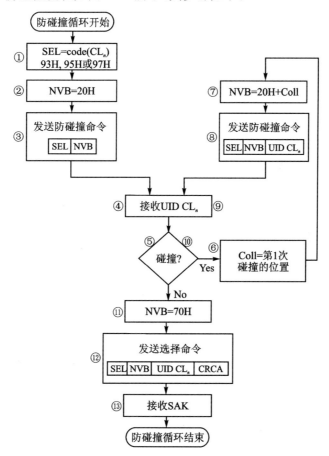

图 2-9　PCD 防碰撞循环流程

① PCD 选定防碰撞命令 SEL 的代码为 93H,95H 或 97H,分别对应于 UID CL_1,UID CL_2 或 UID CL_3,即确定 UID CL_n 的 n 值。

② PCD 指定 NVB=20H,表示 PCD 不发出 UID CL_n 的任一部分,而迫使所有在场内的 PICC 发回完整的 UID CL_n 作为应答。

③ PCD 发送 SEL 和 NVB。

④ 所有在场内的 PICC 发回完整的 UID CL_n 作为应答。

⑤ 如果多于 1 个 PICC 发回应答,则说明发生了碰撞;如果不发生碰撞,则可跳过步骤 ⑥～⑩。

⑥ PCD 应辨认出发生第 1 个碰撞的位置。

⑦ PCD 指示 NVB 值以说明 UID CL_n 的有效位数目,这些有效位是接收到的 UID CL_n 发生碰撞之前的部分,后面再由 PCD 决定加一位"0"或一位"1",一般加"1"。

⑧ PCD 发送 SEL,NVB 和有效数据位。

⑨ 只有 PICC 的 UID CL_n 部分与 PCD 发送的有效数据位内容相等,才发送出 UID CL_n 的其余位。

⑩ 如果还有碰撞发生,则重复步骤 ⑥～⑨,最大循环次数为 32。

⑪ 如果没有再发生碰撞,则 PCD 指定 NVB=70H,表示 PCD 将发送完整的 UID CL_n。

⑫ PCD 发送 SEL 和 NVB,接着发送 40 位 UID CL_n,后面是 CRC－A 校验码。

⑬ 与 40 位 UID CL_n 匹配的 PICC,以 SAK 作为应答。

⑭ 如果 UID 是完整的,则 PICC 将发送带有 Cascade 位为"0"的 SAK,同时从 Ready 状态转换到 Active(激活)状态。

⑮ 如果 PCD 检查到 Cascade 位为 1 的 SAK,则将 CL_n 的 n 值加 1,并再次进入防碰撞循环。

在图 2-9 中,仅给出了步骤 ①～⑬。

2. TYPE B 的防碰撞协议

TYPE B 的防碰撞协议为通用的时隙 ALOHA 算法,其 PICC 状态转换与防碰撞流程如图 2-10 所示。下面介绍有关的命令、应答和状态。

(1) 命令集

1) REQB/WUPB 命令

REQB/WUPB 命令的结构如表 2-9 所列。

表 2-9　REQB 和 WUPB 命令的格式

组成域	Apf	AFI	PARAM			CRC－B
说　明	05H	1 字节	RFU	REQB/WUPB	M	2 字节

① Apf:前缀 Apf=05H=00000101b。

② AFI(应用族标识符):AFI 代表由 PCD 指定的应用类型,它的作用是在 PICC 应答 ATQB 之前预选 PICC。

AFI 的编码如表 2-10 所列。AFI 编码为 1 字节,其高 4 位用于编码所有的应用族或某一类应用族,低 4 位用于编码应用子族。当 AFI=00H 时,所有的 PICC 满足 AFI 匹配条件。

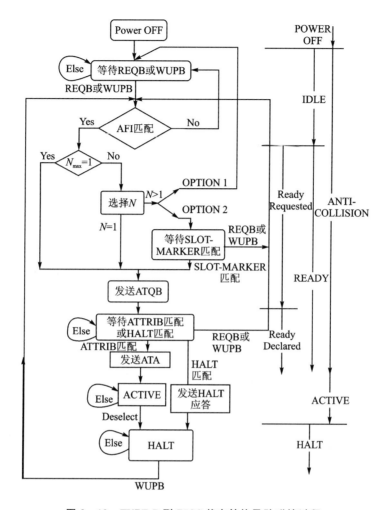

图 2-10　TYPE B 型 PICC 状态转换及防碰撞过程

当 AFI 匹配且 PARAM 域中 M 编码的 $N_{max}=1$ 时，PICC 应答 REQB/WUPB 命令。当 AFI 匹配但 M 编码的 $N_{max}\neq1$ 时，PICC 要选择随机时间片 N（N 在 $1\sim N_{max}$ 之间），若 $N=1$ 则立即应答，若 $N>1$ 则要等待 SLOT - MARKER 命令来匹配时间片。

表 2-10　AFI 编码(表中 X,Y 等于 1H~H)

高 4 位/H	低 4 位/H	响应的应答器类型	备　注
0	0	各类应用族及子族	无应用预选
X	0	X 族的各子族	宽的应用预选
X	Y	X 族的 Y 子族	—
0	Y	仅为 Y 子族	—
1	$0,Y$	交通	公共交通工具，如公共汽车、飞机等
2	$0,Y$	金融	银行、零售
3	$0,Y$	识别	访问控制
4	$0,Y$	电信、移动通信	公用电话、GSM 等

续表 2－10

高 4 位/H	低 4 位/H	响应的应答器类型	备　注
5	0,Y	医疗	—
6	0,Y	多媒体	Internet 服务
7	0,Y	游戏	—
8	0,Y	数据存储	移动便携文件
9～F	0,Y	备用	

③ PARAM(参数)：PARAM 编码为 8 位，高 4 位备用。b_4 为 REQB/WUPB 位，$b_4=0$ 时定义为 REQB 命令，PICC 在 Idle 状态和 Ready 状态应处理应答 REQB 命令；$b_4=1$ 时定义为 WUPB 命令，PICC 在 Idle 状态、Ready 状态和 Halt 状态应处理应答 WUPB 命令。M 为低 3 位，其编码定义随机时间片 N 的范围，$N_{max}=1,2,4,8,16$（M 为 000,001,010,011,100，而 101,110 和 111 备用）。PICC 收到此命令后产生的随机时间片 N 应在 $1\sim N_{max}$ 之间。

2）SLOT－MARKER 命令

若多个 PICC 在同一时间进行应答，则会发生碰撞，此时 PCD 应发出时间片 SLOT－MARKER 命令。SLOT－MARKER 命令如表 2－11 所列。

表 2－11　SLOT－MARKER 命令

组成域	Apn	CRC－B
说　明	*nnnn*0101	2 字节

Apn 为 1 字节，Apn＝(*nnnn*0101)b，*nnnn* 为二进制时间片序号，可取值为 2,3,4,…,16，对应的 *nnnn* 编码为 0001,0010,0011,…,1111。也就是说，PCD 给出的命令的 *nnnn* 个时间片，只有当 PICC 产生的随机时间片 N 等于 *nnnn* 定义的时间片时才应答。

3）ATQB 应答

PICC 对 REQB/WUPB 命令和 SLOT－MARKER 命令的应答都是 ATQB，ATQB 的格式如表 2－12 所列。

表 2－12　ATQB 应答的格式

组成域	Apa	PUPI	Application Data			Protocol Info	CRC－B
说　明	50H	4 字节	AFI	CRC－B(AID)	应用数量	3 字节	2 字节

① 伪唯一的 PICC 标识符(Pseudo－Unique PICC Identifier,PUPI)。

PUPI 用于在防碰撞期间区分 PICC，它是由 PICC 动态产生的数或各种固定的数。PUPI 仅可在 Idle 状态改变其值。PUPI 长为 4 字节。

② 应用数据(Application Data)。

应用数据域用来告知 PCD 在 PICC 上已装有哪些应用，它供 PCD 在具有多 PICC 时选择所需的 PICC。应用数据取决于协议信息域中 ADC(应用数据编码)的定义，当 ADC＝01 时，应用数据部分的描述如下。

- AFI：长度为 1 字节。对于只有一种应用的 PICC，AFI 按表 2－10 的编码填入应用族；对于多应用类型的 PICC，AFI 填入应用族并附加 CRC－B(AID)域。

- CRC－B(AID):长度为 2 字节。当 PICC 的应用类型与 REQB/WUPB 命令中给出的 AFI 匹配,它是所给出的应用标识符 AID(在 ISO/IEC 7816—5 标准中定义)的 CRC－B 计算结果。
- 应用数量:长度为 1 字节。它指示在 PICC 中有关应用的出现情况,高 4 位指示匹配 AFI 的应用数量,0 表示没有应用,FH 表示应用数为 15 或更多;低 4 位指示总的应用数量。

③ 协议信息(Protocol Info)。

协议信息域给出 PICC 所支持的参数,其结构如表 2－13 所列,总长度为 3 字节。

表 2－13　协议信息域的结构

参　数	比特率	最大帧长	协议类型	FWI	ADC	FO
位　数	1 字节	4 位	4 位	4 位	2 位	2 位

- 比特率:该字节 $b_4=1$ 的编码为 RFU(备用),当 $b_4=0$ 时设置了 PCD 和 PICC 之间的通信比特率。若该字节为全 0,则 PICC 只支持 106 kbit/s 的比特率。当 $b_4=0,b_8=1$ 时,PCD 和 PICC 间的通信为相同比特率。当 $b_4=0$ 时,比特率的设置如表 2－14 所列。

表 2－14　$b_4=0$ 时比特率的设置

传输方向	编码位	比特率(kbit/s)
PCD 至 PICC	$b_1=1$	212
	$b_2=1$	424
	$b_3=1$	847
PICC 至 PCD	$b_5=1$	212
	$b_6=1$	424
	$b_7=1$	847

- 最大帧长:4 位编码值。0~8H 对应的最大帧长为 16,24,32,40,48,64,96,128,256 字节;9H~FH 作为大于 256 字节的备用编码值。
- 协议类型:编码 0000 表示 PICC 和 ISO/IEC 14443—4 传输协议不一致,编码 0001 表明 PICC 采用 ISO/IEC 14443—4 传输协议,其他编码值为备用(RFU)。
- FWI:编码为整数值 0~14,15 为备用。FWI 用于计算 FWT,FWT 是 PCD 帧结束后 PICC 开始应答的最大时间,FWT 表示为

$$FWT = [(256 \times 16)/f_c] \times 2^{FWI} \tag{2.1}$$

式中,f_c 为载波频率(13.56 MHz)。当 FWI=0 时,FWT=302 μs;当 FWI=14 时,FWT=4 949 ms。

- ADC:编码为 00 时,为私有应用;当为 01 时,采用签署的应用数据域定义;其他两个编码值备用。
- FO:编码为 $1X(X=0,1)$ 时,PICC 支持结点地址(Node Address,NAD);编码为 $X1$ $(X=0,1)$ 时,PICC 支持卡标识符(Card Identifier,CID)。NAD 是在第 1 条高层命令期间由 PCD 分配的信道标识符,用于会话期间。NAD 的编码由 8 位构成,其中 b_8 和

b_4 为 0，$b_7 b_6 b_5$ 为目标结点地址，$b_3 b_2 b_1$ 为源结点地址。

4）ATTRIB 命令

PCD 收到正确的 ATQB 应答后发出 ATTRIB 命令，命令的格式如表 2-15 所列。

表 2-15　ATTRIB 命令的格式

组成域	Apc	Identifier	Param1	Param2	Param3	Param4	高层信息	CRC-B
说　明	1DH	4 字节	1 字节	1 字节	1 字节	1 字节	长度可变	2 字节

① Identifier：它是 PICC 在 ATQB 应答中 PUPI 的值。

② Param1：Param1 编码的结构如表 2-16 所列。

- TR0：表示 PICC 在 PCD 命令结束后到响应（发送副载波）之前的最小延迟时间，它与 PCD 的收发转换性能有关。两位编码值 00，01，10，11 对应的 TR0 值分别为 $64/f_c$（默认值），$48/f_c$，$16/f_c$ 和 RFU。载波频率 f_c 为 13.56 MHz。

- TR1：表示 PICC 从副载波调制启动到数据开始传送之间的最小延迟时间。TR1 是 PCD 和 PICC 同步的需要，它由 PCD 的性能决定，两位编码值 00，01，10，11 对应的 TR1 值分别为 $80/f_c$（默认值），$64/f_c$，$16/f_c$ 和 RFU。

- EOF/SOF：EOF 和 SOF 各 1 位，用于表示 PC 在 PICC 向 PCD 通信时是否需要 EOF（帧结束）和（或）SOF（帧开始）标识符。应注意的是，在防碰撞期间，PCD 和 PICC 间双向传送的帧都需要 SOF 和 EOF 标识符。当 SOF 和 EOF 位为 0 时，需要 SOF 和 EOF 标识符；编码为 1 时表示不需要。

表 2-16　Param1 编码的结构

数据位	b_8 b_7	b_6 b_5	b_4	b_3	b_2 b_1
说　明	最小 TR0	最小 TR1	EOF	SOF	RFU

③ Param2：Param2 的低 4 位编码表示最大的帧长度，0～8H 对应的最大帧长分别为 16，24，32，40，48，64，96，128，256 字节，9H～FH 为备用（>256 字节）。

Param2 的高 4 位编码表示比特率。当 PCD 向 PICC 通信时，$b_6 b_5$ 编码为 00，01，10，11 对应的波特率为 106，212，424，847 kbit/s；当 PICC 向 PCD 通信时，$b_8 b_7$ 编码为 00，01，10，11 对应的波特率为 106，212，424，847 kbit/s。

④ Param3：低 4 位用于编码协议类型，编码同表 2-13 中的"协议类型"编码。高 4 位设置为 0，其他值为备用。

⑤ Param4：低 4 位称为 CID，用于定义被寻址的 PICC 的逻辑号，其值为 0～14，值 15 为备用。CID 由 PCD 给出，对同一个时刻每个处于 Active 状态的 PICC 是唯一的。若 PICC 不支持 CID，则编码值应为 0。高 4 位设置为 0，其他值为备用。

⑥ 高层信息：高层信息是可选项，长度可为 0 字节。选用时用于传送高层信息。

从上面对 ATTRIB 命令的介绍可以看出，PCD 通过 ATTRIB 命令可以实现对某个 PICC 的选择，使其进入 Active 状态。

5）对 ATTRIB 命令的应答

PICC 对有效 ATTRIB 命令（正确的 PUPI 和 CRC-B）应答的格式如表 2-17 所列。

表 2-17　ATTRIB 命令的相应格式

组成域	MBLI	CID	高层响应	CRC-B
位　长	4 位	4 位	0 或多字节	2 字节

① MBLI：第一个字节的高 4 位称为最大缓冲器容量索引（Maximum Buffer Length Index，MBLI），PICC 通过该编码告知 PCD，当 PCD 向 PICC 发送链接帧时，应保证不能超出该编码所规定的最大缓冲器容量（MBL）。MBLI 和 MBL 的关系为

$$MBL = FL_{max} \times 2^{MBLI-1} \tag{2.2}$$

式中，FL_{max} 为 PICC 的最大帧长。当 MBLI＞0 时，PICC 的最大帧长由 PICC 在 ATQB 应答中提供；当 MBLI＝0 时，PICC 规定在它的内部输入缓冲器中不存放信息。

② CID：返回 CID 值，若 PICC 不支持 CID，则其编码值为（0000）b。

③ 高层响应：该段的长度为 0 或更多字节，为对高层命令的响应。

6）HLTB 命令域应答

HLTB 命令用于将 PICC 置于 Halt 状态。此时 PICC 除了接受 WUPB 命令外，其他命令对它没有影响。HLTB 命令的结构由 3 部分组成：第一个字节为 50H；4 字节的 Identifier（即 PUPI）；CRC-B。

（2）状态转换

TYPE B 的状态与转换条件已画在图 2-10 中，不再详述，但需要说明以下两点。

① Ready 状态可分为 Ready-Requested（就绪-请求）和 Ready-Declared（就绪-宣布）两个状态。当 PICC 在 Idle 状态接收到有效的 REQB 命令，且规定发送 ATQB 的时隙不是第一个时隙，则进入就绪-请求状态，直至和 SLOT-MARKER 命令的时隙匹配，才能进入就绪-宣布状态。在就绪-宣布状态，PICC 监听 ATTRIB，HLTB，REQB/WUPB 这 3 种命令，以决定其下一个状态的转换。

② DESELECT 命令是 PCD 发送的高层命令（在 ISO/IEC 14443—4 标准中规定）。当接收到 DELELECT 命令后，PICC 从激活（Active）状态进入 Halt 状态。在高层协议中，也可通过高层命令使 PICC 进入 Idle 状态。

2.3.4　ISO/IEC 14443—4 传输协议

ISO/IEC 14443—4 是用于非接触环境的半双工分组传输协议，定义了 PICC 的激活过程和解除激活的方法。

1. 术语和定义

位持续时间：位持续时间用基本时间单元 etu 表示，即

$$etu = 128/(D \times f_c) \tag{2.3}$$

式中，参数因子 D 的初始值为 1，因此初始 etu 等于 $128/f_c$，f_c 为载波频率。

分组（Block）：分组是一种特殊类型的帧，它由有效的协议数据格式组成。有效的协议数据格式包括 I（信息）分组、R（接收）分组和 S（管理）分组。不具有有效协议数据格式的帧称为无效帧。有关帧的格式请参阅 2.3.3 小节，它定义在 ISO/IEC 14443—3 中的位序列。

2. TYPE A 型 PICC 激活的协议操作

(1) TYPE A 型 PICC 激活过程

激活过程如图 2 - 11 所示。当系统完成了 ISO/IEC 14443—3 中定义的请求、防碰撞和选择并由 PICC 发回 SAK(见 2.3.3 小节)后,PCD 必须检查 SAK 字节,以核实 PICC 是否支持对 ATS(Answer To Select)的使用。

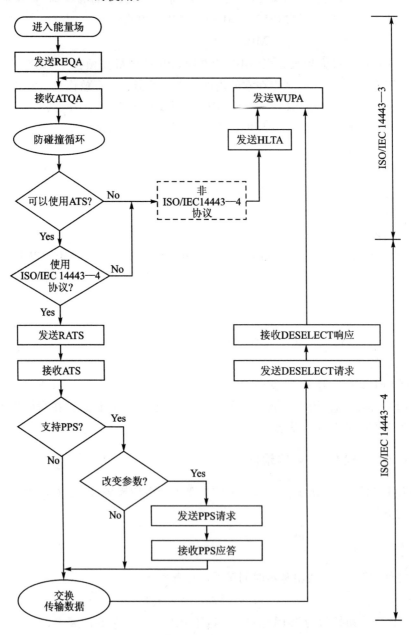

图 2 - 11　PCD 激活 TYPE A 型 PICC 的过程

若 SAK 说明不支持 ISO/IEC 14443—4 协议,则 PCD 应发送 HALT 命令使 PICC 进入

Halt 状态。若 PICC 发送的 SAK 字节说明支持 ISO/IEC 14443—4 协议,即表明可以回应 ATS,则 PCD 发出 RATS(请求 ATS)命令,PICC 接收到 RATS 后以 ATS 回应。若 PICC 在 ATS 中表明支持 PPS(Protocol and Parameter Selection)并且参数可变,则 PCD 发送 PPS 请求命令,PICC 以 PPS 响应应答。PICC 不需要一定支持 PPS。

(2) RATS(请求 ATS)命令

RATS 命令的格式如表 2-18 所列。第一字节是命令开始,编码为 E0H。第二字节是参数字节:高 4 位称为 FSDI,用于编码 PCD 可接收的 FSD(最大的帧长),当 FSDI 的编码值为 0,1,2,3,4,5,6,7,8,9~FH 时,对应的 FSD 为 16,24,32,40,48,64,96,128,256,>256(备用)字节;低 4 位编码 CID(卡标识符)定义了对 PICC 寻址的逻辑号,编码值为 0~14,值 15 为备用(Reserved for Future Use,RFU)。

表 2-18　RATS 命令的格式

RATS 组成字节	第一字节	第二字节		第三、四字节
编码及含义	E0H	FSDI	CID	CRC

(3) ATS

ATS 的结构如图 2-12 所示。

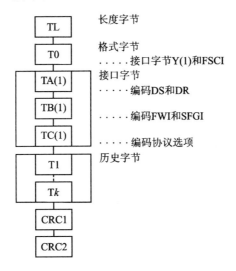

图 2-12　ATS 的结构

1) 长度字节 TL

长度字节 TL 用于给出 ATS 响应的长度,包括 TL 字节,但不包含两个 CRC 字节。ATS 的最大长度不能超出 FSD 的大小。

2) 格式字节 T0

格式字节 T0 是可选的,只要它出现,长度字节 TL 的值就大于 1。T0 的组成如图 2-13 所示。

FSCI 用于编码 FSC,FSC 为 PICC 可接收的最大帧长,FSCI 编码和 FSDI 编码定义的最大帧长(字节)相同。FSCI 的默认值为 2H(FSC=32 字节)。

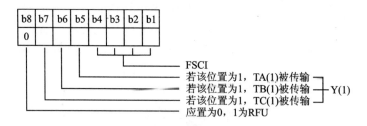

图 2－13　格式字节 T0 的编码

3）接口字节 TA(1)

TA(1)用于决定参数因子 D，确定 PCD 至 PICC 和 PICC 至 PCD 的数据传输速率。TA(1)编码的结构如图 2－14 所示。

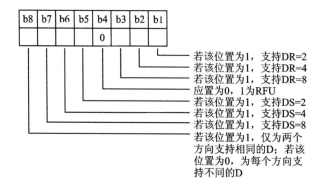

图 2－14　TA(1)编码的结构

由式(2.3)可知，$D＝2$ 时比特率为 212 kbit/s，其余 D 值对应的比特率可类推。图 2－14 中 DR(称为接收因子)表示在 PCD 向 PICC 通信时，PICC 的数据传输速率能力；DS(称为发送因子)表示在 PICC 向 PCD 通信时，PICC 的数据传输速率能力。$b_7 b_6 b_5$ 和 $b_3 b_2 b_1$ 的默认值为000，相应的 D 为 1。

4）接口字节 TB(1)

TB(1)由两部分组成，分别定义了帧等待时间和启动帧的保护时间。高半字节($b8\sim b5$)为 FWI，用于编码帧等待时间 FWT。FWT 定义为 PCD 发送的帧和 PICC 发送的应答帧之间的最大延迟时间，表示为

$$FWT = (256 \times 16/f_c) \times 2^{FWI} \tag{2.4}$$

式中，f_c 载波频率；FWI 值的范围为 $0\sim 14$，15 为 RFU。当 FWI＝0 时，FWT＝FWT$_{min}$＝302 μs；当 FWI＝14 时，FWT＝FWT$_{max}$＝4 949 ms。如果 TB(1)是默认的，则 FWI 的默认值为 4，相应的 FWT 为 4.8 ms。

PCD 可用 FWT 值来检测协议错误或未应答的 PICC。若在 FWT 时间内，PCD 未从PICC 接收到响应，则可重发帧。

TB(1)的低半字节为 SFGI，用于编码 SFGT(启动帧保护时间)，这是 PICC 在从它发送ATS 以后，到准备接收下一帧之前所需的特殊保护时间。SFGI 的编码值为 $0\sim 14$，15 为RFU。SFGI 值为 0 表示不需要 SFGI，SFGI＝$1\sim 14$ 对应的 SFGT 计算式为

$$SFGT = (256 \times 16/f_c) \times 2^{SFGI} \tag{2.5}$$

式中,f_c 载波频率,SFGI 的默认值为 0。

5）接口字节 TC(1)

TC(1)描述协议参数,由两部分组成。第 1 部分从 $b_8 \sim b_3$,置为 0,其他值作为 RFU;第 2 部分的 b_2 和 b_1 用于编码 PICC 对 CID(卡标识符)和 NAD(结点地址)的支持情况,b_2 位为 1 时支持 CID,b_1 位为 1 时支持 NAD。$b_2 b_1$ 位的默认值为(10)b,表示支持 CID,不支持 NAD。

6）历史字符

历史字符 T_1 至 T_K 是可选项,历史字符的大小取决于 ATS 的最大长度。

（4）PPS（协议和参数选择）请求

PPS 请求的结构如图 2-15 所示,它由一个起始字节后跟两个参数字节加上两字节 CRC 组成。

① 起始字节（PPSS）：PPSS 的高 4 位编码为(1101)b,其他值为 RFU。低 4 位定义 CID,即对 PICC 寻址的逻辑号。

② PPS0：PPS0 用于表明可选字节 PPS1 是否出现。该字节的 $b_8 b_7 b_6$ 设置为(000)b,$b_4 b_3 b_2 b_1$ 设置为(0001)b,$b_5 = 1$ 表示后面出现 PPS1 字节。

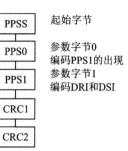

图 2-15　PPS 请求的结构

③ PPS1：PPS1 字节的 $b_8 b_7 b_6 b_5$ 为(0000)b,$b_4 b_3$ 为 DSI(设置发送因子 DS)的值,$b_2 b_1$ 为 DRI(设置接收因子 DR 的值)的值。DSI 和 DRI 的两位编码 00,01,10,11 对应的 D 值为 1,2,4,8。

（5）PPS 响应

PPS 响应为 PICC 接收 PPS 请求后的应答,由 3 个字节组成,第 1 字节为 PPSS(和 PPS 请求的 PPSS 字节相同),后两字节为 CRC 字节。

3. TYPE B 型 PICC 激活的协议操作

TYPE B 型 PICC 激活的协议处理过程请参阅第 2.3.3 小节。

4. 半双工分组传输协议

该协议按照开放式系统互联(OSI)参考模型的分层原则设计,定义了四层:物理层、数据链路层、会话层和应用层。物理层按 ISO/IEC 14443—3 交换字节,数据链路层的分组交换在本节讨论,会话层结合数据链路层以实现最小开销,应用层处理命令。在每个通信方向至少交换一个分组或分组链(Chain of Blocks)。

（1）分组格式

分组格式如图 2-16 所示,它由头部(必备)、信息域(可选)和结尾(必备)三部分组成。

图 2-16　分组格式

1）头　部

头部由三部分组成：协议控制字节（PCB）、CID 字节和 NAD 字节。其中 PCB 是必备的，CID 和 NAD 字节是可选的。

① PCB 域：PCB 域包含控制数据传输所需的信息，定义了三种分组的基本类型：

- 信息分组（I - Block）：传送应用层所用的信息。
- 接收信息（R - Block）：传送确认（ASK）或否认（NAK）信息，它与最后接收的分组有关。R - Block 无信息域。
- 管理分组（S - Block）：在 PCD 和 PICC 间交换控制信息。有两类管理分组，一类是具有一字节长信息域的等待时间扩展（WTX）分组；另一类是无信息域的 DESELECT 命令。

I - Block、R - Block 和 S - Block 的结构如图 2 - 17 所示。

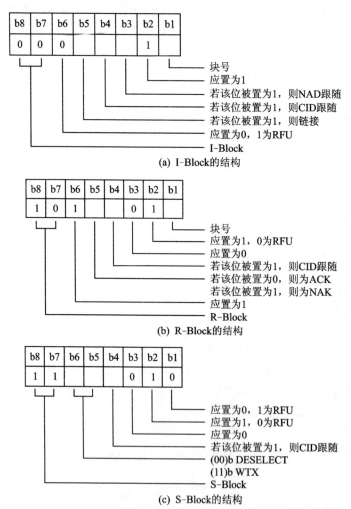

图 2 - 17　PCB 域三种分组结构

② CID 域：CID 域标识指定 PICC，它由三部分组成。

- $b_8 b_7$：在 PICC 发送 S - Block 中，这两位编码用于指示 PICC 从 PCD 获得的功率情况，功率电平指示编码的含义如表 2 - 19 所列。

对于 PCD 向 PICC 的通信,CID 域的这两位应为(00)b。

- $b_6 b_5$:为(00)b。
- $b_4 b_3 b_2 b_1$:CID 编码。一个 PICC 若不支持 CID,则它可以忽略分组中所包含的 CID 值。如果支持 CID,则应对在 CID 域中使用其 CID 的分组进行应答,而对 CID 域不是其 CID 的分组不予应答。

表 2 - 19 功率电平指示编码

编 码	含 义
(00)b	PICC 不支持功率电平指示
(01)b	功率不满足全功能应用
(10)b	功率满足全功能应用
(11)b	功率充裕

③ NAD 域:NAD 域用于 PCD 和 PICC 间建立逻辑连接,NAD 域的编码依据 ISO/IEC 7816—3 标准,NAD 域字节中的 b_8 和 b_4 置 0,$b_7 b_6 b_5$ 为目标结点地址,$b_3 b_2 b_1$ 为源结点地址。

在使用 NAD 时要注意下述问题:

- NAD 域仅在信息分组中出现;
- PCD 采用 NAD,PICC 也应采用 NAD;
- 如果用到分组链(见后面介绍),则仅在分组链的第一个信息分组中包含 NAD 域;
- PCD 不用 NAD 来对不同的 PICC 寻址,而是采用 CID;
- 若 PICC 不支持 NAD,则它忽略任何一个含有 NAD 域的分组。

2)信息域(INF)

信息域是可选的。若有 INF,则信息分组(I - Block)中为应用数据,管理分组(S - Block)中是状态信息而不是应用数据。

3)结 尾

结尾部分为 2 字节的传送分组的错误检测码(EDC),EDC 采用 CRC 码。

(2) 帧等待时间扩展

帧等待时间(FWT)已在 ATS 的接口字节 TB(1)中介绍,当 PICC 需要比定义的 FWT 更长的时间来处理接收到的分组时,它可以使用一个 S - Block 的 WTX 分组请求等待时间的扩展(增加)。WTX 分组请求含有 1 字节的信息域,该信息域的结构如表 2 - 20 所列。

表 2 - 20 WTX 分组信息域结构

位	b_8	b_7	b_6	b_5	b_4	b_3	b_2	b_1
含 义	功率电平指示		WTXM					

功率电平两位的编码如表 2 - 19 所列。b_6 至 b_1 的 WTXM 为倍增因子。WTXM 的编码值为 1~59,0 和 60~63 作为 RFU。

PCD 通过发送含有 1 字节 INF 域的 WTX 管理分组来确认 PICC 的请求,1 字节的编码结构同 PICC 的 INF 域结构:b_8 b_7 置为(00)b,b_6 至 b_1 为对 WTXM 的确认,并用这个确认的 WTXM 来计算 FWT 的临时值,表示为

$$FWT_{TEMP} = FWT \times WTXM$$

(2.6)

临时 FWT 在 PCD 接收到下一个分组后失效。此外,当式(2.6)的计算值大于最大值 FWT_{max} 时采用 FWT_{max}。

(3) 协议操作

PICC 在激活后,等待 PCD 发送的正确分组。PCD 发送一个分组后,转入接收工作模式;PICC 发送对接收分组响应的分组后转回接收模式。PCD 在处理完一对命令/响应事务或者 FWT 超时仍无响应时,才能启动新的命令/响应。

1) 多 PICC 激活

多 PICC 激活特性使 PCD 可以同时处理多个处于 Active 状态的 PICC,而无需为解除激活和激活新 PICC 多花时间。多 PICC 激活的示例如表 2-21 所列,表中为 3 个 PICC。

表 2-21 多 PICC 激活

PCD 动作	PICC1 状态	PICC2 状态	PICC3 状态
三个 PICC 进入	Idle	Idle	Idle
经防碰撞过程后用 CID=1 激活 PICC	Active(1)	Idle	Idle
用 CID=1 传送数据	Active(1)	Idle	Idle
...	—	—	—
用 CID=2 激活 PICC	Active(1)	Active(2)	Idle
用 CID=1,2 传送数据	Active(1)	Active(2)	Idle
...	—	—	—
用 CID=3 激活 PICC	Active(1)	Active(2)	Active(3)
用 CID=1,2,3 传送数据	Active(1)	Active(2)	Active(3)
...	—	—	—
用 CID=3 的 S(DESELECT)命令	Active(1)	Active(2)	Halt
用 CID=2 的 S(DESELECT)命令	Active(1)	Halt	Halt
用 CID=1 的 S(DESELECT)命令	Halt	Halt	Halt

2) 链接(分组链)

链接功能允许 PCD 或 PICC 发送的信息长度比 FSD 或 FSC 规定的单个分组长度还要长。采取的措施是将长的信息分为若干块,每块的长度等于或小于 FSD/FSC 的规定值,将 I-Block 的 PCD 中的链接位 b_5 置 1,并由 R-Block 中 PCB 的 b_5 位应答,图 2-18 所示为在 FSC=FSD=10 字节时,16 字节信息分为三个分组传输的过程。图 2-18 中,$I(1)_x$ 表示设置了链接位和分组序号的 I-Block,$I(0)_x$ 表示链接位为 0(最后一个链接分组)和设置了分组序号的 I-Block,$R(ACK)_x$ 是确认应答的 R-Block。

(4) PICC 在传送协议中的解除激活

当 PCD 和 PICC 之间的交互结束后,PCD 发送 DESELECT 请求,PICC 以 DESELECT 应答确认,并进入 Halt 状态。解除激活帧等待时间定义为 PCD 的 DESELECT 请求帧结束后,PICC 开始发回 DESELECT 响应帧的最大时间。解除激活帧等待时间的值为 4.8 ms,即 $65\,535/f_c$,f_c 为载波频率。

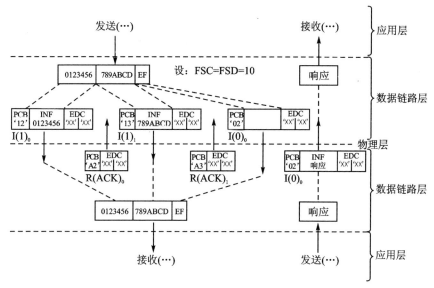

图 2－18　不使用 NAD 和 CID 的链接分组传输示例

2.4　ISO/IEC 15693 标准

ISO/IEC 15693 标准是疏耦合射频卡（VICC）的国际标准，该标准由物理特性、空中接口与初始化、防碰撞和传输协议、命令扩展和安全特性 4 个部分组成。第 1 部分规定了 VICC 的物理特性，包括机械特性，物理尺寸（与 ISO/IEC 7810 规定相符，为 ID－1 型卡尺寸），抗紫外线、X 射线和电磁射线的能力，弯曲的扭曲性能等。本书主要介绍第 2 部分（空中接口与初始化）和第 3 部分（防碰撞和传输协议）。

2.4.1　空中接口与初始化

1. 能量供给

阅读器（VCD）产生 13.56 MHz±7 kHz 的正弦载波，VICC 通过电感耦合方式获得能量，VCD 产生的交变磁场强度 H 应满足

$$150 \text{ mA/m} \leqslant H \leqslant 5 \text{ A/m} \tag{2.7}$$

2. VCD 到 VICC 的通信

为满足国际无线电规格和不同应用的需求，标准定义了有关调制和编码的规范。

（1）调　制

VCD 到 VICC 的通信采用 ASK 调制，调制系数有 10％和 100％两种。VICC 支持两种调制系数，采用哪种调制系数由 VCD 决定，VCD 在载波中产生一个如图 2－19 和图 2－20 所示的"间隔"（Pause）来选取调制系数。

（2）数据编码和数据传输速率

数据编码采用脉冲位置调制（PPM），VICC 支持两种 PPM，由 VCD 选择其一，在帧开始（SOF）中指明。

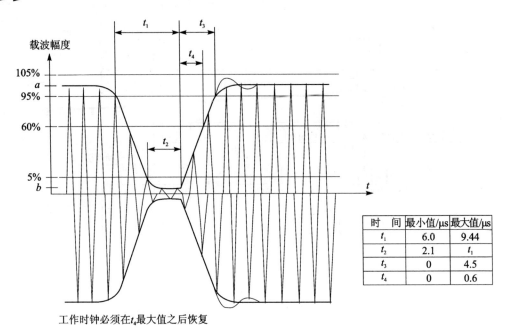

时　间	最小值/μs	最大值/μs
t_1	6.0	9.44
t_2	2.1	t_1
t_3	0	4.5
t_4	0	0.6

工作时钟必须在t_4最大值之后恢复

图 2 - 19　100％ASK 调制

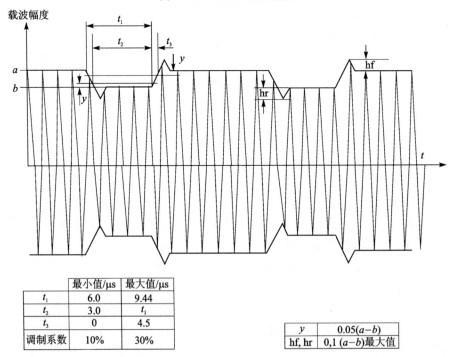

	最小值/μs	最大值/μs
t_1	6.0	9.44
t_2	3.0	t_1
t_3	0	4.5
调制系数	10%	30%

y	0.05($a-b$)
hf, hr	0,1 ($a-b$)最大值

VICC应工作于调制系数为10%~30%之间

图 2 - 20　10％ASK 调制

1）256 中取 1 的 PPM 方式

256 中取 1 的 PPM 方式的原理如图 2 - 21 所示。在这种方式中，Pause 的位置表示传输数据字节的值，该值在 0～255 范围内。0～225 之间每个值的持续时间为 18.88 μs（256/f_c，f_c为载波频率），这个字节的传输时间为 4.833 ms，因此数据传输速率为 1.65 kbit/s（f_c/

8 192)。数据传输完毕后,VCD 传输帧结束(EOF)信号。

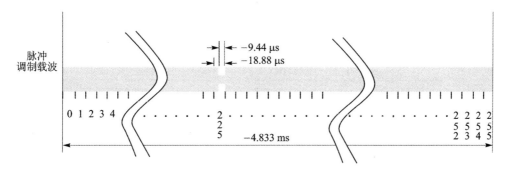

图 2 - 21　256 中取 1 的 PPM 方式的原理示意图

2) 4 中取 1 的 PPM 方式

4 中取 1 的 PPM 方式如图 2-23 所示。在这种编码中,一次可以传 2 位,4 对连续的数据位形成一个字节,低位值的一对数据位先传送。4 中取 1 方式的数据率为 26.48 kbit/s(f_c/512,f_c 为载波频率)。

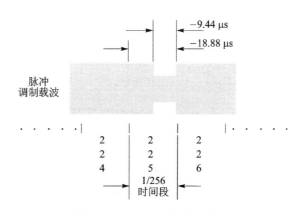

图 2 - 22　Pause 处的详细情况

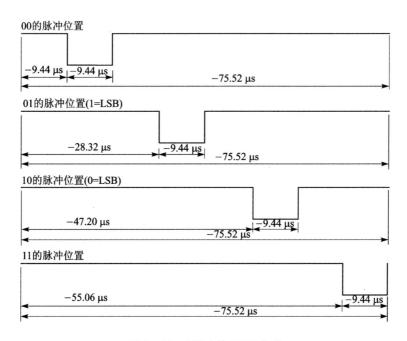

图 2 - 23　4 取 1 的 PPM 方式

图 2-24 所示的为其编码示例,所传输的字节为 E1H＝(1110 0001)b。

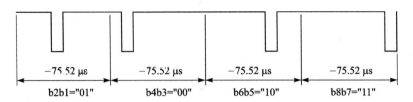

图 2-24　4 中取 1 方式的编码示例

(3) VCD 到 VICC 帧

采用帧是为了容易同步和不依赖协议,帧用 SOF 和 EOF 分离。

SOF 的编码有"256 中取 1"和"4 中取 1"两种模式,如图 2-25 所示。SOF 用于通知 VICC,VCD 选择了哪种模式。

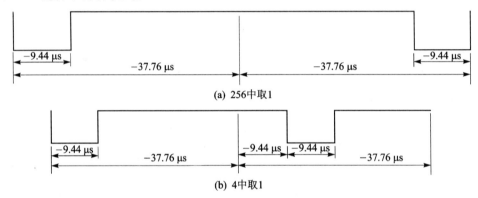

(a) 256中取1

(b) 4中取1

图 2-25　SOF 的结构

EOF 的结构如图 2-26 所示,它可用于 256 中取 1 和 4 中取 1 两种模式。

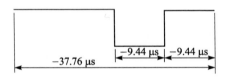

图 2-26　EOF 的结构

3. VICC 到 VCD 的通信

(1) 副载波

副载波频率 f_s 由 VCC 接收到的载波频率 f_c 产生。VICC 应能支持单副载波和双副载波两种副载波模式。

使用单副载波时,副载波的频率 $f_s = f_c/32 = 423.75$ kHz。在使用双副载波时,频率 $f_{s1} = f_c/32, f_{s2} = f_c/28(484.28$ kHz)。

(2) 数据速率

VICC 应支持的数据速率如表 2-22 所列。

表 2 - 22   数据速率

数据速率	单副载波/(kbit·s^{-1})	双副载波/(kbit·s^{-1})
低	6.62(f_c/2 048)	6.67(f_c/2 032)
高	26.48(f_c/512)	26.69(f_c/508)

(3) 位表示和编码

数据位采用曼彻斯特编码方式。在下面给出的位编码图中,皆以高数据速率的时间标注,低数据速率时相应脉冲数和时间应乘以 4。

1) 使用单副载波

使用单副载波时的逻辑 0 和逻辑 1 的波形如图 2 - 27 所示。逻辑 0 以 8 个频率为 f_s 的脉冲开始,接着是非调制时间,非调制时间为 256/f_c(约为 18.88 μs);逻辑 1 则以 18.88 μs 的非调制时间开始,接着是 8 个频率为 f_s 的脉冲。

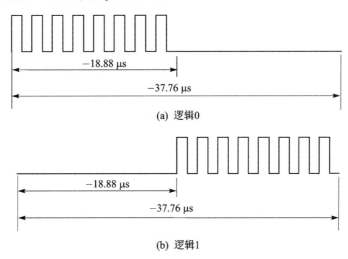

图 2 - 27   单副载波时的逻辑 0 和逻辑 1 的位编码

2) 使用双副载波

使用双副载波时的位编码如图 2 - 28 所示,两个副载波间有连续的相位关系。逻辑 0 的位宽为 8/f_{s1}+9/f_{s2}=18.88+18.58=37.46 μs;逻辑 1 的位宽为 9/f_{s2}+8/f_{s1}=37.46 μs。

(4) SOF

1) 使用单副载波

如图 2 - 29(a)所示,SOF 由三个部分组成:一个非调制时间(768/f_c=56.64 μs)、24 个频率为 f_s 的脉冲、逻辑 1(由 256/f_c=18.88 μs 的未调制时间开始,接着是频率为 f_s 的 8 个脉冲)。

2) 使用双副载波

如图 2 - 29(b)所示,SOF 也由三个部分组成:27 个频率为 f_{s2} 的脉冲、24 个频率为 f_{s1} 的脉冲、逻辑 1(以 9 个频率为 f_{s2} 的脉冲开始,接着为 8 个频率为 f_{s1} 的脉冲)。

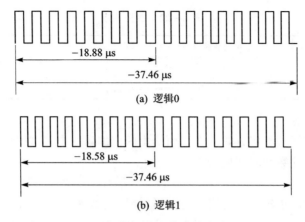

(a) 逻辑0

(b) 逻辑1

图 2 - 28　使用双副载波时的位编码

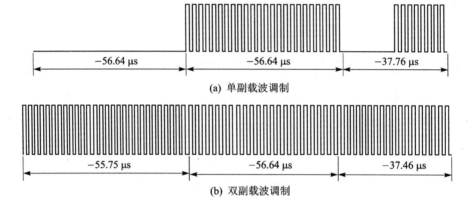

(a) 单副载波调制

(b) 双副载波调制

图 2 - 29　SOF 的副载波调制波形

(5) EOF

1) 使用单副载波

如图 2 - 30(a)所示,EOF 由三部分组成:逻辑 0、频率为 f_s 的 24 个脉冲、一个非调制时间（$768/f_c=56.64~\mu s$）。

2) 使用双副载波

如图 2 - 30(b)所示,使用双副载波的 EOF 由下述三部分组成:逻辑 0、频率为 f_{s1} 的 24 个脉冲、27 个频率为 f_{s2} 的脉冲。

(6) 负载调制

VICC 到 VCD 的通信采用负载调制,负载调制的振幅不小于 10 mV。

2.4.2　传输协议

1. 数据元素的定义

(1) 唯一标识符(UID)

每一个 VICC 有一个 64 位的 UID 标识,且这个 UID 是唯一的,UID 由制造商永久地设定,格式如表 2 - 23 所列。

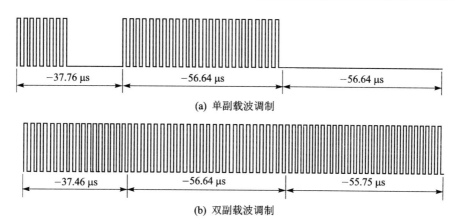

(a) 单副载波调制

(b) 双副载波调制

图 2-30　EOF 的副载波调制波形

表 2-23　UID 的格式

位	编码内容
1～48	制造商制定的 48 位唯一序列号
49～56	IC 制造商代码
56～64	码值为 E0H

(2) 应用族标识符(AFI)

AFI 是由 VCD 锁定的应用类型,它的 8 位编码可参见表 2-10。VICC 对 AFI 的支持是可选取的。

(3) 数据存储格式标识符(DSFID)

DSFID 指出了数据在 VICC 内存中的结构,它被相应的命令编程和锁定,其编码为 1 字节。假如 VICC 不支持 DSFID 的编程,则 VICC 以值 0 作为应答。

(4) CRC

CRC 根据 ISO/IEC 13239 标准计算,其初始值为 FFH。CRC 的两字节位于帧的 EOF 之前,检验 SOF 之后的所有字节,但不含自己。VICC 在 CRC 校验时若出现错误,则丢弃收到的该帧,并不予应答。当 VCD 收到 VICC 的一次响应时,建议进行 CRC 检验,若 CRC 无效,则由 VCD 的设计者来处理。CRC 字节的传输由最低位开始。

(5) VICC 内存结构

标准中规定的命令假定物理内存以固定大小的块(或页)出现,可寻址块达 256 个,块大小可至 256 位,最大内存容量可达 64 Kb(即 8 KB)。

(6) 块安全状态

块安全状态由 VICC 返回,作为对 VCD 请求的响应参数,其编码为 1 字节,编码如表 2-24 所列。

表 2-24　块安全状态

位	标志名称	值	说　明
b1	Lock-flag	0	未锁定
		1	锁定
b2～b8	RFU	0	备用

2. 传输协议描述

(1) 协议的概念

传输协议定义了 VCD 和 VICC 之间的指令和数据双向交换的过程。它建立于 VCD"先讲"的机制。协议基于一次交换,一次交换包括 VCD 的一次请求和接着的 VICC 的一次响应。请求和响应以帧的形式构成,每帧传输的位数为字节的整数倍数,低字节、低位先传输。

(2) 请求帧格式

请求帧由 SOF(帧开始)、标志、命令编码、强制和可选的参数、数据、CRC、EOF(帧结束)等域组成。请求标志域为 8 位,1～4 位的定义如表 2-25 所列,5～8 位的定义如表 2-26 和表 2-27 所列。

(3) 应答帧格式

应答帧由 SOF、标志、强制和可选的参数、数据、CRC、EOF 等域组成。应答帧的标志域为 8 位,其定义如表 2-28 所列。

出现错误时,应答帧由 SOF、标志(8 位)、错误码(8 位)、CRC(16 位)和 EOF 等域组成。8 位错误码的编码如表 2-29 所列。如果 VICC 不支持所列的错误码,它将以错误码 0FH 应答。

表 2-25　请求标志域 1～4 位的定义

位	标志名称	值	描　述
b_1	副载波标志	0	VICC 采用单副载波
		1	VICC 采用双副载波
b_2	数据速率标志	0	使用低数据速率
		1	使用高数据速率
b_3	目录	0	标志位 5～8 的规定按表 2-26
		1	标志位 5～8 的规定按表 2-27
b_4	协议扩展标志	0	无协议格式扩展
		1	协议格式已扩展,保留供以后使用

表 2-26　目录标志值为 0 时,5～8 位的定义

位	标志名称	值	描　述
b_5	选择标志	0	根据寻址标志设置,任何 VICC 执行请求
		1	请求只有处于选择状态的 VICC 执行,寻址标志值应为 0,UID 域不包含在请求中
b_6	寻址标志	0	没有选址请求,不包含 UID 域,任何 VICC 可能的话都应执行
		1	请求有寻址,包含 UID 域,只有 UID 匹配的 VICC 才能执行应答
b_7	选择权标志	0	含义如未被命令描述定义,该标志位值为 0
		1	含义如被命令描述定义,该标志位值为 1
b_8	RFU	0	备用

表 2 - 27　目录标志值为 1 时,5～8 位的定义

位	标志名称	值	描　述
b_5	AFI 标志	0	无 AFI 域
		1	有 AFI 域
b_6	时隙数标志	0	16 个时隙
		1	1 个时隙
b_7	选择权标志	0	含义如未被命令描述定义,该标志位值为 0
		1	含义如被命令描述定义,该标志位值为 1
b_8	RFU	0	备用

表 2 - 28　应答帧标志域的 1～8 位的定义

位	标志名称	值	描　述
b_1	出错标志	0	无错误
		1	检测到错误
b_4	扩展标志	0	无协议格式扩展
		1	协议格式扩展,保留供以后用
b_2,b_3 和 b_5～b_8	RFU	0	备用

表 2 - 29　错误码的编码

错误码编码	意　义	错误码编码	意　义
01H	不支持命令,即请求码不能被识别	12H	规定块已锁,其内容不能改变
02H	命令不能被识别,例如,发生一次格式错误	13H	规定块没有被成功编程
03H	不支持命令选项	14H	规定块没有被成功锁定
0FH	无错误信息或规定的错误码不支持该错误	A0H～DFH	客户定制命令错误码
10H	规定块不可用(不存在)	其他	RFU
11H	规定块已锁,因此不能被再锁		

(4) 格　式

1) 寻址模式

寻址标志位设置为 1 时,VCD 请求中应包含 VICC 的 UID,VICC 将收到的 UID 和自己的 UID 比较,若匹配则按命令的规定返回一个应答(响应)给 VCD,若不匹配则 VICC 保持沉默。

2) 非寻址模式

寻址标志位设置为 0 时,VCD 请求中不含 UID。如果可能的话,所有收到该请求的 VICC 都应返回一个符合命令的应答给 VCD。

3) 选择模式

选择标志位设为 1 时,VCD 请求不含 UID。仅处于选择模式的 VICC 在收到该请求后,如果可能的话返回一个符合命令的应答给 VCD。

3. 命令的类型和编码

标准定义了强制的、可选的、定制的和私有的 4 种命令。所有的 VICC 都支持强制的命令,强制命令的命令码范围为 01H～FFH。可选、定制、私有命令的命令码范围分别为 20H～9FH,A0H～DFH,E0H--FFH。命令的编码、类型和功能如表 2-30 所列。

表 2-30 命令的编码、类型和功能

编 码	类 型	功 能	编 码	类 型	功 能
01H	强制	目录	26H	可选	复位就绪
02H	强制	保持静默	27H	可选	写 AFI(应用族标识符)
03H～1FH	强制	备用	28H	可选	锁定 AFI
20H	可选	读单个块	29H	可选	写 DSFID(数据存储格式标识符)
21H	可选	写单个块	2AH	可选	锁定 DSFID
22H	可选	锁定块	2BH	可选	获取系统信息
23H	可选	读多个块	2CH	可选	获取多个块安全状态
24H	可选	写多个块	2DH～9FH	可选	备用
25H	可选	选择	A0H～DFH	定制	IC 制造商决定
			EPH～FFH	私有	

4. 强制命令

VCD 在发送目录命令时,通过时隙数标志将时隙数设置为所需的值(16 或 1 个时隙,见表 2-27),然后在命令域后加入掩码(Mask)长度和掩码值。掩码长度指明了掩码值的有效位数。当使用 16 个时隙时,掩码长度可以是 0～60(位)之间的任何值。当使用 1 个时隙时,掩码长度可以是 0～64(位)之间的任何值。掩码值以整数个字节存在,若掩码长不是 8(位)的倍数,则掩码值的最高有效位应补 0。例如,掩码 0100 1100 1111 的掩码长度为 12 位,则其掩码值为 0000 0100 1100 1111,补齐至于 16 位。

目录命令的格式如表 2-31 所列。AFI 域是可选的,当 AFI 标志设置为 1 时出现 AFI 域。对目录命令的应答格式如表 2-32 所列。

表 2-31 目录命令的格式

域	SOF	标 志	命令编码	可选的 AFI	掩码长度	掩码值	CRC16	EOF
说 明	帧开始	8 位	8 位(01H)	8 位	8 位	0～8 字节	16 位	帧结束

表 2-32 目录命令的应答格式

域	SOF	标 志	DSFID	UID	CRC16	EOF
说 明	帧开始	8 位	8 位	64 位	16 位	帧结束

5. 可选命令

可选命令的请求帧和应答帧的组成如表 2-33 所列,表中列出除 SOF、EOF 和 CRC 以外的组成域。

表 2-33　可选命令的请求帧和应答帧

命令名称	请求帧组成	应答与应答帧组成
读单个块	标志,命令编码,UID(可选),块号(8 位)	标志(8 位),块安全状态(请求帧中,选择标志为 1 时才有该 8 位内容),数据(位数为块的长度)
写单个块	标志,命令编码,UID(可选),块号,数据(块长度)	VICC 将包含在请求中的数据写入相应的请求块,在应答中报告操作成功与否。应答帧含标志域
锁定块	标志,命令编码,UID(可选),块号,	接收到该命令,VICC 将永久锁定请求块。应答帧含标志域
读多个块	标志,命令编码,UID(可选),起始块号,块数量(8 位)	标志,块安全状态(请求中选择标志为 1 时才返回该域),块数据(块长度),…,块安全状态(请求中选择标志为 1 时才返回该域),块数据(块长度) 返回数据块为请求中块数量值加 1,例如,请求中块数量为 06H 时读 7 个块。有块安全状态域时,该域和块数据域一起成对返回
写多个块	标志,命令编码,UID(可选),起始块号,块数量,数据(块长度),…,数据(块长度)。数据域的个数为块数量域的值 1	接收到该命令,相应的 VICC 进行写操作,在应答中报告操作成功与否。应答帧含标志帧
选择	标志(选择标志为 0,寻址标志为 1),命令编码,UID	接收到该命令:若 UID 匹配,则 VICC 进入选择状态,发回应答;若 UID 不匹配,则 VICC 转至就绪状态,不发回应答。应答帧包含标志域
复位至就绪	标志,命令编码,UID(可选)	接收到该命令,VICC 复位至 Ready(就绪)状态。应答帧中包含标志域
写 AFI	标志,命令编码,UID(可选),AFI(8 位)	接收到该命令,VICC 将 AFI 值写入其内存。应答帧包含标志域
锁定 AFI	标志,命令编码,UID(可选)	接收到该命令,VICC 将 AFI 值永久地锁定在其内存中。应答帧包含标志域
写 DSFID	标志,命令编码,UID(可选),DSFID(8 位)	接收到该命令,VICC 将 DSFID 值写入其内存。应答帧包含标志域
锁定 DSFID	标志,命令编码,UID(可选)	接收到该命令,VICC 将 DSFID 值永久地锁定在其内存中。应答帧包含标志域
获取系统信息	标志,命令编码,UID(可选)。用于从 VICC 中重新获取系统信息	标志,信息标志(8 位),UID,DSFID(可选),AFI(可选),内存容量(可选),IC 参考信息(可选) 信息标志域的某位为 1,表示对应可选项出现,信息标志域的 1~4 位的值按顺序定义上述 4 个可选项,信息标志域的 5~8 位为 0000(RFU)。内存容量为 16 位,1~8 位定义块数目值(从 00~FFH),9~13 位定义块容量的字节数(值加 1),14~16 位为 000(RFU)。IC 参考信息由 IC 制造商定义,编码为 8 位
获取多个块安全状态	标志,命令编码,UID(可选),起始块号,块数量	VICC 发回块安全状态。应答帧包含标志,块安全状态 1(8 位),…,块安全状态 N。块安全状态的数量为请求帧中块数量域的值加 1

需要注意的是,在 VICC 发现命令请求(包括强制命令和可选命令)的内容出现错误时,其应答帧格式都为 SOF、标志、错误码、CRC 和 EOF。

6. VICC 状态

VICC 具有断电(Power － off)、就绪(Ready)、静默(Quiet)和选择(Selected)4 种状态,其中对选择状态的支持是可选的。VICC 的状态及转换关系如图 2 － 31 所示。

VICC 在没有被 VCD 激活时处于 Power － off 状态,被 VCD 激活后处于 Ready 状态。在 Ready 状态,如果请求帧的选择标志没有置位,VICC 将对请求进行处理:在收到选择命令,且 UID 匹配时,VICC 进入选择状态;在收到保持静默命令,且 UID 匹配时,VICC 进入静默状态;其他情况 VICC 保持 Ready 状态。

VICC 在选择状态时:收到 UID 匹配的保持静默命令,VICC 进入静默状态;收到选择不同 UID 的选择命令,它返回 Ready 状态;对其他命令,其状态保持不变。

在静默状态,如果 VCD 请求帧的目录标志没有置位而寻址标志置位,则 VICC 将对请求帧进行处理:收到 UID 匹配的选择命令时进入选择状态,收到复位就绪命令时返回 Ready 状态,对其他任何命令 VICC 仍保持原状态。

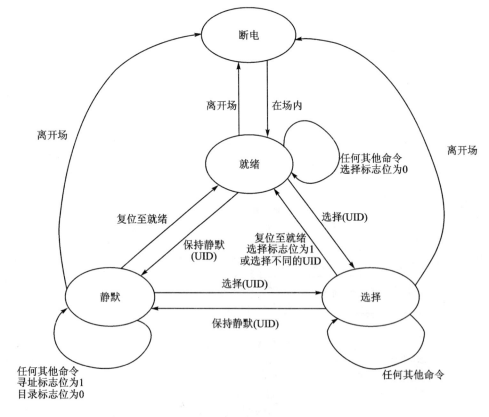

图 2 － 31　VICC 的状态及转换关系

2.4.3　防碰撞

1．防碰撞过程

ISO/IEC 15693 标准的防碰撞技术采用时隙 ALOHA 算法。图 2-32 所示为一个时隙数为 16 的典型防碰撞处理过程,该例中给出了时隙中无碰撞、有碰撞和无应答的多种情况,步骤如下:

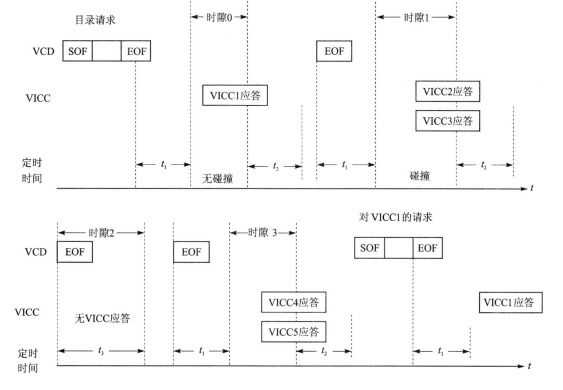

图 2-32　一个时隙数为 16 的典型防碰撞处理过程

① VCD 发送目录命令的请求帧,时隙数设置为 16。

② VICC1 在时隙 0 返回应答,因只有这一个 VICC 应答,并不存在碰撞,它的 UID 被 VCD 接收存储。

③ VCD 发送 EOF,指示下一个时隙开始。

④ 在时隙 1,VICC2 和 VICC3 进行应答,发生了碰撞。VCD 检测到碰撞,并记录该时隙发生了碰撞。

⑤ VCD 再发送 EOF,进入时隙 2。

⑥ 在时隙 2,无 VICC 应答,VCD 未检测到 VICC 的应答 SOF,因此 VCD 通过发送 EOF,进入时隙 3。

⑦ 在时隙 3,VICC4 和 VICC5 应答,产生了碰撞。

⑧ VCD 决定发送寻址请求(如读块请求)给 VICC1(VICC1 的 UID 已被 VCD 正确接收)。

⑨ 所有 VICC 都检测到对 VICC1 请求的 SOF,它们都处理这个请求,但只有 UID 匹配的 VICC1 才返回应答,其他的 VICC 则退出防碰撞序列。

⑩ 所有 VICC 准备接收下一个请求。如果又是一个目录命令的请求,则又从时隙 0 开始按上面步骤执行。

何时中断防碰撞过程由 VCD 决定,VCD 可以一直传送 EOF 到时隙 15,然后再进行第⑧步。

2. 时间段的说明

图 2-32 中标注的时间段 t_1,t_2 和 t_3 说明如下。

(1) 时间 t_1

当某一 VICC 检测到一个有效 VCD 请求的 EOF,或在处理目录请求过程中转换到下一个时隙之前,它将等待一个时间 t_1。

t_1 从检测到 VCD 发送的 EOF 上升沿开始,为确保 VICC 响应的同步要求,VCD 至 VICC 的 EOF 同步是必需的。t_1 的额定值是 320.9 μs,范围为 318.6~323.3 μs。

(2) 时间 t_2

t_2 处于目录处理过程中。当 VCD 开始接收一个或多个 VICC 响应时,它将等待 VICC 响应和完整接收,并等待一个额外时间 t_2,然后发送 EOF,启动下一个时隙。t_2 的最小值是 309.2 μs,它开始于收到来自 VICC 的 EOF。

(3) 时间 t_3

在一个目录处理过程中,当某时隙无 VICC 应答出现时,VCD 在发送后续 EOF 启动下一个时隙前,它需要等待一个时间 t_3。t_3 开始于启动该时隙的 EOF 的上升沿,t_3 的最小值依赖于 VICC 向 VCD 传输数据的副载波调制模式和数据传输速率,t_3 的最小值大于 323.3 μs。

3. 防碰撞过程中 VICC 的 UID 匹配方法

VICC 在防碰撞过程中进行 UID 匹配方法如图 2-33 所示,其匹配步骤如下:

① 根据目录请求帧中的掩码长度和掩码值,去掉掩码值中的填充部分,将得到的掩码放入比较器。

② VICC 中的时隙计数器对时隙数进行跟踪计数,将时隙数放入比较器。

③ 将上面①和②两步得到的位值和 VICC 的 UID 相应低位进行比较,如果相同即为匹配。

在防碰撞过程中,时隙匹配的 VICC 才发回对 VCD 目录命令请求帧的应答。

2.5 ISO/IEC 18000—6 标准

ISO/IEC 18000 标准的第六部分是工作频率在 860~930 MHz 的空中接口通信技术参数。它定义了阅读器和应答器之间的物理接口、协议、命令和防碰撞机制。标准包含两种通信模式:TYPE A 和 TYPE B。阅读器应支持两种模式,并能在这两种模式之间进行切换。应答器则至少支持其中一种模式,应答器向阅读器的信息传输基于反向散射工作方式。

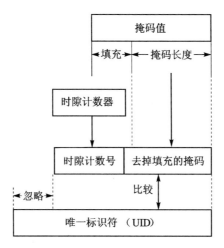

图 2 - 33 VICC 的 UID 匹配方法

2.5.1 TYPE A 模式

1. 物理接口

阅读器和应答器之间以命令和应答的方式进行信息交互,阅读器先"讲",应答器根据接收到的命令处理应答。数据的传输以帧为单位,定义了 0,1,SOF 和 EOF 四种符号的编码。

(1) 阅读器向应答器的数据传输

1) 数据编码

阅读器向应答器传输的数据编码采用脉冲间隔编码(Pulse Interval Encoding,PIE)。大 PIE 编码中,通过定义脉冲下降沿之间的不同时间宽度来表示 4 种符号(0,1,SOF 和 EOF)。Tari 时间段称为基本时间段,它为符号 0 的相邻两个脉冲下降沿之间的时间宽度,基准值为 $(20 \pm 10^{-6}) \mu s$。

符号 0,1,SOF,EOF 编码的波形如图 2 - 34 所示,编码方法如表 2 - 34 所列。编码时,字节的高位先编码。

2) 帧格式

在传送前,阅读器建立一个未调制的载波,即持续时间至少为 300 μs 的静默(图 2 - 35 中 Taq)时间。接下来传送的帧由 SOF、数据位、EOF 构成,如图 2 - 35 所示。在发送完 EOF 后,阅读器必须继续维持一段时间的稳定载波以提供应答器能量。

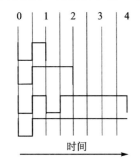

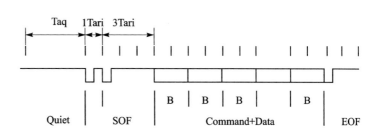

图 2 - 34 PIE 编码的波形图   图 2 - 35 阅读器向应答器发送的帧格式

3) 调　制

采用 ASK 调制,调制系数为 30%。

表 2 - 34　PIE 编码

符　号	编码持续时间
0	Tari
1	2 Tari
SOF	Tari 后跟 3 Tari
EOF	4 Tari

(2) 阅读器向应答器的数据传输

1) 数据编码

应答器向阅读器的数据传输采用反向散射的方式,数据传输速率为 40 kbit/s,采用 FM0 编码,编码时字节中的高位先编码。FM0 编码的波形如图 2 - 36 所示,图中第 1 个数字 1 的电平取决于它的前一位。编码规则是:为数字 0 时,在位起始和位中间都有电平的跳变;为数字 1 时,仅在位起始时电平跳变。

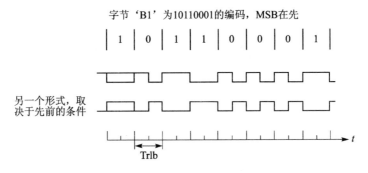

图 2 - 36　FM0 编码的波形图

2) 帧格式

应答器的应答帧由前同步码和若干域(含标志、参数、数据、CRC)组成。前同步码可供阅读器获得同步时钟,它为二进制码 0000 0101 0101 0101 0101 0001 1011 0001(055551B1H),前同步码不是 FM0 码。0 表示应答器的调制处于高阻状态,此时无反向散射调制;1 表示应答器的调制器转换为低阻抗状态,产生反向散射调制。

(3) CRC 校验

TYPE A 和 B 都采用了 CRC - 16 作为校验码,在 TYPE A 中短命令还采用 CRC - 5 校验码。应答器接收到阅读器的命令后,用 CRC 码检测正确性。如果 CRC 校验发生错误,则应答器将抛弃该帧,不予应答并维持原状态。

CRC - 5 的生成多项式为 X^5+X^2+1。计算 CRC 时,寄存器的预置值为 12H,计算范围从 SOF~CRC 前。CRC 的最高有效位先传输。

CRC - 16 的生成多项式为 $X^{16}+X^{12}+X^5+1$。计算 CRC 时,寄存器的预置值为 FFFFH,计算范围不包含 CRC 自身,计算产生的 CRC 的位值经取反后送入信息包。传送时高字节先传送,字节中的最高有效位先传送。

2. 数据元素

数据元素包括唯一标识符(UID),子唯一标识符(SUID),应用族标识符(AFI)和数据存储格式标识符(DSFID)。除了 SUID 外,UID,AFI,DSFID 都已讨论过。

SUID 用于防碰撞过程,SUID 是 UID 的一部分,因此称为子唯一标识符。SUID 由 40 位组成,高 8 位是制造商代码,低 32 位是制造商指定的 48 位唯一序列号中的低 32 位。SUID 和 UID 的映射关系如图 2-37 所示。

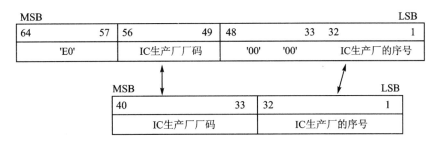

图 2-37　SUID 和 UID 的映射关系

3. 协议元素

(1) 应答器存储器结构

物理内存以固定块的方式组织,可寻址 256 个块,每块的位数可达 256 位,因此最大存储容量可达到 8 KB。

(2) 对具有辅助电池的应答器的支持

当正常工作时,具有辅助电池的应答器和无源应答器在功能上没有什么区别。但对应答器具有辅助电池的系统,在应用中需要有下述支持:

① 应答器应答系统信息命令时,返回应答器类型和灵敏度信息。

② 在防碰撞序列开始时,阅读器应指明是否所有应答器还是仅为无源应答器参与。

③ 应答器在防碰撞序列应答时,应返回有无辅助电池及电池状态的信息。

(3) 块锁存状态

应答器在应答阅读器获得块锁存状态的命令时,应返回块锁存状态参数,块锁存在存储器结构中实现。用户通过块锁存命令实现用户锁存,工厂通过专有命令实现厂商锁存。

应答器返回锁定状态使用两位编码,用户锁存用 b_1 位编码,厂商锁存用 b_2 位编码,位值为 1 表示实现锁存。

(4) 应答器签名

应答器签名包含 4 位,用于防碰撞过程。签名的产生可采用多种方法,例如,利用一个 4 位伪随机数产生器,或采用应答器 UID 或 CRC 的一部分,产生方法可由制造商确定。

4. 命　令

(1) 命令格式

阅读器发出的命令由协议扩展位(1 位)、命令编码(6 位)、命令标志(4 位)、参数、数据和 CRC 校验域组成,如图 2-38 所示。协议扩展位的值为 0,值 1 作为备用。

协议扩展位	命令编码	命令标志	参数	数据	CRC

图 2 - 38 命令格式

（2）命令编码

命令分为强制、可选、定制和专有 4 类。命令的编码、名称和所用 CRC 类型如表 2 - 35 所列。编码值为 00～0FH 的命令是强制类命令，编码值为 10H～27H 的命令是可选类命令，编码值为 28H～37H 的命令是定制类命令，编码值为 38H～3FH 的命令是专有类命令。命令编码为 6 位。

表 2 - 35　命令的编码、名称和 CRC 类型

编 码	名　　称	CRC	编 码	名　　称	CRC
00H	RFU	RFU	10H	Write Block	CRC - 16
01H	Init Round	CRC - 16	11H	Write Multiple Blocks	CRC - 16
02H	Next Slot	CRC - 5	12H	Lock - Block	CRC - 16
03H	Close Slot	CRC - 5	13H	Write AFI	CRC - 16
04H	Standby Round	CRC - 5	14H	Lock AFI	CRC - 16
05H	New Round	CRC - 5	15H	Write DSFID	CRC - 16
06H	Reset to Ready	CRC - 5	16H	Lock DSFID	CRC - 16
07H	Select(By SUID)	CRC - 16	17H	Get Block Lock Status	CRC - 16
08H	Read Blocks	CRC - 16	18H～27H	RFU	RFU
09H	Get System Information	CRC - 16	28H～37H	IC 制造商的定制类命令	IC 制造商定
0AH～0FH	RFU	RFU	38H～3FH	IC 制造商的专有类命令	IC 制造商定

（3）命令标志

命令标志域由 4 位构成。b_1 为防碰撞过程（Census）标志，$b_1 = 0$ 表示命令的执行不处于防碰撞过程中，$b_1 = 1$ 表示命令的执行处于防碰撞过程中，$b_2 b_3 b_4$ 位的含义取决于 b_1 位的值。

当 $b_1 = 0$ 时，$b_2 b_3 b_4$ 位的定义如表 2 - 36 所列；当 $b_1 = 1$ 时，$b_2 b_3 b_4$ 位的定义如表 2 - 37 所列。

表 2 - 36　$b_1 = 0$ 时，$b_2 b_3 b_4$ 命令标志的定义

位	标志名称	位　值	描　　　　述
b_2	选择标志	0	任一寻址标志为 1 的应答器执行命令
		1	命令仅由处于选择状态的应答器执行，寻址标志应为 0，命令中不包含 SUID 域
b_3	寻址标志	0	命令不寻址，不包含 SUID 域，作一应答器都应执行此命令
		1	命令进行寻址，包含 SUID 域，仅 SUID 匹配的应答器执行此命令
b_4	RFU	0	该位应为 0
		1	备用

5. 响　应

应答器的响应格式如图 2 - 39 所示，它由前同步码、标志、参数（1 个或多个）、数据和 CRC

域组成。

表 2 - 37　b₁＝1 时，b₂ b₃ b₄ 命令标志的定义

位	标志名称	位　值	描　述
b₂	时隙延迟标志	0	时隙开始后,应答器应立即应答
		1	应答器在时隙开始后延迟一段时间应答
b₃	AFI 标志	0	没有 AFI 域
		1	有 AFI 域
b₄	SUID 标志	0	应答器在应答中不含 SUID 域,返回它的存储器中前 128 位的数据
		1	应答器在应答中包含 SUID 域

前同步码	标志	参数	数据	CRC

图 2 - 39　应答器的响应格式

标志域为两位,其编码如表 2 - 38 所列。

表 2 - 38　标志域的编码

位	标志名称	位　值	描　述
b₁	错误标志	0	无错误
		1	检测到错误,需要后跟错误码
b₂	RFU	0	应为 0

应答器检测到错误后,响应信息中应包含错误码,错误码为 4 位,错误码的定义如表 2 - 39 所列。

表 2 - 39　错误码的定义

错误码	描　述	错误码	描　述
0H	RFU	5H	指定的数据不能被编程或已被锁定
1H	命令不被支持	6H～AH	RFU
2H	命令不能辨别,如格式错误	BH～EH	定制命令错误码
3H	指定的数据块不存在	FH	不能给出信息的错误或错误码不支持
4H	指定的数据块已锁存,其内容不可改变		

6. 应答器的状态

应答器具有无射频场、就绪、静默、选中、激活、等待 6 个状态。上述状态及它们的转换关系如图 2 - 40 所示,图中仅给出了主要的转换情况,状态转换和命令的执行紧密相关。

- 离场(RF field off)状态:处于离场状态时,无源应答器处于无能量状态,有源应答器不能被接收的射频能量唤醒。
- 就绪(Ready)状态:应答器获得可正常工作的能量后进入就绪状态。在就绪状态,可以处理阅读器的任何选择标志位为 0 的命令。

- 静默（Quiet）状态：应答器可处理碰撞过程（Census）标志为 0，寻址标志为 1 的任何命令。
- 选择（Selected）状态：应答器处理选择标志位为 1 的命令。
- 循环激活（Round Active）状态：在此状态的应答器参与防碰撞循环。
- 循环准备（Round Standby）状态：在此状态的应答器暂时不参与防碰撞循环。

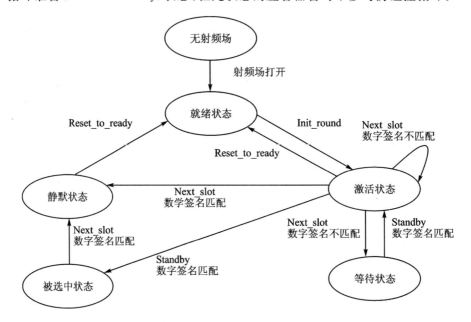

图 2 - 40　应答器状态及转换关系

7. 强制命令与状态转换

(1) INIT ROUND 命令

命令格式如表 2 - 40 所列，命令编码和命令标志域已经在前面介绍，下面介绍电池标志、重复循环标志和循环空间 3 个域。

表 2 - 40　INIT ROUND 命令格式

域	协议扩展	命令编码	命令标志	电池标志	重复循环标志	循环空间	AFI(可选)	CRC
位　长	1 位	6 位	4 位	1 位	1 位	3 位	8 位	16 位

电池标志仅用于 INIT ROUND 命令。在 INIT ROUND 命令中，若电池标志置 1，则应答器无论是否带有辅助电池都需要处理该命令。若电池标志为 0，则仅仅是无源应答器处理该命令。

重复循环标志用于 INIT ROUND，NEW ROUND 和 CLOSE SLOT 命令中。

当 INIT ROUND 命令设置了重复循环标志时，应答器在防碰撞过程中选择一个传送回其应答的随机时隙。如果在循环结束时，应答器仍处于循环激活状态，则它自动进入下一个循环。

当 INIT ROUND 命令重复循环标志的值为 0 时，应答器在防碰撞过程中选择一个传送回其应答的随机时隙。如果在某随机时隙传回了应答，则应答器在收到 NEXT SLOT 命令时和它的签名进行匹配。若匹配则它转到静默状态，若不匹配则在当前的循环结束后转到就绪（Ready）状态。在 Ready 状态，应答器接收到 NEW ROUND 或 INIT ROUND 命令后，选择一个新的时隙并进入新的循环。

循环空间域的 3 位对循环中的时隙数进行编码,循环时隙数的编码如表 2-41 所列。

表 2-41　循环时隙数的编码

编　码	循环时隙数	编　码	循环时隙数	编　码	循环时隙数	编　码	循环时隙数
000	1	010	16	100	64	110	256
001	8	011	32	101	128	111	RFU

应答器对 INIT ROUND 命令的应答格式如表 2-42 和表 2-43 所列。

表 2-42　应答器对 INIT ROUND 命令的应答格式(SUID 标志为 1)

域	标　志	签　名	应答器类型	电池状态	DSFID	SUID
位　长	2 位	4 位	1 位	1 位	8 位	40 位

表 2-43　应答器对 INIT ROUND 命令的应答格式(SUID 标志为 0)

域	标　志	签　名	应答器类型	电池状态	DSFID	SUID
位　长	2 位	4 位	1 位	1 位	6 位	128 位

应答器中签名和随机数的产生,两者之间是独立的。应答器类型域编码值为 0 表示应答器无辅助电池,编码值为 1 表示有辅助电池。电池状态域编码值为 0 表示电池电压低,无源应答器该位编码值也为 0,该位编码值为 1 表示电池状态正常。

INIT ROUND 命令对应答器状态转换的影响如表 2-44 所列。

表 2-44　INIT ROUND 命令对应答器状态转换的影响

当前状态	应答器对命令的处理	新的状态
就绪	应答器由产生的随机数中选择它发回应答的时隙并将时隙计数器复位至 1	循环激活
静默	应答器不处理此命令	静默
选择	应答器由产生的随机数中选择它发回应答的时隙并将时隙计数器复位至 1	循环激活
循环激活	应答器复位原先选择的时隙,由产生的随机数中选择它发回应答的新时隙,并将时隙计数器复位至 1	循环激活
循环准备	应答器复位原先选择的时隙,由产生的随机数中选择它发回应答的新时隙,并将时隙计数器复位至 1	循环激活

(2) NEXT SLOT 命令

NEXT SLOT 命令具有两个功能:

① 确认已被识别的应答器。

② 指示所有处于循环激活状态的应答器,对它们的时隙计数器加 1 并进入下一个时隙。

NEXT SLOT 命令的格式如表 2-45 所列,它对应答器状态转换的影响如表 2-46 所列。

表 2-45　NEXT SLOT 命令的格式

域	协议扩展位	命令编码	应答器签名
位　长	1 位	6 位	4 位

表 2 - 46　NEXT SLOT 命令对应答器状态转换的影响

当前状态	应答器对命令的处理	新的状态
就绪	—	就绪
静默	—	静默
选择	—	静默
循环激活	当同时满足 3 个条件:(①应答器已在前一时隙应答,②签名匹配,③下一个时隙在确认时间内接收到)时,应答器转到静默状态	静默
	当不满足上面 3 个条件之一时,应答器对它的时隙计数器加 1,在时隙计数器和时隙匹配时发送它的应答。应答器保持循环激活状态	循环激活
循环准备	应答器对它的时隙计数器加 1,在时隙计数器值和时隙匹配时发送它的应答。应答器转至循环激活状态	循环激活

应答器对 NEXT SLOT 命令不发回应答帧。

(3) CLOSE SLOT 命令

在无应答器应答或检测到碰撞时,阅读器发送该命令。接收该命令后,处于循环准备状态的应答器转换至循环激活状态,处于其他状态的应答器状态不变。这时,所有处于循环激活状态的应答器对它们的时隙计数器加 1 并进入下一个时隙。

CLOSE SLOT 命令的格式如表 2 - 47 所列。应答器对此命令不应答。

表 2 - 47　CLOSE SLOT 命令的格式

域	协议扩展位	命令编码	重复循环标志	RFU
位　长	1 位	6 位	1 位	000

(4) STANDBY ROUND 命令

STANDBY ROUND 命令有以下两个作用:

① 确认来自一个应答器的有效应答,并指示该应答器进入选择状态,阅读器可以发送选择标志为 1 的读/写命令等对此应答器进行操作。

② 指示所有处于循环激活状态的应答器进入循环准备状态,等待 NEXT SLOT,NEW SLOT 或 CLOSE SLOT 命令的到来,重新进入循环激活状态,进入新的循环。

STANDBY ROUND 命令由协议扩展位(1 位)、命令编码(6 位)和应答器签名三部分组成。

接收到该命令时:

① 处于选择状态的应答器转换到静默状态。

② 处于循环激活状态的应答器,如果同时符合 3 个条件(前面时隙已经应答、签名匹配且下一个时隙在确认时间内被接收到)时进入选择状态,否则进行循环准备状态。

③ 处于①、②之外状态的应答器保持原状态不变。

对 STANDBY ROUND 命令,应答器不予应答。

(5) NEW ROUND 命令

NEW ROUND 命令有以下两个作用:

① 指示在循环准备和循环激活状态的应答器进入循环激活状态,复位它们的时隙计数器为 1,进入新的循环。

② 指示在选择状态的应答器转换到静默状态,在静默和就绪状态的应答器仍维持其状态。

NEW ROUND 命令由协议扩展位(1 位)、命令编码(6 位)、重复循环标志位(1 位)和循环空间(3 位)四个域组成。对 NEW ROUND 命令的应答和前一个循环的应答相同,但应答器签名的方法可以不同。

(6) RESET TO READY 命令

RESET TO READY 命令由协议扩展位(1 位)、命令编码(6 位)、RFU(4 位,为 0000)三个域组成,该命令使处于场内各个不同状态的应答器都进入就绪(Ready)状态,对此命令应答器不返回应答帧。

(7) SELECT(BY SUID)命令

SELECT(BY SUID)命令的作用如下:

① 无论应答器原先处于场内哪个状态(不含离场状态),接收到该命令且 SUID 匹配时进入选择状态,并发回应答帧。

② SUID 不匹配的应答器不发回应答帧,当它处于循环激活状态时转换到循环准备状态,处于选择状态时转换到静默状态,处于就绪、静默或循环准备状态时保持状态不变。

SELECT(BY SUID)命令由协议扩展位(1 位)、命令编码(6 位)和 SUID(40 位)三个域组成。应答帧包含标志(2 位),如果错误标志位为 1,那么还应在标志域后跟错误码域(4 位)。

(8) READ BLOCKS 命令

READ BLOCKS 命令的格式如表 2 - 48 所列。命令中,SUID 是可选的,在寻址标志位为 1 时出现。块号的编码从 00H~FFH,读块数量为 8 位编码的值加 1。例如,读块数量域的值为 06H,则应读 7 个块区。

表 2 - 48　READ BLOCKS 命令格式

域	协议扩展位	读块命令	命令标志	SUID	首块号	读块数量
位　长	1 位	6 位	4 位	40 位	8 位	8 位

接收到 READ BLOCKS 命令的应答器按自身情况进行如下处理:

① 处于就绪、静默状态的应答器,如果 SUID 匹配则发回应答帧,不匹配则不发回应答帧,应答器的状态保持不变。

② 处于循环激活状态和循环准备状态的应答器不应答,状态不变。

③ 处于选择状态的应答器,如果命令的选择标志位为 1,则发回应答帧,否则不予应答,应答器不改变状态。

错误标志不为 1 的应答帧的格式如图 2 - 41 所示。

(9) GET SYSTEM INFORMATION 命令

GET SYSTEM INFORMATION 命令用于获取应答器的有关系统信息。该命令由协议扩展位(1 位)、命令编码(6 位)、命令标志(4 位)和可选的 SUID(40 位)四个域组成。

处于就绪和静默状态的应答器,如果 SUID 匹配,则返回应答帧。处于选择状态的应答器,如果命令中选择标志为 1,则返回应答帧。不处于上述情况的应答器不返回应答帧。GET

标志	块锁存状态	数据	块锁存状态	数据	⋯
2位	2位	块长度	2位		⋯

按命令要求的首块至最后块

图 2－41　错误标志不为 1 的应答帧的格式

SYSTEM INFORMATION 命令不改变应答器所处的状态。

应答器接收到 GET SYSTEM INFORMATION 命令后返回的正常应答帧的结构如图 2－42所示。

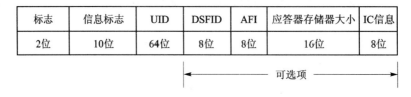

标志	信息标志	UID	DSFID	AFI	应答器存储器大小	IC信息
2位	10位	64位	8位	8位	16位	8位

可选项

图 2－42　应答器对 GET SYSTEM INFORMATION 命令的应答帧结构

应答帧中,信息标志域共有 10 位,其编码含义如表 2－49 所列。

表 2－49　应答帧中信息标志域的编码含义

位	标志名称	值	描　述
b_1	DSFID	0	不支持 DSFID,应答帧中无 DSFID 域
		1	支持 DSFID,应答帧中有 DSFID 域
b_2	AFI	0	不支持 AFI,应答帧中无 AFI 域
		1	支持 AFI,应答帧中有 AFI 域
b_3	应答器存储器的大小	0	不支持该项信息,应答帧中无应答器存储器大小域
		1	支持,应答帧中有应答器存储器大小域
b_4	IC 信息	0	不支持,应答帧中无 IC 信息域
		1	支持,应答帧中有 IC 信息域,域中 8 位含义由 IC 制造商定义
$b_6 b_5$	应答器灵敏度	00	没有定义
		01	灵敏度为 S_1,即读为 5～10 V/m,写为 15 V/m
		10	灵敏度为 S_2,即读为 2.5～4 V/m,写为 6 V/m
		11	灵敏度为 S_3,即读为 1.5 V/m,写为 2 V/m
$b_8 b_7$	应答器类型	00	无源应答器,反向散射方式传送
		01	应答器带有辅助电池,反向散射方式传送
		10	主动式应答器
		11	RFU
$b_{10} b_9$	RFU	00	RFU

应答帧中,应答器存储器大小域为 16 位:

① 第 1～8 位为块号,从 00～FFH。

② 第 9～13 位为以字节表示的块大小,5 位的最大位值为 1FH,表示 32 字节,也就是 256 位,最小位置为 00H,表示为 1 字节。

③ 第 14～16 位为 RFU,位值全为 0。

8．防碰撞

TYPE A 的防碰撞算法基于动态时隙 ALOHA 算法,将应答器的数据信息分配在不同循环的不同时隙里进行,每个时隙的大小由阅读器决定。TYPE A 的防碰撞过程如下。

① 启动防碰撞过程。

阅读器发出 INIT ROUND 命令启动防碰撞过程,在命令中给出循环空间的大小,阅读器可根据碰撞情况动态地为一下轮循环选择合适的循环空间大小。

② 参与防碰撞过程的应答器对命令的处理。

参与防碰撞过程的应答器将时隙计数器复位至 1,并由产生的随机数选择它在此循环中发回应答的时隙。如果 INIT ROUND 命令中的时隙延迟标志位为 1,则在选择的时隙开始后延迟一段伪随机数时间发回应答帧,延迟时间为 0～7 个应答器传输信息的位时间。如果应答器选择的时隙数远大于 1,那么它将维持这个时隙数并等待该时隙或下一个命令。

③ 阅读器发出 INIT ROUND 命令后出现的三种可能情况:
- 阅读器在一个时隙中没有检测到应答帧时,它发出 CLOSE SLOT 命令。
- 阅读器检测到碰撞或错误的 CRC 时,在确认无应答器仍在传输应答的情况下,发出 CLOSE SLOT 命令。
- 阅读器接收到一个应答器无差错的应答帧时,它发送 NEXT SLOT 命令,命令中包括该应答器的签名,对此已被识别的应答器进行确认,使它进入静默状态以便循环的继续。

④ 参与循环的应答器在接收到 CLOSE SLOT 命令或 NEXT SLOT 命令而签名不匹配时(处于循环激活状态),将自己的时隙计数器加 1 并和所选择的随机数比较以决定该时隙是否发回应答帧,并根据本次循环的时隙延迟标志决定发回应答帧的时延。

⑤ 阅读器按步骤(3)中的三种情况处理,直至该循环结束(达到了循环空间预置值)。

⑥ 一个循环结束后,如果 INIT ROUND 命令或 CLOSE SLOT 命令中重复循环标志位置为 1,则自动开始一个新的循环。如果重复循环标志位为 0,那么阅读器可以决定用新的 INIT ROUND 命令或 NEW ROUND 命令继续进行循环以完成防碰撞过程。

⑦ 在一次循环中,阅读器可以通过发送 STANDBY ROUND 命令来确认签名匹配的应答器的有效应答,并指示该应答器进入选择状态,同时让签名不匹配的应答器进入循环准备状态,以便在后续命令到来时继续循环。这样,阅读器便可以发送选择标志为 1 的命令对进入选择状态的应答器进行操作,实现一对一的通信。

2.5.2　TYPE B 模式

1．物理接口

阅读器和应答器之间以命令和应答的方式进行信息交互,阅读器先发送命令,应答器根据接收到的命令应答,数据传输以帧为单位。

(1) 阅读器向应答器的数据传输

数据编码采用曼彻斯特编码。逻辑 0 的曼彻斯特码表示为 NRZ 码时为 01,逻辑 1 相应地表示为 NRZ 码的 10。NRZ 码的 0 为产生调制,1 为不产生调制。

阅读器基带信号对载波的调制方式为 ASK,调制系数为 11%(数据传输速率为 10 kbit/s)或 99%(数据传输速率为 40 kbit/s)。

(2) 应答器向阅读器的数据传输

和 TYPE A 相同,应答器向阅读器的数据传输采用反向散射调制,数据编码采用 FM0 编码,数据传输速率为 40 kbit/s。

2. 命令帧和应答帧的格式

(1) 命令帧的格式

命令帧的格式如图 2-43 所示,它包含前同步侦测、前同步码、分隔符、命令编码、参数、数据和 CRC 共 7 个域。

前同步侦测	前同步码	分隔符	命令编码	参数	数据	CRC

图 2-43　命令帧的格式

前同步侦测域为稳定的无调制载波,持续时间大于 400 μs,相当于数据传输速率为 40 kbit/s 时的 16 位时间。

前同步码域共有 9 位,为曼彻斯特码的 0,提供应答器解码同步信号。

分隔符有 4 种,用于告知命令开始,用 NRZ 码表示为:11 0011 1010,01 0111 0011,00 1110 0101,110 1110 0101。其中,最前和最后的分隔符支持所用的各类命令。分隔符 110 1110 0101 用于指示,返回数据传输速率为阅读器向应答器的数据传输速率的 4 倍。分隔符 01 0111 0011 和 00 1110 0101 保留为以后使用。

注意:分隔符中有曼彻斯特码的错误码 11,可供判别为分隔符。

命令编码域为 8 位,参数和数据域取决于命令。

CRC 域为 16 位 CRC 码,算法同 TYPE A 中的 CRC-16。

(2) 应答帧的格式

应答器应答帧的格式如图 2-44 所示,应答帧包括静默、应答前同步码、数据和 CRC 共 4 个域。

静默	应答前同步码	数据	CRC

图 2-44　应答帧的格式

静默域定义了无反向散射调制的时间段,该时间段为 16 位的时间值,在数据传输速率为 40 kbit/s 时为 400 μs。

前同步码为 16 位,其相应的 NRZ 码为 0000 0101 0101 0101 0101 0001 1010 0001 (055551A1H),以反向散射调制方式传送。

数据域包含对命令应答的数据、确认(ACK)或错误码,以 FM0 码传送。

CRC 域为 16 位 CRC 码,算法同 TYPE A 中的 CRC-16。

(3) 传输的顺序

帧结构采用的是面向比特的协议,虽然在一个帧中传送的数据位数是 8 的倍数,即整数字节,但帧本身并不是面向字节的。

在字节中,传输从最高位开始至最低位。在字(8 字节)数据域中,最高字节的内容是所描述的地址字节的内容,最低字节的内容是所描述的地址加 7 的地址中的内容,传输时最高字节先传输。

3. 阅读器和应答器之间通信的时序关系

下面以 3 个例子进行说明。

(1) 没有频率跳变(HOP)并包含写操作的时序

当没有频率跳变并包含写操作时,阅读器和应答器之间通信的时序关系如图 2-45 所示。由于包含了写操作,所以在应答器的应答帧后,阅读器应保证有大于 15 ms 的写等待时间,让应答器完成写操作,并在此后发重新同步信号,它由 10 个(01)b 码组成,以保证正常工作。

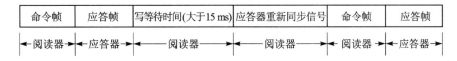

图 2-45　没有频率跳变并包含写操作的时序

(2) 阅读器两命令帧之间出现频率跳变

图 2-46 所示为在应答器的应答帧后,阅读器两命令之间出现频率跳变的情况。HOP 的时间小于 26 μs。此时,需要有应答器重新同步信号。

图 2-46　两命令帧之间有频率跳变的时序

(3) 命令帧和应答帧之间有频率跳变

图 2-47 所示为阅读器工作于调频扩谱模式,命令帧和应答帧之间有频率跳变时的情况。

命令帧	HOP	应答帧	应答器重新同步信号	命令帧	应答帧

图 2-47　命令帧和应答帧之间有频率跳变的时序

4. 数据元素

UID:UID 包括 8 字节(0~7 字节),分为 3 个子域。第一个子域是芯片制造商定义的识别号,该识别号具有唯一性,共 50 位(第 63~14 位),第二个子域是厂商识别码,共 12 位(第 13~2 位),第三个子域是检验和,共 2 位(第 1~0 位),有效值为 0,1,2,3。应答器的 UID 用于防碰撞过程。

CRC:CRC 采用 CRC-16,计算方式同 TYPE A。

标志域：应答器的标志域共 8 位，低 4 位分别代表 4 个标志，高 4 位为 RFU（置为 0），表 2-50 所列为低 4 位的标志含义。

表 2-50　应答器标志域(低 4 位)的含义

位	名　称	描　述
标志 1 (LSB)	DE_SB	数据交换状态位,当应答器进入数据交换状态时该位置 1。当该位置 1 而应答器进入电源关断状态时,应答器触发一个定时器(定时时间大于 2 s 或大于 4 s),已复位该位至 0。当接收到初始化命令(INITIALIZE)时,该位立即复位至 0
标志 2	WRITE_OK	在写操作成功后该标志位置 1
标志 3	BATTERY_POWERED	应答器带有电池时该标志位置 1
标志 4	BATTERY_OK	电池的能量正常时该标志位置 1,不正常或不带电池时该位为 0

5. 应答器的存储器

存储器以块(1 字节)为基本结构,寻址空间为 256 块,最大存储能力为 2 Kb,这种结构提供了扩展最大存储能力的可能。

每块都有一个锁存位,可用锁存命令对块进行锁存。锁存位状态可由锁存询问(QUERY LOCK)命令读出,在制造厂设置的锁存位离厂后不允许重新设定,这些块中通常存储了 UID。

6. 应答器的状态

应答器有 4 种状态:断电(POWER-OFF)、就绪(READY)、识别(ID)和数据交换(DATA_EXCHANGE)。这 4 种状态的转换关系如图 2-48 所示,图中仅给出了主要的转换条件。

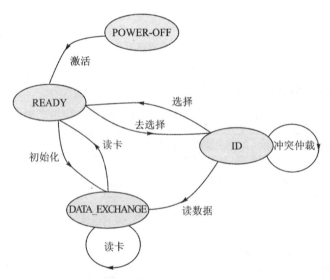

图 2-48　TYPE B 的状态与转换关系

当阅读器辐射场的能量不能激活应答器时(应答器离阅读器较远或阅读器处于关闭状态),应答器处于 POWER-OFF 状态。当应答器被阅读器辐射场激活,所获能量可支持应答器正常工作(即 POWER - ON)时,应答器进入就绪(READY)状态。

状态的转换和相应的命令有关,请参见下面的介绍。

7. 命　令

按功能划分,命令可分为选择命令、识别命令、数据交换命令和多应答器操作(MULTI-PLE)命令。按类型划分,命令可分为强制命令、可选命令、定制命令和专有命令。

强制命令的编码范围为:00H～0FH,11H～13H,1DH～3FH。所有的应答器必须支持强制命令。

可选命令的编码范围为:17H～1CH,40H～9FH。应答器对可选命令的支持不是强制的,若支持可选命令,则其应答帧应符合本标准的规定;若不支持这类可选命令,则应答器对这类命令应保持静默。应注意的是,在可选命令中,编码 17H～1CH 的命令是推荐支持的命令。

定制命令的编码范围为 A0H～DFH,它是由制造商定义的,应答器不支持定制命令时可保持静默。

专有命令的编码值(或范围)为 10H,14H,16H 和 E0H～FFH。专有命令用于测试和系统信息编程等制造商专用的项目,在生产过程结束后,这些命令可以不再有效。

8. 强制和推荐的命令

(1) 选择命令(SELECT)

1) 选择命令的格式

选择命令包括 8 个强制命令和 4 个推荐命令,它们的编码、名称、参数和数据域的组成如表 2 - 51 所列。

表 2 - 51　选择命令的编码、名称和组成

编　码	名　称	参数和数据域
00H	GROUP SELECT - EQ	地址(Address)8 位、字节掩码(Byte Mask)8 位、字数据(Word Data)8 字节
01H	GROUP SELECT - NE	地址、字节掩码、字数据
02H	GROUP SELECT - GT	地址、字节掩码、字数据
03H	GROUP SELECT - LT	地址、字节掩码、字数据
04H	GROUP UNSELECT - EQ	地址、字节掩码、字数据
05H	GROUP UNSELECT - NE	地址、字节掩码、字数据
06H	GROUP UNSELECT - GT	地址、字节掩码、字数据
07H	GROUP UNSELECT - LT	地址、字节掩码、字数据
17H	GROUP SELECT - EQ Flags	地址、字节数据(Byte Data)8 位
18H	GROUP SELECT - NE Flags	地址、字节数据
19H	GROUP UNSELECT - EQ Flags	地址、字节数据
1AH	GROUP UNSELECT - NE Flags	地址、字节数据

2) 选择命令中的比较算法

在表 2 - 51 中,编码为 00H～07H 的强制命令要求应答器将自己存储器中的相应内容和命令中字数据的 8 字节进行比较,经确定被选择还是不被选择。比较的条件为等于(EQ)、不

等于(NE)、大于(GT)和小于(LT)。比较对象是下面两个算式的结果,即比较

$$M = M_0 + M_1 \times 2^8 + M_2 \times 2^{16} + M_3 \times 2^{24} + M_4 \times 2^{32} + M_5 \times 2^{40} + M_6 \times 2^{48} + M_7 \times 2^{56}$$

$$D = D_0 + D_1 \times 2^8 + D_2 \times 2^{16} + D_3 \times 2^{24} + D_4 \times 2^{32} + D_5 \times 2^{40} + D_6 \times 2^{48} + D_7 \times 2^{56}$$

式中,M 是应答器存储器中内容的计算值,M_7 为最高字节,是命令中地址域所指存储器中存储的字节(块),M_0 为最低字节,是命令中地址域的值加 7 后所指存储块的值。D 是命令中字数据域中的 8 字节,D_7 是字数据域中的第一个字节,D_0 是最后一个字节。

字节掩码域有 8 位,用于屏蔽 M_i 和 $D_i(i = 0 \sim 7)$。设字节掩码的第 7 位(MSB)为 1,则 M 和 D 的计算式的 $M_7 \times 2^{56}$ 和 $D_7 \times 2^{56}$ 项在比较中应计算;若字节掩码的第 7 位为 0,则在比较时 $M_7 \times 2^{56}$ 和 $D_7 \times 2^{56}$ 两项被屏蔽,不予计算。同样,字节掩码的第 6~0 位的值,决定了相应的 $M_6 \sim M_0$ 和 $D_6 \sim D_0$ 在算式与比较中的作用。

编码为 17H~1AH 的推荐命令的参数和数据域仅有字节掩码和字节数据(8 位)两个域。这 4 个推荐命令要求应答器比较的是命令中的字节数据和应答器存储器中的标志位,只有等于(EQ)和不等于(NE)两种比较。字节掩码的作用相似,屏蔽相应的位。

3) 选择命令的执行与状态转换

当应答器在就绪(READY)状态收到 GROUP SELECT 类命令时,按命令的要求比较。当满足条件时,应答器将它的内部计数器清零,读 UID 并在应答帧中发送 UID,应答器转至识别(ID)状态。

当应答器在识别状态收到 GROUP SELECT 类命令时,按命令的要求进行比较。当满足条件时,应答器进入就绪(READY)状态,不发回应答帧。当不满足比较条件时,应答器将它的内部计数器清零,读 UID,返回应答帧,应答器仍保持识别状态。应答帧由应答器前同步码、64 位 UID 和 16 位 CRC 组成。

除上述说明的情况外,应答器不返回应答。

(2) 识别命令

识别命令的编码、名称、参数和数据域的组成如表 2-52 所列。

表 2-52　识别命令的编码、名称和数据域的组成

编　码	名　称	参数和数据域
08H	FAIL	无
09H	SUCCESS	无
0AH	INITIALIZE	无
15H	RESEND	无

FAIL 命令:FAIL 命令用于防碰撞过程。它用于识别状态,应答器收到 FAIL 命令,若其计数器值不为 0 或产生的随机数为 1,则将其计数器值加 1(计数器值为 FFH 除外)。这样处理后,若计数器的值为 0,则应答器读它的 UID,发送应答帧。

SUCCESS 命令:SUCCESS 命令用于启动下一轮应答器的识别。它用于两个场合:一是接收到 FAIL 命令后未发送应答帧的应答器,在接收到 SUCCESS 命令后重新启动识别;二是在接收到 DATA READ 命令后,一个被识别的应答器进入下一轮的识别。应答器在识别状态接收 SUCCESS 命令,将其内部计数器减 1,这时内部计数器值为 0 的应答器发回它的应答帧。

INITIALIZE 命令：INITIALIZE 命令使处于数据交换状态的应答器进入就绪状态，将 DE_SB 标志位复位为 0，应答器不返回应答帧。

RESEND 命令：在仅有一个应答器发回应答帧，但是出现 UID 接收错误时，RESEND 命令用于请求应答器重发应答帧。应答器在识别状态接收 RESEND 命令，内部计数器值为 0 的应答器发回包含 UID 的应答帧。

应答帧由应答前同步码、64 位 UID 和 16 位 CRC 组成。

（3）数据交换和多应答器操作命令

数据交换命令用于读出存储器或向存储器写入数据，多应答器操作命令用于实现对多个应答器同时进行操作，数据交换和多应答器操作命令的编码、名称、参数和数据域的组成如表 2－53所列。

表 2－53　数据交换和多应答器操作命令的编码、名称、参数和数据域的组成

编　码	类　型	名　称	参数和数据域
0CH	强制	READ	ID(8 字节)、地址(8 位)
0BH	推荐	DATA READ	ID、地址
0DH	推荐	WRITE	ID、地址、字节数据(8 位)
0EH	推荐	WRITE MULTIPLE	地址、字节数据
0FH	推荐	LOCK	ID、地址
11H	推荐	QUERY LOCK	ID、地址
12H	推荐	READ VERIFY	ID、地址
13H	推荐	MULTIPLE UNSELECT	地址、字节数据
1BH	推荐	WRITE 4 BYTE	ID、地址、字节掩码、4 字节数据
1CH	推荐	WRITE 4 BYTE MULTIPLE	地址、字节掩码、4 字节数据

READ 命令：在接收到强制命令 READ 时，应答器将收到命令中的 ID 域与自己的 UID 比较。若两者相等，则应答器进入数据交换状态，读命令中地址域所指存储器地址开始的 8 字节内容，返回应答帧。应答帧包括应答前同步码、字数据(8 字节)和 CRC 三个域。若 UID 和命令中的 ID 域不等或出现错误，则应答器标志原状态，不返回应答帧。

DATA READ 命令：DATA READ 命令是推荐命令。应答器仅在识别和数据交换状态收到 DATA READ 命令时，才比较发送命令中的 ID 域和自己的 UID。若两者相等，则应答器应进入或保持数据交换状态，读命令中地址域（地址域的值为 00H～FFH）所指存储器地址开始的 8 字节内容，并在应答帧中送出。应答帧由应答前同步码、字数据(8 字节)和 CRC 组成。若应答器处于 READY 状态，或命令中的 ID 不等于 UID，或出现错误，则应答器不返回应答帧。

READ VERIFY 命令：READ VERIFY 命令是推荐命令。应答器接收到该命令时，将 UID 和命令中的 ID 域进行比较。如果两者相等且应答器的 WRITE_OK 标志位为 1，则应答器进入数据交换状态，返回应答帧。应答帧由应答前同步码、字节数据(8 字节)和 CRC 三个域组成，字节数据为命令中地址域所指存储器地址的内容。如果 UID 和命令中的 ID 不相等，或 WRITE_OK 标志不为 1，或出现错误，则应答器不返回应答帧。

WRITE 命令：WRITE 命令用于写应答器存储器中的某一块。接收到 WRITE 命令时，应答器将 UID 和命令中的 ID 域进行比较，相等时应答器进入数据交换状态，检查命令中地址域所指存储器块的锁存情况。若该块是处于锁存状态，则应答器发回出现错误的应答帧；若块没有锁存，则应答器发回确认的应答帧，并对该块进入编程，写入命令中字节数据域的 8 位值。应答帧的格式如表 2-54 所列，应答编码域为错误（Error）的编码 FFH 或确认（Acknowledge）的编码 00H。

表 2-54　对 WRITE 命令的应答帧

域	应答前同步码	应答编码	CRC
位　长	16 位	8 位	16 位

LOCK 命令：用于指定存储的锁存。在数据交换状态，应答器收到 LOCK 命令后，将其 UID 和命令中 ID 域比较。如果两者相等，而且命令中地址域所指存储块是可锁定的，则应答器返回 Acknowledge 的应答帧，并对该块的锁存位编程使其为 1。如果命令中的 ID 域和 UID 不同，或者地址域是无效地址范围，或者命令中地址域所指存储块是不是锁存的，则应答器返回 Error 的应答帧。LOCK 命令执行成功，应答器将 WRITE_OK 标志置为 1，否则为 0。除上述情况外，应答器不返回应答帧。

QUERY LOCK 命令：应答器收到 QUERY LOCK 命令，将自己的 UID 与命令中的 ID 域进行比较，如果相等而且命令中的地址为有效地址，则进入数据交换状态，读命令中地址域所指定的存储块的锁存状态，并且发回应答帧。

应答帧的格式和表 2-54 相同。如果存储块锁存位为 0，在 WRITE_OK 标志位为 1 时应答编码域为 Acknowledge OK（编码为 01H），在 WRITE_OK 标志位为 0 时应答编码域为 Acknowledge NOK（编码为 00H）。如果存储块锁存位为 1，在 WRITE_OK 标志位为 1 时应答编码域为 Error OK（编码为 FFH），在 WRITE_OK 标志位为 0 时应答编码域为 Error NOK（编码为 FEH）。除上述情况外，应答器不返回应答帧。

WRITE MULTIPLE 命令：用于对多个应答器同时进行写操作。处于识别状态或数据交换状态的应答器在接收到 WRITE MULTIPLE 命令后，读命令中地址域所指定的存储块的锁存位状态。如果锁存位为 1，则应答器不进行任何操作。如果锁存位为 0，则应答器将命令中的字节数据域内容写入该存储块。写操作成功时将 WRITE_OK 标志位置 1，否则 WRITE_OK 标志位置 0。

WRITE 4 BYTE 命令：接收到 WRITE 4 BYTE 命令，应答器将自己的 UID 和命令中的 ID 域进行比较。在两者相等时，应答器转入或保持数据交换状态，读命令中地址域所指定的存储块开始的 4 块存储器的锁存位信息。若其中一块锁存位为 1，则应答器返回应答帧，应答帧中应答编码域为 Error。若 4 块存储器的锁存位都为 0，则应答器返回应答帧时应答编码域为 Acknowledge，并且用命令中的 4 字节数据写入相应存储块。写入成功时将 WRITE_OK 标志置 1，否则 WRITE_OK 标志位置 0。字节掩码域用于使该命令可以完成 1～4 字节的写入，缩写的字节由字节掩码的位设置。

WRITE 4 BYTE MULTIPLE 命令：用于对多个应答器实现 WRITE 4 BYTE 命令的功能。

MULTIPLE UNSELECT 命令:在识别状态的应答器接收到 MULTIPLE UNSELECT 命令时,将命令中地址域指定的存储块中的内容与命令中的字节数据进行比较。如果两者相等且应答器 WRITE_OK 标志位为 1,则应答器转换至 READY 状态,不发回应答帧。如果比较不等,则应答器将其内部计数器复零,读 UID 并发回应答帧,应答帧由应答前同步码、UID(64位)和 CRC 三部分组成。该命令可对已成功完成写操作的多个应答器解除选择。

9. 防碰撞算法

TYPE B 型的防碰撞算法基于二进制树防碰撞算法,应答器的硬件应具有一个 8 位的计数器和一个产生 0 或 1 的随机数产生器。

在防碰撞开始时,可以通过 GROUP SELECT 命令使一组应答器进入识别状态,将它们的内部计数器清零,并可采用 GROUP UNSELECT 命令使这个组的一个子集回到 READY 状态,也可在防碰撞识别过程开始之前选择其他的组。在完成上述工作后,防碰撞过程进入下面的循环。

① 所有处于识别状态并且内部计数器为 0 的应答器发送它们的识别码(UID)。

② 当多于一个应答器发送识别码(UID)时,阅读器将检测到碰撞,并发出 FAIL 命令。

③ 所有收到 FAIL 命令且内部计数器不为 0 的应答器将本身的计数器加 1,它们在识别中被进一步推迟。所有收到 FAIL 命令且内部计数器为 0 的应答器(刚刚发送过应答的应答器)产生 0 或 1 的随机数。如果随机数为 1,则应答器将自己的计数器加 1;如果随机数为 0,则应答器将保持内部计数器为 0,并且再次发送它的 UID。

④ 如果多于一个应答器发送,则阅读器重复步骤②,发出 FAIL 命令。

⑤ 如果所有应答器随机数都取为 1,那么阅读器不会收到任何应答。这时阅读器发送 SUCCESS 命令,所有在识别状态的应答器内部计数器减 1,计数器值为 0 的应答器发送应答,可能出现的典型情况时转至步骤②。

⑥ 如果仅一个应答器发回应答帧,阅读器正确收到返回的 UID 后发送 DATA READ 命令(用收到的 UID),应答器正确接收后进入数据交换状态,并且发送它的数据。此后,阅读器发送 SUCCESS 命令,使所有在识别状态的应答器内部计数器减 1。

⑦ 如果仅一个应答器发回应答帧,阅读器可重复步骤⑥发送 DATA READ 命令,或重复步骤⑤发送 SUCCESS 命令。

⑧ 在只有一个应答器发回应答帧,但 UID 出现错误时,阅读器发送 RESEND 命令。如果 UID 经 N 次(N 取决于系统处理错误的能力)传送仍不能正确接收,则假定有多于一个应答器应答,发生了碰撞,转至步骤②进行处理。

防碰撞流程如图 2-49 所示,TYPE B 通过防碰撞过程实现对应答器的选择和识别。

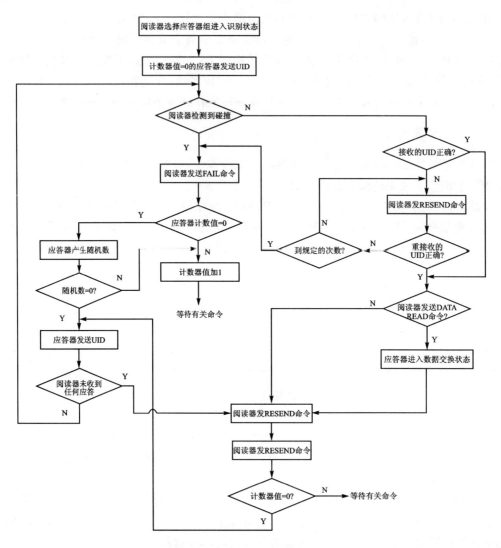

图 2 - 49　TYPE B 的防碰撞过程

第3章 基于 RFID 的物联网

3.1 RFID 和物联网

在全球经济一体化的趋势下,商品货物在全世界范围的流通已经成为一个很普遍的现象。在这种情况下,利用传统的技术手段对货物进行跟踪识别的效率比较低,而且花费的成本也较高,一旦商品货物出现了问题,很难对其来源或者流通渠道进行追查;另一方面由于商品货物是在全球范围内流通,传统的技术手段不便于生产厂家及时了解货物的流通及销售情况,也就导致了生产厂家不能制定合理的生产计划。国际互联网(Internet)是目前可以在全世界范围内进行信息传输的最有效的技术手段,如果将国际互联网和相应的其他技术手段结合,就可以有效适应目前全球经济一体化的潮流。于是,物联网的概念应运而生。

物联网(The Internet of Things,IOT)是利用二维码、射频识别(RFID)、各类传感器/敏感器件等技术和设备,使物体与互联网等各类网络相连,获取无处不在的现实世界的信息,实现物与物、物与人之间的信息交互,支持智能的信息化应用,实现信息基础设施与物理基础设施的全面融合,最终形成统一的智能基础设施。从本质上看,物联网是架构在网络上的一种联网应用和通信的能力。从网络结构上看,物联网就是通过 Internet 将众多 RFID 应用系统连接起来并在广域网范围内对物品身份进行识别的分布式系统。

3.2 物联网的诞生历史

1999 年美国麻省理工学院 Auto-ID 实验室提出物联网概念,即把所有物品通过射频识别等信息传感设备与互联网连接起来,实现智能化识别和管理。

2004 年,日本总务省提出的 u-Japan 构想中,希望到 2010 年将日本建设成一个"Anytime,Anywhere,Anything,Anyone"都可以上网的环境。同年,韩国政府制定了 u-Korea 战略,韩国信通部发布的《数字时代的人本主义:IT839 战略》以具体呼应 u-Korea。

2005 年 11 月 1 日,在突尼斯举行的信息社会世界峰会(WSIS)上,国际电信联盟(ITU)发布了《ITU 联网报告 2005:物联网》,报告指出,无所不在的"物联网"通信时代即将来临,世界上一切的物体,从轮胎到牙刷、从房屋到纸巾都可以通过互联网主动进行交换。射频识别技术(RFID)技术、传感器技术、纳米技术、智能嵌入式技术将得到更加广泛的应用。

2008 年 11 月,IBM 提出"智慧的地球"概念,即"互联网+物联网=智慧地球",以此作为经济振兴战略。

2009 年 6 月,欧盟委员会提出针对物联网行动方案,方案明确表示在技术层面给予大量资金支持,在政府管理层面将提出与现有法规相适应的网络监管方案。

2009 年 8 月,我国国家领导人在无锡物联网工作技术研究中心视察并发表重要讲话,表示中国要抓住机遇,大力发展物联网技术。

3.3 国内外 RFID 物联网现状

3.3.1 国外现状

物联网概念一经提出,立即受到了各国政府、企业和学术界的重视,在需求和研发的相互推动下,迅速热遍全球。目前国际上对物联网的研究逐渐明朗起来,典型的解决方案有欧美的 EPC 系统和日本的 UID 系统等。

EPC 系统是一个先进的、综合性的和复杂的系统。它由 EPC 编码体系、RFID 系统及信息网络系统三个部分组成,主要包括以下 6 个方面:EPC 编码、EPC 标签、读写器、Savant 管理软件、对象名解析服务器(ONS)和实体标记语言(PML),如图 3-1 所示。

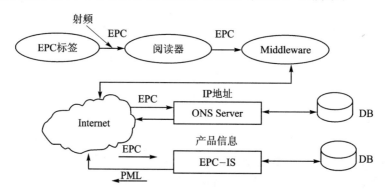

图 3-1 EPC 系统工作示意图

目前,EPC 技术的研发和试点主要由专门的研发中心、大型的供应商、零售商和系统集成商来推动,包括 Auto-ID 中心、沃尔玛、麦德龙、吉列、强生、SAVI 等,在全球已经超过 100 个终端用户或系统集成商进行 EPC 系统的测试研发,可以说是如火如荼。

日本在电子标签方面的发展,始于 20 世纪 80 年代中期的实时嵌入式系统 TRON,T-Engine 是其中核心的体系架构。在 T-Engine 论坛领导下,UID Center(Ubiquitous ID Center,泛在识别中心)于 2003 年 3 月在东京成立,具体负责研究和推广自动识别的核心技术,即在所有物品上植入微型芯片,组建网络进行通信。确立和普及自动识别物品所需的基础技术,进而最终实现泛在网络环境下 UID Center 建立的最终目的,即建立物联网。

UID 技术体系结构主要由 Ubiquitous Code(泛在识别码,简称 Ucode)、Ubiquitous Communication(泛在通信器,简称 UC)、Ucode 解析服务器和信息系统服务器四个部分组成。其中 UC 支持用户和泛在识别计算机环境的通信,并提供了多制式的通信接口以处理不同种类的标签和读/写器的信息,无论是本地还是远程网络都可以通过嵌入式的接口连接 UID 信息服务系统。

UID Center 的建立,得到了日本政府经济产业省和总务省以及大企业的支持,目前包括微软、索尼、三菱、日立、日电、东芝、夏普、富士通、大日本印刷、凸版印刷、理光等重量级企业,而且技术的应用也相当广泛。比如,东京大学附属医院的医药管理、富士施乐公司产品管理和追踪、大田农产品批发市场的物流管理、智能 TRON 住宅、日本助残项目、综合食品追踪项目以及 2005 年日本国际博览会(爱知世博会)等场合都已经使用到了 UID 技术。其中在 2005 年日本爱知世博会的电子入场券中,使用了只读的 2.45 GHz 的票芯,并将门票上印刷的号码与电子门票 ID 相关联,形成 100 万张/月的生产线,收到了良好的社会效益和经济效益。

3.3.2　国内现状

随着我国国民经济的快速发展,对外经济交流的日益频繁,而国外物联网技术的发展和应用,客观上可能形成新的技术壁垒,这就要求我们紧密把握这一发展趋势,迎头赶上,真正在国内也推广使用这一新技术,以达到提升我国工商企业的国际竞争力的目的。因此,物联网的建设在我国也成为大家普遍关注的热点,得到国家科技部、质检总局、国家标准委等政府部门和自动识别技术等相关行业及企业的高度重视。

我国研究人员对物联网信息服务的研究,较发达国家稍晚,在跟踪发达国家研究的同时已经逐渐有了自己的创新。参与这方面研究的有中国物品编码中心(ANCC)、中国标准协会、AUN China 以及复旦大学 Auto-ID 中国实验室等科研机构,并取得了一些初步成果。1999 年,ANCC 完成了原国家技术监督局的科研项目《新兴射频识别技术研究》,制定了作为物联网系统关键技术之一的射频识别技术的技术规范。2002 年 ANCC 开始积极跟踪国际 EPC 的发展动态,2003 年完成了《EPC 产品电子代码》课题的研究,出版了《条码与射频标签应用指南》一书。2003 年 9 月,为促进国内对 EPC 的了解,ANCC 还邀请了 UCC 董事会成员、全球宝洁的首席信息官 Steve David 来中国,就有关 EPC 技术及其在供应链的应用情况进行交流。2003 年 12 月 23 日,在北京举行了第一届 EPC 联席会,此次会议统一了 EPC 和物联网的概念,协调了各方的关系,将 EPC 技术纳入标准化、规范化管理,为 EPC 在我国快速、有序地发展奠定了基础。ANCC 还于 2004 年 1 月 2 日被全球产品电子代码管理中心(EPC global)正式授权 EPC global 在中华人民共和国境内的唯一代表。

2004 年 4 月 22 日,EPC global China 成立暨首届中国国际 EPC 与物联网高层论坛,在北京国际会议中心举办。EPC global China 负责 EPC global 在中国范围内的注册、管理和业务推广工作,它的成立标志着我国在跟踪 EPC 技术发展动态、研究 EPC 技术、推进 EPC 技术标准化、推进 EPC 技术应用等方面工作的全面启动。

2004 年 10 月 11 日,由 EPC global China 主办,全球物流信息管理标准化技术委员会、Auto-ID 中国实验室、同济大学电子与信息工程学院、上海市标准化研究院、上海外高桥软件产业发展有限公司等单位协办的第二届国际 EPC 与物联网高层论坛在上海展览中心举行。该论坛以"RFID 技术和 EPC 的应用与发展"为主题,旨在及时掌握国际 EPC 发展动态,分享 EPC 与物联网应用成果,培育 EPC 标准化应用市场,促进 EPC 技术的标准化,对在全国范围内,有计划、有步骤、有针对性地开展 EPC 技术的应用推广工作有着重要的意义。

第三届中国国际 EPC 与 RFID 高层论坛于 2005 年 6 月 22 日在北京隆重召开,讨论 EPC 和 RFID 技术的发展动态和规划、标准化工作的进展、技术应用现状和预期目标等主题。这引起了中国标准化领域、中国编码和自动识别领域、中国物流界、工商业等各个方面以及政府部门、大学和科研单位的极大关注。

2006 年,EPC global China 进一步加大 EPC 工作,积极开展同国家相关部委之间的沟通,起草了 EPC 相关标准草案,加强了同国家无线电频率规划局就 UHF 频段的沟通与协作,积极筹建 RFID 测试中心的工作,申报了国家 863 计划中的 RFID 重大专项,成功申请了欧盟项目 BRIDGE(利用 RFID 技术给全球环境提供解决方案),发展了 EPC 新的会员,积极组织 EPC 会员参与 EPC global 标准工作组的工作,并在相关的论坛、学术期刊上介绍 EPC 技术,积极实施 EPC 的应用试点工作。

有国内从事 RFID 研发及生产的知名企业也在物联网建设方面积极开展工作,2005 年两会期间提交了《适应社会经济发展需要,建立中国物流互联网工程》的提案,提出了开展中国物联网研究和规划的建议,有关部委领导已就此提案进行了考察和论证。

对于日本的 UID 系统,2004 年 4 月 22 日,T-Engin Forum 正式授权北京实华开泛在技术网络有限公司,将 UID Center 落户中国,即 UID Center China 正式成立。UID Center China 是为中国引进泛在计算技术成立的,全面负责在中国普及与推广 UID 技术的非盈利、开放性机构。它的成立标志着 UID 在中国发展的时代迈出了一大步。

目前,UID 技术正处于不断推广和使用中。比如 2004 年 10 月的全球 RFID 中国峰会;2005 年 7 月大连第三届软件交易会和 2005 年 10 月第三届亚洲智能标签应用大会和 UID 技术中国论坛都已成功地应用了 UID 技术。

3.4　RFID 物联网应用的市场前景

不同的咨询机构都发表了对未来物联网相应的预测。尽管各机构的预测存在一定的差异,但无一例外,对物联网的发展都抱有乐观的前景。

- 美国咨询机构 Forrester 预测,到 2020 年,物联网将大规模普及,物物互联业务与现有人与人的通信业务比例将达到 30∶1。
- 易观国际统计,2009 年底中国 RFID 市场规模达到 50 亿元,年复合增长率为 33%,其中电子标签超过 38 亿元,读写器接近 7 亿元,软件和服务达到 5 亿元的市场格局。

在当前大力提倡节能减排、延缓全球气候变暖的新形势下,物联网适时地提供了实现"高效、节能、安全、环保"的一体化关键技术,这是物联网将在全球掀起信息革命第三次浪潮的充分必要条件。其对经济和社会的影响是不言而喻的,因此物联网被称为是下一个"万亿级"产业。物联网也被称为继计算机、互联网之后,世界信息产业的第三次浪潮。

从国际上看,美国、日本、韩国、欧盟等国家和地区都十分重视物联网的工作,并已经做了大量研究开发和应用工作。

- 美国的奥巴马政府把"智慧的地球"当成重振经济的法宝,甚至上升为美国的国家战略。对更新美国信息高速公路提出了更具高新技术含量的信息化方案,把 ICT 技术充分运用到各行各业,把感应器潜入到全球每个角落,例如电网、交通(铁路、公路、市内交通)等相关的物体中,并利用网络和设备收集大量数据,通过云计算、数据仓库和人工智能技术做出分析并给出解决方案。
- 2004 年日本提出 u-Japan 计划,目标是到 2010 年把日本建成全球 ICT 最先进的国家。通过实施 u-Japan 战略,日本希望开创前所未有的网络社会,并成为未来全世界信息社会发展的楷模和标准,在解决其老龄化等社会问题的同时,确保其在国际竞争中的领先地位。为了实现 u-Japan 战略,日本确立了 10 大重点领域:隐私保护、确保信息安全、维持电子商务设施、解决违法和有害内容的对策、与知识产权有关的交易、建立新的社会基础、信息文化的普及、克服地域的鸿沟、环境友好及促进网络社会的立法和执行。预计与 u-Japan 相关的网络市场规模将达到 87.6 万亿日元,其中制造业将达 25.9 万亿日元(约 2 600 亿美元)。

- 2004 年韩国提出 u-Korea 战略,韩国通信委员会相关人士表示,委员会已经树立了到 2012 年"通过构建世界先进的物联网基础设施,打造未来广播通信融合领域超一流 ICT 强国"的目标,并为实现这一目标确定了构建物联网基础设施、发展物联网服务、研发物联网技术、营造物联网扩散环境等 4 大领域和 12 项详细课题。2009 年 10 月,韩国通过了物联网基础设施构建基本规划,将物联网市场确定为新增长动力,据估算,至 2013 年物联网产业规模将达 50 万亿韩元。
- 欧盟自 1999 年提出 eEurope 计划后,2005 年再次提出以泛在网为基础的 i2010 计划,发布了下一代全欧移动宽带长期演进与超越以及 ICT 研发与创新战略。

同时,澳大利亚、新加坡等其他发达国家也加快了部署下一代网络基础设施的步伐,全球信息化正在引发当今世界的社科变革,世界政治、经济、社会、文化和军事发展的新格局正在受到信息化的深刻影响。

3.5 RFID 物联网组件

有了各种 RFID 应用系统和已经覆盖全球的 Internet 网络之后,物联网的网络硬件系统就具备了。Internet 上的计算机终端就是 RFID 应用系统中的计算机,通过 Internet,RFID 应用系统的后台信息系统更加丰富和容易理解。但仅具有物联网硬件系统远不能完成物联网的功能,还需要考虑以下功能。

3.5.1 RFID 物联网信息服务(IOT-IS)

物联网的目的是实现贴有 RFID 标签的物品在全球广域网范围内进行识别、跟踪和查询,也就是要求任何一个地方都能找到物品与物品 ID 号对应的信息资源库。RFID 标签内存储的信息十分有限,主要还是用来标识物品身份的 ID 号。虽然 ID 号中的部分字段可以通过事先约定用来表示物品的某些属性,但仅靠 ID 号所能表达的商品属性信息依然十分有限,远不能满足对物品生产、加工、原材料、产地、运输、仓储等大量信息的体现。那么有关物品的这些大量属性信息究竟应放在哪里? 显然,这些物品信息应该存放于 Internet 上,并且与物品的 ID 号一一对应起来。而存放物品信息的计算机称为物联网信息服务器,通过 Internet 可以访问物联网信息服务器,这台服务器提供的服务称为"物联网信息服务(IOT-IS)"。一般这台信息服务器的物理位置是放在生产厂家或生产厂家委托存放的机房里,其中的数据库原始信息是由生产厂家在给物品贴标签的同时录入的。

3.5.2 RFID 物联网名称解析服务(IOT-NS)

如果 Internet 上某台计算机 A(或直接连到 Internet 上的读写器)当前获得了一个物品标签的 ID 号,那么它是通过什么方式获得"物联网信息服务器"上的这个 ID 号所对应的物品属性信息呢? 这就需要在 Internet 上有另外一台服务器 B。服务器 B 能够将标签的 ID 号转换成其对应的资源地址 URI,并将地址返回给计算机 A,计算机 A 再根据资源地址 URI 找到对应的"物联网信息服务器"以获得对应于此 ID 号的物品属性以及相关信息,同时"物联网信息服务器"还可以更新数据库,记录此物品当前的信息(例如解析时间、标签当前位置、当前识别此标签的读写器 ID 号等)。这里的名称解析服务器专门用来解析物联网标签的 ID,其提供的服务称为"物联网名称解析服务(IOT - NS)"。其提供的服务类似于 Internet 上的 DNS 服务,只不过后者是将客户端输入的网址转换成其对应的网络资源地址。

3.5.3 RFID 物联网中间件服务(IOT - MWS)

物联网上的 RFID 应用系统种类繁多,各 RFID 应用系统中采用的硬件设备(如读写器)肯定是不同厂家生产的,而物联网本身应该是开放和标准的,以方便各种用户接入。这就好比计算机为了方便各种外界设备的接入而采用驱动程序的道理一样。在物联网中的这个角色称为中间件。

物联网中间件负责实现与 RFID 硬件以及配套设备进行信息交互和管理,同时作为一个软硬件集成的桥梁,完成与上层复杂应用的信息交换。它是 RFID 应用框架中相当重要的一环,总的来说,物联网中间件起到一个中介的作用,它屏蔽前端硬件的复杂性,并把采集的数据发送到后端的 IT 系统,在此将其称之为物联网中间件服务(IOT - MWS)。

3.5.4 物联网中的 RFID 编码及射频识别

RFID 工作的频段很多,典型的有 125 kHz、134 kHz、13.56 MHz、433 MHz、900 MHz、2.45 GHz 和 5.8 GHz 等。物联网中并不是都会使用这些 RFID 频段的标签,物联网主要解决的是物流问题,一般选择适合物流的 RFID 标签频段,同时这个频段要受到所在国的频率资源规定的限制,例如美国主要考虑的是 900 MHz 和 13.56 MHz 的无源标签,而日本采用 2.45 GHz 频段。我国目前物流频段选择的倾向是向欧美靠近并稍有不同。物联网中的射频识别部分(包括读写器和标签)也需要针对物联网的需求和特点做出一些规范,而不像其他的 RFID 应用项目,只要能满足 RFID 应用需求即可。

除了频率选择之外,另一个主要问题就是物联网标签 ID 号的编码了。很显然,要想在 Internet 上获得自己对应的资源信息,这个 ID 号必须是唯一的,而且其编码规则和解析方式能够和物联网解析服务对应起来,这样才能够通过标签 ID 号访问其对应物品的属性等信息。

综上所述,典型的物联网结构示意图如图 3 - 2 所示,其流程中的功能大致分为五个部分,即:物联网标签编码、射频识别、物联网中间件服务(IOT - MWS)、物联网名称解析服务(IOT - NS)、物联网信息系统服务(IOT - IS)。

在该系统中,每一个物品都被赋予一个独一无二的代码,并存储于物品上的电子标签中,同时将这个代码所对应的详细信息和属性(包括名称、类别、生产日期、保质期等)存储在 IOT - IS 服务器中。当物品从生产到流通的各个环节中被识别并记录时,通过 RFID - NS 的解析可获得物品所属信息服务系统的 URI(统一资源标识),进而通过网络 IOT - IS 服务器获得其代码所对应的信息和属性,以进行物品的识别和达到对物流供应链自动追踪管理的目的。

物联网的最终目标就是为每一个物品建立全球的、开放的标识标准,它的发展不仅能够实现对物品的实时跟踪,而且能够提高现代物流的运输效率和信息化管理水平。

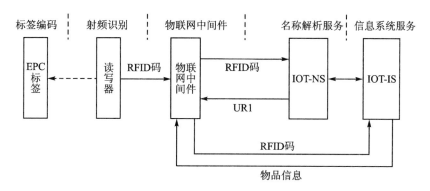

图 3-2　典型的物联网结构示意图

3.6　RFID 物联网关键技术

3.6.1　RFID 物联网编码

国际上目前还没有统一的 RFID 编码规则,然而全球范围内开放的贸易体系需要一个统一的编码体系,即物联网编码。RFID 编码规则一直是各国和各大标准组织争论的焦点,因为将自己的编码体系推广成为国际标准,将为其带来巨大的利益。目前,日本支持的 UID(Universal Identification,泛在识别)标准和欧美支持的 EPC(Electronic Product Code,电子产品码)标准是当今影响力最大的两个标准。

UID 代码的容量为 128 位,提供了 340×1 036 的编码空间,也可以以 128 位为单元进一步扩展至 256、384、512 位。这种码制能包容现有编码体系的编码设计,可以兼容多种编码,包括 JAN、UPC、ISBN、IPV6 地址甚至电话号码。

EPC 代码适用的是固定结构,无含义,号称全球唯一的全数字型代码,在各个行业中已经得到了广泛的应用。在 EPC 标签数据规范 1.1 中采用 64 位和 96 位的电子产品编码,在 EPC 标签 2.0 规范中采用 96 位和 256 位的电子产品编码。主要用来存放企业代码,商品代码和序列号等。最新的 GEN2 标准的 EPC 编码可以兼容多种编码。EPC 编码有通用标识(GID),也有基于现在全球唯一的编码体系 EAN/UCC 的标识(GTIN、SSCC、SGLN、SGRAI、GIAI、GSRN)。这类标识又分为 96 位和 64 位两种。

EAN 条码分为以下 6 种:

- 全球贸易项目代码 GTIN;
- 物流单元标识代码 SSCC;
- 全球位置标识代码 SGLN;
- 全球可回收资产标识代码 SGRAI;
- 全球单个资产标识代码 GIAI;
- 全球服务标识代码 GSRN。

基于 RFID 编码的物联网编码是向下兼容的。目前广泛使用的条码在必要的时候可以通过简单的转换生成对应的 RFID 码。

我国的 RFID 编码标准目前还尚未形成,如果我国不能尽快地推出具有我国自主知识产权的 RFID 编码标准，就将使用国际标准或其他组织的标准，那么我国在未来全球范围内的开环供应链 RFID 应用中将处于较为被动的地位，号段分配将受制于人，数据的安全性也会受到威胁。

3.6.2　识别和防碰撞问题

在物联网庞大的识别系统中，不可避免地要涉及到多标签及多读写器的识别问题，设计不当的话常常会发生相互影响、相互冲突的现象，影响系统的正常工作。为此需要对防碰撞问题进行研究，包括以下两类：

- 多标签防碰撞；
- 多读写器防碰撞。

1. 多标签防碰撞

在 RFID 系统中，通常会遇到在读写器范围内存在多个电子标签的情况。多标签同时应答时产生的标签数据混叠问题就是通常所说的碰撞。即当在读写器的作用范围内有多个标签的时候，如果它们同时发送信号，这些信号就会相互干扰而产生信道争夺的情况，处理不当就会妨碍读写器对标签信号的处理，进而影响整个系统的正常运转。为了防止由于多个电子标签的数据在读写器的接收机中相互碰撞而不能准确识读的情况出现，必须采用有效的防碰撞算法来加以克服。

目前，关于通信中的防碰撞算法的原理及分类，有很多文献可以参考，其中关于 RFID 系统的防碰撞算法，国内外已有很多学者进行相关研究，发表了很多算法原理及其实现过程。如 ALOHA 防碰撞算法和符合 ISO 14443—3 TYPE A 标准的二进制树形搜索算法等。具体可参看《实验指导书》中的相关内容。

2. 多读写器防碰撞

随着 RFID 系统大规模的应用，越来越多的场景需要建设 RFID 读写器网络来监视整个覆盖区域。此时多个读写器之间可能互相干扰，也可能在识读范围之间有重叠，而在相互重叠区域之间的相互影响就更加严重。

总之，凡是一个读写器受到另一个读写器的干扰而不能与其读写器范围内的标签正常进行通信，都属于读写器碰撞问题。

实际应用中要想解决好读写器的碰撞问题，在设计 RFID 系统时就要力求使读写器碰撞的次数和频率最小化。基本思想就是利用各种方法把可能产生碰撞的读写器在时间域和频率域上分开，或者两者结合。这些算法按照不同的归类方法可分为以下几种：

- 集中式和分布式：集中式算法适用于读写器网络结构变化很小的系统，读写器一般都会把读到的数据发给一个中央控制计算机，由这台计算机来完成数据的分析和管理，所以可以用这台计算机来安排读写器的操作；分布式算法则是由单个读写器根据自己的一定约束条件来决定执行下一步的操作。
- 静态和动态算法：信道和时间的分配方案不能随时改动的算法叫静态算法；信道和时间的分配方案能随时改动的算法叫动态算法。
- 实时和非实时算法：信道和时间的分配方案在系统运行中需实时确定的称为实时算法；信道和时间的分配方案在系统运行之前就已经确定下来的算法称为非实时算法。

(1) 多读写器防碰撞的方法

对于标签防碰撞问题,人们已经进行了广泛的研究并得到了一些成熟的解决方法,并且在 RFID 空中接口国际标准中也有集中阐述的解决方法,如 ISO/IEC 18000—6 TYPE A、B 和 C 标准中都有对处理该问题的具体协议的详细规定。但对于读写器碰撞问题,由于其相对于碰撞问题要复杂得多,涉及了频率分配和无线随机接入等问题,因此难以在标准的层面进行统一的规定,大多处于研究之中。

Daniel W. Engels(工作于麻省理工学院 Auto - ID Center 实验室)在其发表的文献中把多读写器碰撞问题中的干扰分为读写器到读写器的干扰和读写器到标签的干扰。根据这个观点,识别这两种干扰的办法为:当一个读写器的信号到达另一个读写器的天线时还保有很强的功率,使得读写器无法和自己的读写区域内的标签进行正常通信,从而认为发生了读写器到读写器的干扰;而当两个读写器的信号同时到达一个标签时,如果两个读写器信号功率相差不大致使标签无法解调出任何一个读写器的信号时,就认为发生了读写器到标签的干扰。

目前,用于解决读写器碰撞问题的方法主要包括时分复用、频分复用、载波侦听和功率控制等方法以及它们的混合模式。

对于多读写器到标签的干扰,如果两个读写器的读写区域重叠,则一般情况下不可能用频率把这两个分开,所以需要时分复用方法把可能碰撞的读写器分开。而相隔较远的读写器可以同时工作,但它们之间的频率差和功率差须满足一定的要求。

对于两种干扰都有的情况,应先用时分复用的方法在时间上把所有的读写器分成不同的组,一个组里包含若干个读写器,所以不同组的读写器不存在频率干扰,再在每一个组里使用频分复用的方法使每一个读写器工作在不同的频率上来避免碰撞。

载波侦听方法只适用于读写器到读写器的干扰。技术难点是找到合适的侦听门限值,使系统的碰撞率下降,同时不影响系统的效率。但存在隐藏终端和暴露终端的问题,目前还没有很好的解决办法。

功能控制的方法不仅可以避免碰撞,也可以节省读写器的能量,一般是逐渐增加读写器功率,使识读范围扩大,如遇碰撞,则依概率减小功率;如果没有碰撞,则继续增加功率。

消除多余的读写器也可以降低碰撞率。若一个读写器覆盖范围内的标签已经被附近其他的读写器所覆盖,那么就可以关闭读写器来降低防碰撞算法的复杂度,同时可以节省资源。所以关键就是找到一种行之有效的找出多余读写器的算法,并在关闭该读写器后能方便地调整正在运行的防碰撞算法来适应新的读写器网络。

由于部分标签可能被多个读写器读到,所以有的读写器可能会有相同的信息传给主机,这样就造成了标签数据冗余的问题,增加了读写器网络的负担。

为了解决多读写器碰撞问题,欧洲电信委员会提出了读写器和标签分别在偶数和奇数信道上工作的建议方案,使两者的传输在频率上被隔开。美国联邦通信委员会也允许读写器和标签在不同的信道上传输,读写器可以通过选择不同的信道传输来避免冲突,并且不要求读写器同步。

(2) 多读写器模式规定与防碰撞

在 EPC global C1 Gen2 标准中关于多读写器模式的规定有两处,一处是传输规范;另一处是密集或多读写器工作环境下的信道使用规定。

在传输规范中,规定了两种多读写器的工作环境,分别为多读写器环境和密集读写器环境。在这两种不同的环境中有两种不同的传输规范,都规定了读写器信号的功率谱分布,以减少邻道和其他信道上同时工作的读写器的干扰。

在信道使用规定中,介绍了频率分配计划和时分多路转换法,都分别针对特定的规定环境,最大限度地减少或消除读写器与标签的冲突。欧洲单信道规定,读写器与标签只能用半双工的方式来工作,而读写器只能用分时复用的方式来避免干扰。在欧洲多信道规定下,读写器和标签分别工作在偶数信道和奇数信道,从而避免了其他读写器对目标读写器接收标签应答信号的干扰。在美国多信道规定下,读写器和标签也是在频谱上分开。读写器的工作频率位于信道中间,而标签的应答信号则在信道的边界。读写器不需要同步,并且可以采用调频的工作方式。在频率分配计划中允许标签和读写器分别工作于两个信道,从而消除读写器到读写器的干扰和减弱读写器到标签的干扰。

3.6.3　RFID 物联网安全

1. RFID 物联网安全问题

读写器与标签间通过无线电进行通信,表示商品信息的 RFID 编码信号通过无线电波在两者间传播,无线信道的稳定性对商品信息的准确传输至关重要。而商品又是与商家和消费者相关联的,商品信息如被非法获取或网络链路受到入侵将对用户的信息安全和经营者利益构成威胁。

为安全起见,RFID 信号有时需要使用合适的算法来加密。一些安全要求高的应用如护照、身份证、金融卡等,其内置的 RFID 标签能够被加密编码而使得未授权的读写器不能获取标签里的信息,包括持有者的姓名、年龄、国籍、照片及其他个人敏感信息。但是目前大多数的 RFID 商业标签由于成本的原因都不包括安全防护模块,这使得它们的数据大多数都很容易被克隆复制或者被篡改。一般来说,应用于产品运输或昂贵设备跟踪的 RFID 芯片的可写存储器是能够被锁死的,但是由于使用 RFID 芯片的公司不知道这些芯片的作用,常常忽略这一点而不将存储器锁死,也不及时更新其内容,这种不正确的使用方式不但没有发挥 RFID 的作用,而且为信息安全留下了隐患。

其实 RFID 和 Internet 一样,都面临病毒和黑客的威胁。由于 RFID 技术对使用者来说是个相对陌生的新概念,因而常常被忽略,各种针对 RFID 芯片的黑客行为案例层出不穷。黑客们常常使用读写器靠近受害者的芯片,破解密码(有的甚至没有密码)而获取有用信息。

RFID 技术涉及到的安全问题可以被划分为如下几类:
- 数据所有权和数据挖掘技术;
- 数据偷盗;
- 数据篡改。

举例来说,在一些发达国家,根据消费者的信用卡数据就可以发现私人的医疗信息。虽然这种情况在使用 RFID 之前就已经存在,但使用 RFID 标签仍然存在这个问题。此外,还有其他安全方面需要关注的内容,如非法追踪标签。

标签的一致性、开放性对于个人隐私、经营者利益和军事安全都形成了风险。隐私保护组织对于在消费品上嵌入 RFID 标签的安全性表示了担忧,各个军事部门也开始提高警惕严防 RFID 的应用泄露军事秘密。

2. 安全对策

针对 RFID 系统应用中出现的各种安全问题,产生了各种安全对策。

(1) 防止信息截获的方法

攻击者常常通过信息链路截获有用的信息,针对这个特点,产生了多种防止信息截获的方法,表现在如下几方面:

- 物理破坏 RFID 芯片,大多数 RFID 芯片都可以通过物理方法破坏天线或电路回路而使其失效。
- 阻止 RFID 应答器接收功率。这可以通过阻止提供功率来实现,一种方法使用金属罩罩住 RFID 标签,从而破坏标签和读写器之间的正常通信,非授权者就无法探取有用的信息。
- 去除标签天线。用户将标签和其天线拆分开,这样芯片将不能正常工作,非授权者也不能探取有用信息。
- 在受保护的标签附近放置廉价的被动 RFID 设备来实时模拟各种标签信号,将有用信号隐藏起来,从而使非授权者的设备不能准确地识别有用信号,起到混淆作用。
- 使用强电磁脉冲。这使得 RFID 读写器和芯片感应出高电流,从而干扰电路正常工作,甚至使标签报废。此办法的效果跟电磁波的频率和天线的形状有关。
- 发送与 RFID 无线信号相关联的伪装信号(与 RFID 信号同频段)来干扰信号相对微弱的读写器信号,从而阻滞系统。

以上方法统称为物理隔离法,这类方法阻止非授权者正常访问 RFID 标签,从而满足 RFID 系统的匿名性和不可链接性。但是这类方法有很大的缺点:用户自己也将不能开展 RFID 的正常服务,因为用户的正常操作也会像非授权者一样受到破坏。除此之外,防止信息截获的方法还有:

- 破坏窃听者的侦听天线。先利用无线电准确定位侦听天线的位置,再用大功率 RFID 发射机破坏侦听天线的电路,使得侦听应答器的有效范围显著减小。
- 使用存储芯片来确认指令的合法性。指令信号可以被记录在存储器中并用于返回信号中,读写器以此特征信号为依据来判别信号的合法性。
- 很多 RFID 标签包含内置 kill 功能,当输入合适的代码时,标签能被重新编码或者失效。
- 新出现的 RFID 标签可能包括一些内置的控制转换或者隐私增强技术,使用噪声抑制或者不可链接协议来确保使用者能够控制和阻止 RFID 的链接。

(2) 重置 ID 法

这类方法需要将永久 RAM(随机存储器)嵌入每个 RFID 标签中,用于存储标签 ID,而且该 ID 能够被服务器重写。下面列举出两类方法:

1) 更新 ID 法

这类方法采用重新加密机制,利用公钥将密文 M 转换成新的不可链接的密文 M′,而不用改变明文。标签将 RAM 中的加密 ID 广播出去,且其存储的加密 ID 须更新。更新的过程为:首先读写器获取标签中的加密 ID,然后读写器利用公钥对加密 ID 重新加密,接着读写器用新的加密 ID 重写旧的加密 ID。读取过程为:读写器从标签获取加密 ID 并将其发送到服务器中,然后服务器用私钥解密出加密 ID,从而获取标签的 ID。

2) 双 ID 法

每个标签都有一个 RAM 和一个永久性 ROM。标签的永久 ID 被生产商存于 ROM 中,用户一般不能读取 ROM 中存储的永久 ID,永久 ID 用于公共用途,比如供应链、回收链等;RAM 中存储的临时 ID 可以被用户修改,仅当 RAM 中没有存储数据时才可以读取 ROM 中存储的永久 ID,临时 ID 则用于私人用途。

(3) 智能标签法

还有一类安全策略是对信息进行加密,使得攻击者很难破获信息的内容。在大型信息技术系统中广泛使用加密技术,这些加密方法常常是一类复杂的数学问题。而这些数学问题不仅是求解的问题,更要考虑到实际的应用情况,尤其是当解决一些问题时所耗费的资源和时间相对过大时,这些数学问题的解就要符合现实情况,解决问题的开销应该在可以容忍和承受的范围内。涉及的典型数学问题有两种:比如 Diffie_Hellman 和 El - Gamal 系统加密中的离散对数问题,以及 RSA 加密系统中的整数因数分解问题。

这类方法要求每个 RFID 标签都嵌有加密功能和 ROM。标签自动运用加密函数定时改变其输出。加密方法主要有:公钥加密、共同密钥加密和 Hash 函数加密。

公钥加密运用重置 ID,由于标签不断地改变输出,这种方法的个人信息保护功能很强。但问题是这种标签很昂贵,因为公钥加密复杂而且成本高。

共同密钥加密要求有共同的密钥函数、RAM 和为随机数发生器嵌入每个 RFID 标签。加密的步骤如下:

① 标签的 ID 生成随机数 R,把 $X = E_K(UD \parallel R)$ 发送到服务器;

② 服务器利用通用密码 K 解密 X,从而得到 ID。

Hash 函数加密法将 Hash 函数当做加密函数。由于 Hash 计算的特点使得它很适合 RFID 系统低成本标签的应用。

3.7　物联网工作流程举例

物联网结构的基本流程大致可以分为以下五个部分:

- 电子标签;
- 读写器;
- 中间件;
- 名称解析;
- 信息服务。

在物联网系统中,每一个物品都被赋予一个 RFID 码,并存储于物品上的电子标签中。同时,这个代码所对应的详细信息和属性(包括名称和类别、生产日期、保质期等)被存储在 IOT - IS 服务器中。读写器对电子标签进行扫描后,将读取到的 RFID 码发送给中间件。中间件服务器通过 Internet 向相关的名称解析服务器发出查询指令,名称解析服务器收到查询指令后,根据规则查得与之匹配的地址信息(就与 Internet 中的 DNS 功能一样),同时引导中间件服务器访问存储了该物品详细信息的物联网信息服务器。物联网信息服务器接收到查询信息后,就将物品的详细信息以网页的形式发送给中间件,从而获得与物品对应的详细信息。

为了方便理解,现举例说明如下:

某饮料瓶上贴有电子标签,在其上附有由其生产商提供的唯一的 RFID 码,这里采用欧美国家比较通用的 EPC 码为例,该瓶饮料的 EPC 码为 13678037321010000000000,与此同时,此饮料的详细信息和属性都被存储在 EPCIS 中,如图 3 - 3 所示。

```
<?xml version="1.0" encoding="gB2312" standalone="yes"?>
- <食品类>
  - <饮料类>
    - <产品基本信息>
        <EPC>13678037321010000000000</EPC>
        <产品名>**饮料</产品名>
        <生产公司>**公司</生产公司>
        <公司地址>**市**路**号</公司地址>
        <联系电话>********</联系电话>
        <生产日期>2011年05月08日</生产日期>
        <有效期>12个月</有效期>
        <成分>水、糖、碳酸、香精</成分>
        <包装>罐装</包装>
        <重量>200克</重量>
        <批发介>1元1瓶</批发价>
      </产品基本信息>
    - <产品追踪信息>
        <时间>2011-05-28</时间>
        <地点>**市</地点>
        <温度>28摄氏度</温度>
      </产品追踪信息>
    <饮料类>
  <食品类>
```

图 3-3　某饮料的详细信息和属性示意图

读写器对其进行识读操作,得到了其唯一的 EPC 码,并将此码发给中间件。中间件将这一串 EPC 码转换为抽象身份的 URI(即统一资源标识),并通过 Internet 向相关的 ONS(名称解析服务)服务器发出查询指令。ONS 收到查询指令后,根据检测查得与之匹配的地址信息(即此产品所对应的 IP 地址,该瓶饮料对应的 IP 地址为 192.168.2.106),同时引导中间件访问已存储了该瓶饮料详细信息的 EPCIS。EPCIS 接收到查询信息后,就将物品的详细信息以网页的形式发送给中间件,从而获得物品对应的详细信息,如图 3-4 所示。

地址(D)　　http://127.0.0.1/101%20show.asp?EPC=1367803732101(

产品基本信息	
EPC	13678037321010000000000
产品名	**饮料
生产公司	**公司
公司地址	**市**路**号
联系电话	********
生产日期	2011年05月08日
有效期	12个月
成分	水、糖、碳酸、香精
包装	罐装
重量	200克
批发价	1元1瓶

产品追踪信息		
时间	地点	温度
2011-05-28	**市	28摄氏度

图 3-4　显示在查询客户端上的 PML 文档

有了这些信息,用户对于商品的信息则一目了然,对商家的销售将起到巨大的推动作用。由此可见,物联网对于各行各业尤其是物流业发展的促进作用将非常巨大。

第 4 章   RFID 教学实验平台

4.1   硬件开发平台

本实验开发系统将帮助读者学习、评估低频(LF)、高频(HF)、超高频(UHF)和微波(2.4 GHz)RFID 的性能,这对 RFID 开发有深一步的了解和提高,能迅速进入 RFID 开发领域。本系统适用于大中专及高等院校学生、科研机构研究人员及在职电子工程师等相关人员学习使用。

本系统包含以下特征:

- 支持多频段(125 kHz、13.56 MHz、900 MHz、2.4 GHz)、多协议(ID、ISO 15693、ISO 14443A、ISO 14443B、Tag - it、ISO/IEC 18000 - 6C)的 RFID 读卡器扩展板;
- 串口转 USB,通过标准 USB 电缆与计算机主机软件 GUI 通信;
- 协议 LED 指示灯及 LCD 液晶模块显示标签卡片协议及编码内容;
- 通过拨码开关选择 RFID 类别,简单方便;
- 支持 5 V 电源供电和 USB 供电。

本系统能够帮助读者快速学习当今最流行的非接触式射频卡技术,并应用到设计产品中,以提高竞争力。

4.1.1   系统控制主板

系统的控制主板如图 4 - 1 所示,它具有以下特点:

- 具有 USB 高速下载、调试、仿真功能,支持 IAR 集成开发环境;
- 128×64 LCD 液晶显示屏;
- UART 转 USB 接口;
- LED 指示灯;
- 蜂鸣器;
- 板载用户按键;
- RFID 选择拨码开关;
- 板载 125 kHz、13.56 MHz、900 MHz 和 2.4 GHz 的 RFID 接口。

4.1.2   仿真器

JTAG 仿真器如图 4 - 2 所示,它具有以下特点:

- USB 接口的 JTAG 仿真器,USB 口取电,不需要外接电源,并能给目标板或用户板提供 3.3 V(300 mA)电源;
- 对 MSP430 FLASH 全系列单片机进行编程和在线仿真;
- 采用标准的 2×7 PIN(IDC - 14)标准连接器;
- 支持 IAR430 以及 TI 一些第三方编译器集成开发环境下的实时仿真、调试、单步执行、

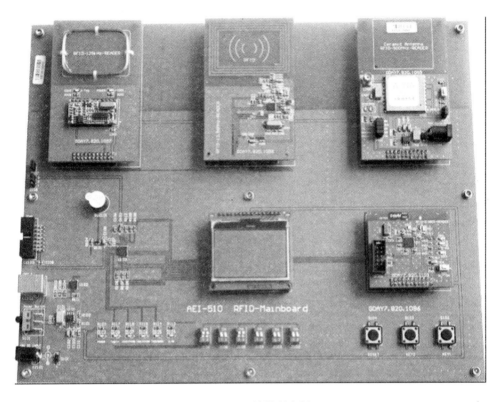

图 4-1　系统控制主板

断点设置、存储器内容查看修改等；

- 支持程序烧写读取；
- 支持固件自动升级。

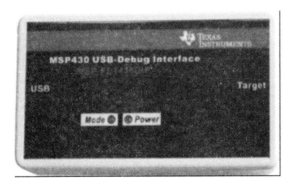

图 4-2　JTAG 仿真器实物图

8051 仿真器如图 4-3 所示，它具有以下特点：

- 与 IAR for 8051 集成开发环境无缝连接；
- 支持内核为 51 的 TI - ZigBee 芯片 CC111x/CC243x/CC253x/CC251x；
- 下载速度高达 150 kbit/s；
- 可通过 TI 相关软件更新最新版本固件；
- 支持仿真下载和协议分析；

- 可对目标板供电 3.3 V/50 mA；
- 支持最新版的 SmartRF Flash Programmer、SmartRF Studio、IEEE Address Programmer，Packet Sniffer 软件；
- 支持多种版本的 IAR 软件，如用于 2430 的 IAR730B，用于 25xx 的 IAR751A、IAR760 等，并与 IAR 软件实现无缝集成。

图 4 - 3　8051 仿真器实物图

4.1.3　液晶模块

　　128×64 液晶图形点阵模块、串行数据接口、LED 背光，广泛应用于 RFID 读卡器，作为射频卡信息的显示终端，实物图如图 4 - 4 所示。

图 4 - 4　液晶显示屏实物图

4.1.4　RFID - 125 kHz - Reader 125 kHz 低频 RFID 模块

　　125 kHz 低频非接触 ID 卡射频读卡模块采用 125 kHz 射频基站，以 UART 接口输出 ID 卡号，完全支持 EM、TK 及其 125 kHz 兼容 ID 卡片的操作，自带看门狗，读卡距离 6~8 cm，可广泛应用于门禁考勤，汽车电子感应锁配套，办公、商场及洗浴中心储物箱的安全控制，各种防伪系统及生产过程控制，其实物图如图 4 - 5 所示。

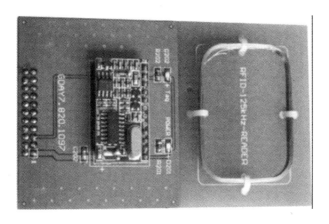

图 4 - 5　125 kHz 低频非接触 ID 卡射频读卡模块

4.1.5　RFID - 13.56 MHz - Reader 13.56 MHz 高频 RFID 模块

13.56 MHz 高频 RFID 模块的主芯片采用 TI 公司最新推出的 HF 高频 RFID 阅读器芯片 TRF7960。支持 ISO/IEC 15693、ISO 14443A、ISO 14443B 以及 Tag - it 协议的标准卡片和标签。该芯片具有高集成度、多标准模拟前端及数据帧系统，内置可编程选项，广泛应用于 13.56 MHz 高频非接触式标签读写识别系统，其实物图如图 4 - 6 所示。

图 4 - 6　13.56 MHz 高频 RFID 模块的主芯片

4.1.6　RFID - 900 MHz - Reader 900 MHz 超高频 RFID 模块

900 MHz 超高频 RFID 模块的工作频率为 920～925 MHz，支持 EPC C1 GEN2/ISO 18000 - 6C 协议，最大输出功率为 27 dBm，采用 UART 接口，最大读卡距离为 80 cm。模块工作在低电压＋3.3 V，非常适合用户在手持机开发中应用，其实物图如图 4 - 7 所示。

4.1.7　RFID - ZigBee - Reader 2.4 GHz 微波 RFID 模块

2.4 GHz 微波 RFID 模块的工作频段为 2.4 GHz，采用 CC2530 ZigBee 芯片，板载高增益天线，有效通信距离可达数十米。模块预留了一个编程接口和一个用户按键，方便用户根据自己的应用进行编程。该频段 RFID 适合在资产追踪管理系统中应用，其实物图如图 4 - 8 所示。

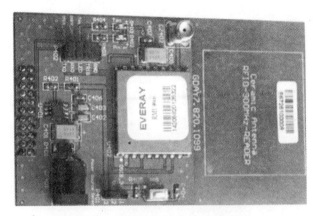

图 4 - 7   900 MHz 超高频 RFID 模块

图 4 - 8   2.4 GHz 微波 RFID 模块

4.1.8   RFID - ZigBee - Tag 2.4 GHz 微波 RFID 标签模块

RFID - ZigBee - Tag 2.4 GHz 微波主动标签采用CC2530 ZigBee 芯片,板载温湿度、三轴加速度及光照度传感器,集成高增益天线,采用可充电锂聚合物电池供电,具有智能型超低能耗管理系统,工作寿命可达数年,其实物图如图 4 - 9 所示。

图 4 - 9   RFID - ZigBee - Tag 2.4 GHz 微波主动标签

4.2　系统控制主板

4.2.1　系统控制主板概览

系统控制主板如图 4 - 10 所示。

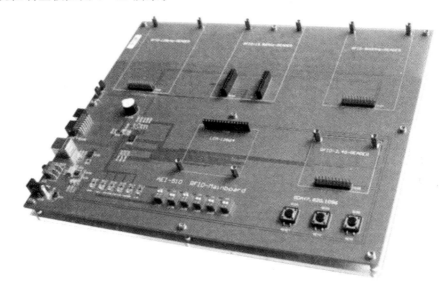

图 4 - 10　系统控制主板

4.2.2　系统控制主板的供电

系统控制主板可由两种方式供电分别为:5 V DC 电源接口供电和 USB 接口供电。

1. 5 V DC 电源接口供电

可使用 5 V 稳压电源连接到 DC 电源接口(内正外负),将电源切换开关 Power Switch 拨到 DC - 5V 电源插座一侧,此时电源指示灯 D102(红色)被点亮。

2. USB 接口供电

当使用 USB 电缆连接系统控制主板到用户 PC 时,可使用 USB 接口由 PC 机给主板供电。将电源选择开关 Power Switch 拨到 USB 插座一侧,此时电源指示灯 D102(红色)被点亮。

4.2.3　系统控制主板上的各种连接座

系统控制主板上一共有 5 个连接座,用来安装 128×64 LCD 液晶显示模块、125 kHz RFID 模块(RFID - 125 kHz - Reader)、13.56 MHz RFID 模块(RFID - 13.56 MHz - Reader)、900 MHz RFID 模块(RFID - 900 MHz - Reader)和 2.4 GHz RFID 模块(RFID - 2.4 GHz - Reader)。请用户务必按照图 4 - 11 所示方向安装,注意连接座和模块的对应关系。

安装时请用力均匀并注意力度。

　　注意:强烈建议用户尽量避免频繁插拔各种模块。

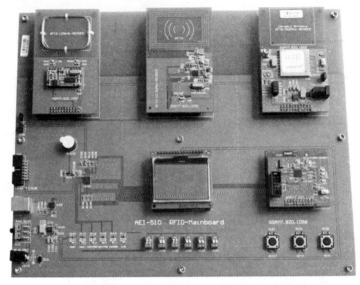

图 4 - 11　系统控制主板连接座

4.2.4　系统控制主板上的 RFID 选择拨码开关

　　系统控制主板上安装了低频、高频、超高频和微波四种频段的 RFID 模块,提供了 6 组2 位拨码开关 J101~J106,通过 6 组 2 位拨码开关的不同组合来选择使用不同的 RFID 模块,出厂默认值为 J101 和 J103 的拨码开关在 ON 的位置,其他 4 组都是在 OFF 位置(使用MSP430 控制 RFID - 13.56 MHz - Reader)。当用户需要使用其他类型 RFID 功能时,通过拨码开关的组合选择相应的 RFID 类型。

　　注意:低频 125 kHz RFID 模块、超高频 900 MHz RFID 模块和微波 2.4 GHz RFID 模块既可以由 MSP430 对其进行控制,也可以直接由 PC 端的串口对其进行控制。高频 13.56 MHz模块不能单独工作,必须由 MSP430 对其进行控制,上位机软件也是通过 MSP430 对其进行控制。

　　拨码开关的具体设置如表 4 - 1 所列。

表 4 - 1　RFID 模块拨码开关设置表

选择的 RFID 模块	控制主体	需要拨到 ON 挡的拨码开关	需要拨到 OFF 挡的拨码开关
RFID - 125 kHz - Reader	MSP430	J102,J105	J101,J103,J104,J106
	PC 串口	J101,J105	J102,J103,J104,J106
RFID - 13.56MHz - Reader	MSP430	J101,J103	J102,J104,J105,J106
RFID - 900MHz - Reader	MSP430	J102,J104	J101,J103,J105,J106
	PC 串口	J101,J104	J102,J103,J105,J106
RFID - 2.4GHz - Reader	MSP430	J102,J106	J101,J103,J104,J105
	PC 串口	J101,J106	J102,J103,J104,J105

4.2.5　系统控制主板上的按键

系统控制主板上一共为用户提供了 3 个按键分别为：复位按键 RESET,用户按键 KEY1 和 KEY2。

4.2.6　系统控制主板上的 JTAG 调试接口

系统控制主板上的 JTAG 调试接口是用来连接仿真器的接口,以便用户对 MSP430F2370 进行在线调试,FLASH 烧写等操作。JTAG 调试接口的各引脚连接情况如表 4-2 所列。

表 4-2　JTAG 调试接口引脚情况

JTAG 引脚	MSP430F2370	JTAG 引脚	MSP430F2370
1	TDO	2	+3.3 V
3	TDI	4	NC
5	TMS	6	NC
7	TCK	8	NC
9	GND	10	NC
11	RST	12	NC
13	NC	14	NC

4.2.7　系统控制主板上的 USB 接口

系统控制主板上的 USB 接口既可用于对主板进行供电,又可方便主板与用户 PC 之间的串口通信。由于目前大多数 PC 主板及笔记本计算机都已取消了串口,为了解决用户计算机上没有串口的烦恼,在主板上使用了 CP2102 芯片,用于 MSP430F2370 芯片 UART 到 USB 之间的转换。当用户首次通过 USB 电缆连接到 PC 时,用户计算机将提示发现新硬件,此时用户应该首先安装 CP2102 芯片的驱动程序。具体步骤请参考软件开发平台部分。CP2102 与 MSP430F2370 的连接关系如表 4-3 所列。

表 4-3　CP2102 与 MSP430F2370 的连接关系

CP2102	MSP430F2370
TXD	P3.5
RXD	P3.4
GND	GND

4.2.8　系统控制主板上的其他人机接口

主板上使用了一个 128×64 点阵图形液晶模块作为显示接口,它与用户按键和 LED 指示灯共同构成了系统控制主板的人机接口。在系统检测到标签卡片后,对应不同的协议标签 LED 指示灯会被点亮,同时蜂鸣器发出响声提示。液晶模块更加具体形象地显示相关详细信息。

人机接口与 MSP430F2370 的连接关系如表 4-4 所列。

表 4 - 4　人机接口与 MSP430F2370 的连接关系

128×64 液晶	MSP430F2370	协议指示灯	MSP430F2370
SCL	P1.6	ISO 15693(绿色)	P1.4
SI	P1.7	ISO 14443A(绿色)	P1.3
CS	P2.4	ISO 14443B(绿色)	P1.2
A0	P3.6	Tag-it(绿色)	P1.1
RST	P2.5	2.4G(黄色)	P3.7
蜂鸣器	P1.5	—	—

4.3　仿真器

4.3.1　MSP430 仿真器

MSP-FET430UIF 仿真器可以对 MSP430 FLASH 全系列单片机进行编程和在线仿真。

本仿真器支持 IAR430、AQ430、HI-TECH、GCC 以及 TI 一些第三方编译器集成开发环境下的实时仿真、调试、单步执行、断点设置、存储器内容查看修改等;支持程序烧写读取和熔丝烧断功能;支持 JTAG、SBW(2 Wire JTAG)接口;支持固件在线升级。

JTAG 调试接口的各引脚连接情况如表 4-5 所列。

4-5　MSP430 仿真器 JTAG 调试接口引脚连接情况

JTAG 引脚	描　述	JTAG 引脚	描　述
1	TDO	2	+3.3V
3	TDI	4	NC
5	TMS	6	NC
7	TCK	8	NC
9	GND	10	NC
11	RST	12	NC
13	NC	14	NC

4.3.2　CC2530 仿真器

CC Debugger 多功能仿真器支持内核为 51 的 TI ZigBee 芯片 CC111X、CC243X、CC253X、CC251X,可进行实时在线仿真、编程和调试。

本仿真器与 IAR For 8051 集成开发环境实现无缝连接,具有代码高速下载、在线调试、断点、单步、变量观察和寄存器观察等功能;支持 TI 公司的 SmartRF Flash Programmer 软件对片上系统(SoC)进行编程;支持 SmartRF Studio 软件对片上系统(SoC)进行控制和测试;支持 Packet Sniffer 软件构建最新 IEEE 802.15.4/ZigBee、ZigBee2007/PRO 协议分析仪。

JTAG 调试接口的各引脚连接情况如表 4-6 所列。

表 4 - 6　CC2530 仿真器 JTAG 调试接口引脚连接情况

序　号	描　述	序　号	描　述
1	GND	2	VDD
3	DC	4	DD
5	CSN	6	CLK
7	RESET	8	MOSI
9	NC	10	MISO

4.4　RFID - 125 kHz - Reader 125 kHz 低频 RFID 模块

　　125 kHz 低频非接触 ID 卡射频读卡模块采用 125 kHz 射频基站,以 UART 接口输出 ID 卡号,完全支持 EM、TK 及其 125 kHz 兼容 ID 卡片的操作,自带看门狗,读卡距离 6~8 cm,可广泛应用于门禁考勤,汽车电子感应锁配套,办公、商场及洗浴中心储物箱的安全控制,各种防伪系统及生产过程控制。

　　该模块上有一个红色电源指示灯(D201)和一个绿色读卡指示灯(D202)。当有卡片位于读卡范围内时,读卡指示灯会闪烁一次。

　　RFID - 125 kHz - Reader 125 kHz 低频 RFID 模块带有一个 2×11 的排座 P201,方便用户直接连接到系统控制主板或用户自己的目标板。

　　用户接口 P201 定义如下:

NC	NC	NC	NC	NC	NC	NC	NC	NC	NC	NC
2	4	6	8	10	12	14	16	18	20	22
1	3	5	7	9	11	13	15	17	19	21
VCC	NC	NC	TXD	RX	NC	NC	NC	NC	NC	GND

　　对于 125 kHz 低频 RFID 模块有两种控制方式:

　　第一种方式:直接由 MSP430F2370 控制 125 kHz 低频 RFID 模块,将读取到的卡号信息在 LCD 液晶屏上显示。如果采用 MSP430F2370 对其进行控制,请将 RFID 选择拨码开关设置成表 4 - 7 所列。

表 4 - 7　拨码开关设置(一)

需要拨到 ON 挡的拨码开关	需要拨到 OFF 挡的拨码开关
J102,J105	J101,J103,J104,J106

　　125 kHz 低频 RFID 模块与 MSP430F2370 的连接关系如表 4 - 8 所列。

表 4 - 8　125 kHz 低频 RFID 模块与 MSP430F2370 的连接关系

125 kHz 低频 RFID 模块	MSP430F2370
TXD	P3.5
STATUS	P4.7

第二种方式:由 PC 端的串口来控制 125 kHz 低频 RFID 模块,将读取到的卡号信息在 PC 端的 GUI 软件上进行显示。如果采用 PC 端通过串口对其进行控制,需要用 USB 电缆将控制主板和 PC 端连接,并将 RFID 选择拨码开关设置成表 4 - 9 所列。

表 4 - 9　拨码开关设置(二)

需要拨到 ON 挡的拨码开关	需要拨到 OFF 挡的拨码开关
J101,J105	J102,J103,J104,J106

4.5　RFID - 13.56 MHz - Reader 13.56 MHz 高频 RFID 模块

RFID - 13.56 MHz - Reader 模块用于快速评估和开发 13.56 MHz 高频 RFID。该模块的尺寸为 $60×98$ mm,带有 2 个 $2×10$ 的排座,方便用户将该模块直接连接到系统主板或用户自己的目标板上以便工程实践。板上的 RFID 芯片采用 TI 公司最新推出的 HF 高频 RFID 阅读器芯片 TRF7960,支持 ISO/IEC 15693、ISO 14443A、ISO 14443B 以及 Tag - it 协议的标准卡片和标签。该芯片具有高集成度、多标准模拟前端及数据帧系统,内置可编程选项,广泛应用于 13.56 MHz 高频非接触式标签读写识别系统。本模块采用 SPI 方式与 MSP430F2370 进行通信。

P301 用户接口定义如下:

NC	NC	NC	NC	EN	EN2	CS	DATA_CLK	MOSI	MISO
2	4	6	8	10	12	14	16	18	20
1	3	5	7	9	11	13	15	17	19
GND	MOD	NC	IRQ	SYS_CLK	NC	NC	NC	NC	GND

P302 用户接口定义如下:

NC	NC	NC	NC	NC	NC	NC	NC	ASK/OOK	NC
2	4	6	8	10	12	14	16	18	20
1	3	5	7	9	11	13	15	17	19
NC	NC	NC	VCC	VCC	NC	NC	NC	NC	NC

TRF7960 与 MSP430F2370 的连接关系如表 4 - 10 所列。

表 4 - 10　TRF7960 与 MSP430F2370 的连接关系

TRF7960	MSP430F2370	TRF7960	MSP430F2370	TRF7960	MSP430F2370
MOD	P2.0	IRQ	P2.1	CS	P3.0
EN	P1.0	SYS_CLK	P2.6	MISO	P3.2
ASK/OOK	P2.2	DATA_CLK	P3.3	MOSI	P3.1

由 MSP430F2370 对 TRF7960 进行控制,当 TRF7960 读取到天线场区内的卡片后,既可以直接在 128×64 的 LCD 液晶屏上显示读取到的卡片信息,也可以通过 PC 端的 GUI 软件来对卡片进行操作。如果使用 PC 端的 GUI 软件进行操作,请用 USB 电缆将控制主板和 PC 连接,并将 RFID 选择拨码开关设置成表 4 - 11 所列。

表 4 - 11　拨码开关设置(三)

需要拨到 ON 挡的拨码开关	需要拨到 OFF 挡的拨码开关
J101,J103	J102,J104,J105,J106

4.6　RFID - 900 MHz - Reader 900 MHz 超高频 RFID 模块

RFID - 900 MHz - Reader 900 MHz 超高频 RFID 模块工作频率为 920~925 MHz,支持 EPC C1 GEN2/ISO 18000 - 6C 协议,最大输出功率为 27 dBm,采用 UART 接口,最大读卡距离为 80 cm。模块工作在低电压+3.3 V,非常适合用户在手持机开发中应用。

4.6.1　RFID - 900 MHz - Reader 900 MHz 超高频 RFID 模块的供电

RFID - 900 MHz - Reader 900 MHz 超高频 RFID 模块工作电压为+3.3 V,可以通过两种方式来对该模块进行供电。一种直接使用 5 V 电源适配器给模块进行供电;一种是直接由系统控制主板来对其进行供电。

注意:当使用 5 V 电源适配器给模块进行供电时,请将超高频 RFID 模块上的 P401 - 2 (VCC)与 P401 - 3(3V3)用短路帽短接;当由系统控制主板来对其进行供电时,请将 P401 - 2 (VCC)与 P401 - 1(05EB_3V3)用短路帽短接。

4.6.2　RFID - 900 MHz - Reader 900 MHz 超高频 RFID 模块的用户接口

RFID - 900 MHz - Reader 900 MHz 超高频 RFID 模块上有一个通信接口选择跳线 P402,一个按键 S401,一个红色电源指示灯 D402 和一个绿色读卡指示灯 D403。当成功读取到一次卡片信息时,绿色读卡指示灯会闪烁一次。为了方便用户将该模块连接到用户自己的 MCU,特将 TXD 和 RXD 信号线引到了 P402 插座上。

RFID - 900 MHz - Reader 900 MHz 超高频 RFID 模块带有一个 2×11 的排座 P403,方便用户直接连接到系统控制主板或用户自己的目标板。

用户接口 P403 定义如下:

NC	NC	NC	NC	NC	NC	NC	NC	NC	NC	NC
2	4	6	8	10	12	14	16	18	20	22

1	3	5	7	9	11	13	15	17	19	21
VCC	NC	NC	TXD	RXD	NC	NC	NC	NC	NC	GND

对于 900 MHz 超高频 RFID 模块有两种控制方式：

第一种方式：直接由 MSP430F2370 控制 900 MHz 超高频 RFID 模块，将读取到的卡号信息在 LCD 液晶屏上显示。如果采用 MSP430F2370 对其进行控制，请将 RFID 选择拨码开关设置成表 4-12 所列。

表 4-12　拨码开关设置（四）

需要拨到 ON 挡的拨码开关	需要拨到 OFF 挡的拨码开关
J102,J104	J101,J103,J105,J106

900 MHz 超高频 RFID 模块与 MSP430F2370 的连接关系如表 4-13 所列。

表 4-13　900 MHz 超高频 RFID 模块与 MSP430F2370 的连接关系

900 MHz 超高频 RFID 模块	MSP430F2370
TXD	P3.5
RXD	P3.4

第二种方式：由 PC 端的串口来控制 900 MHz 超高频 RFID 模块，将相关信息在 PC 端的 GUI 软件上进行显示。如果采用 PC 端通过串口对其进行控制，需要用 USB 电缆将控制主板和 PC 端连接，并将 RFID 选择拨码开关设置成表 4-14 所列。

表 4-14　拨码开关设置（五）

需要拨到 ON 挡的拨码开关	需要拨到 OFF 挡的拨码开关
J101,J104	J102,J103,J105,J106

4.7　RFID-2.4 GHz 微波 RFID 模块

2.4 GHz 微波 RFID 模块工作频段为 2.4 GHz，采用 TI ZigBee 芯片 CC2530，传输距离可达数十米，适合在资产追踪系统中应用。

4.7.1　RFID-ZigBee-Reader 2.4 GHz 微波 RFID 模块

RFID-ZigBee-Reader 2.4 GHz 微波 RFID 模块带有一个 2×11 的排座 P502，方便用户直接连接到系统控制主板或用户自己的目标板。

用户接口 P502 定义如下：

NC	NC	NC	NC	NC	NC	NC	NC	NC	NC	NC
2	4	6	8	10	12	14	16	18	20	22
1	3	5	7	9	11	13	15	17	19	21
VCC	NC	NC	TXD	RXD	NC	NC	NC	NC	NC	GND

JTAG 接口 P501 定义如表 4 - 15 所列。

表 4 - 15　JTAG 接口 P501 定义表

序　号	描　述	序　号	描　述
1	GND	2	VDD
3	DC(P2.2)	4	DD(P2.1)
5	CSN(P1.4)	6	CLK(P1.5)
7	RESET(RST)	8	MOSI(P1.6)
9	NC	10	MISO(P1.7)

对于 2.4 GHz 微波 RFID 模块有两种控制方式：

第一种方式：直接由 MSP430F2370 控制 2.4 GHz 微波 RFID 模块，将读取到的卡号信息在 LCD 液晶屏上显示。如果采用 MSP430F2370 对其进行控制，请将 RFID 选择拨码开关设置成表 4 - 16 所列。

表 4 - 16　拨码开关设置(六)

需要拨到 ON 挡的拨码开关	需要拨到 OFF 挡的拨码开关
J102,J106	J101,J103,J104,J105

2.4 GHz 微波 RFID 模块与 MSP430F2370 的连接关系如表 4 - 17 所列。

表 4 - 17　2.4 GHz 微波 RFID 模块与 MSP430F2370 的连接关系

2.4 GHz 微波 RFID 模块	MSP430F2370
TXD	P3.5
RXD	P3.4

第二种方式：由 PC 端的串口来控制 2.4 GHz 微波 RFID 模块，将相关信息在 PC 端的 GUI 软件上进行显示。如果采用 PC 端通过串口对其进行控制，需要用 USB 电缆将控制主板和 PC 端连接，并将 RFID 选择拨码开关设置成表 4 - 18 所列。

表 4 - 18　拨码开关设置(七)

需要拨到 ON 挡的拨码开关	需要拨到 OFF 挡的拨码开关
J101,J106	J102,J103,J104,J105

4.7.2　RFID - ZigBee - Tag 2.4 GHz 微波 RFID 标签模块

2.4 GHz 微波 RFID 主动式标签采用 CC2530 ZigBee 芯片，板载温湿度、三轴加速度及光照度传感器，集成高增益天线，采用可充电锂聚合物电池供电，具有智能型超低能耗管理系统，工作寿命可达数年,其实物图如图 4 - 12 所示。

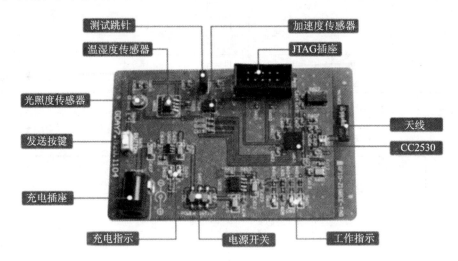

图 4 - 12　2.4 GHz 微波 RFID 标签模块

JTAG 接口 P601 定义如表 4 - 19 所列。

表 4 - 19　JTAG 接口 P601 定义表

序　号	描　述	序　号	描　述
1	GND	2	VDD
3	DC(P2.2)	4	DD(P2.1)
5	CSN(P1.4)	6	CLK(P1.5)
7	RESET(RST)	8	MOSI(P1.6)
9	NC	10	MISO(P1.7)

1. 三轴加速度传感器

三轴加速度传感器采用 AD 公司的 ADXL325 芯片,它是一个小型低功耗的三轴加速度计,测量范围为 ± 5 g。可应用于倾斜感应应用中的静态加速度测量,也可应用于运动、冲击或振动产生的动态加速度的测量。

ADXL325 的 X 轴输出信号 Xout 连接到 CC2530 的 P0.4,Y 轴输出信号 Yout 连接到 CC2530 的 P0.5,Z 轴输出信号 Zout 连接到 CC2530 的 P0.6。

J601 为 ADXL325 测试跳针,当用短接帽短路 J601 时,ADXL325 处于自测试状态。当供电电压为 3.6 V 时,X 轴输出信号的变化量大约为 -328 mV,Y 轴输出信号的变化量大约为 $+328$ mV,Z 轴输出信号的变化量大约为 $+553$ mV;当供电电压为 2 V 时,X 轴输出信号的变化量大约为 -56 mV,Y 轴输出信号的变化量大约为 $+56$ mV,Z 轴输出信号的变化量大约为 $+95$ mV。

2. 温湿度传感器

温湿度传感器采用瑞士盛世瑞恩公司的 SHT10 单芯片传感器,该传感器是一款含有已校准数字信号输出的温湿度复合传感器。它应用专利的工业 CMOS 过程微加工技术,确保产品具有极高的可靠性与卓越的长期稳定性。传感器包括一个电容式聚合体测湿元件和一个能隙式测温元件,并与 14 位的 A/D 转换器以及串行接口电路在同一芯片上实现无缝连接。每个 SHT10 传感器都在极为精确的湿度校验室进行校准。校准系数以程序的形式储存在 OTP 内存中,传感器内部在检测信号的处理过程中调用这些校准系数进行精确校准。

SHT10 的测量精度:

- 测湿精度[%RH]:±4.5;
- 测温精度[℃]在 25 ℃:±0.5。

SHT10 的 SCK 由 CC2530 的 P0.0 控制,DATA 由 CC2530 的 P0.7 控制。

3. 光照度传感器

光照度传感器采用 CDS 光敏电阻 GL5516 对光照度进行测量。光敏电阻器是利用半导体的光电效应制成的一种电阻值随入射光的强弱而改变的电阻器;入射光强,电阻减小,入射光弱,电阻增大。GL5516 光照度输出信号 OUT 连接到 CC2530 的 P0.1。

4. 电池充电

2.4 GHz 微波 RFID 主动式标签采用标称电压为 3.7 V 的锂聚合物充电电池,当电池电压低于 3 V 时,需要对电池进行充电。

连接 5 V 电源适配器至充电插座 CZ601,此时充电指示灯 D604 点亮,开始对电池充电;当电池充满电后 D605 点亮,同时 D604 熄灭。

建议:在对电池进行充电时,请将电源开关 S602 置于"OFF",以便加快电池充电进度。

4.8　软件开发平台

软件开发环境 IAR Embedded Workbench for MSP430 V4.21 的安装步骤如下:

运行"配套光盘:\工具软件\ IAR Embedded Workbench for MSP430 V4.21.2\ew430 - ev - web - 4212.exe"安装文件进行安装。安装步骤如图 4 - 13～图 4 - 23 所示。

运行安装程序后出现如图 4 - 13 所示界面。

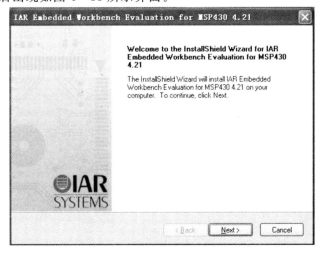

图 4 - 13　MSP IAR 安装界面(一)

单击 Next 按钮，出现如图 4-14 所示界面。

图 4-14　MSP IAR 安装界面（二）

选择"I accept the terms of the license agreement"选项，出现如图 4-15 所示界面。

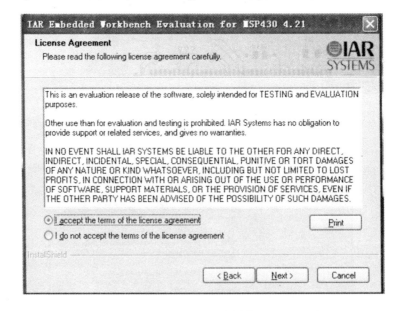

图 4-15　MSP IAR 安装界面（三）

单击 Next 按钮，出现如图 4-16 所示界面。

输入 License♯ 后，单击 Next 按钮，出现如图 4-17 所示界面。

在 License♯ 窗口里会自动出现刚才输入"您的 License♯"，在 License Key 窗口里输入"您的 License Key"，然后单击 Next 按钮，出现如图 4-18 所示界面。

单击 Next 按钮，出现如图 4-19 所示界面。

可以指定安装路径，也可以使用默认安装路径，建议使用默认路径安装。默认安装路径为

"C:\Program Files\IAR Systems\Embedded Workbench 5. 4 Evaluation"。

单击 Next 按钮,出现如图 4 - 20 所示界面。

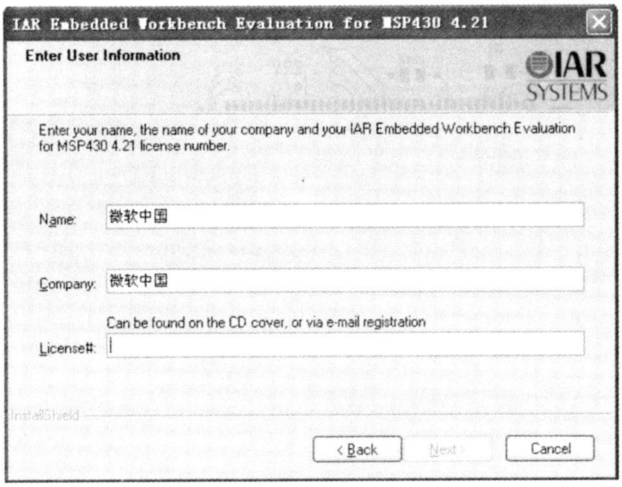

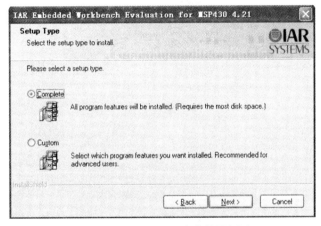

图 4 - 16　MSP IAR 安装界面(四)

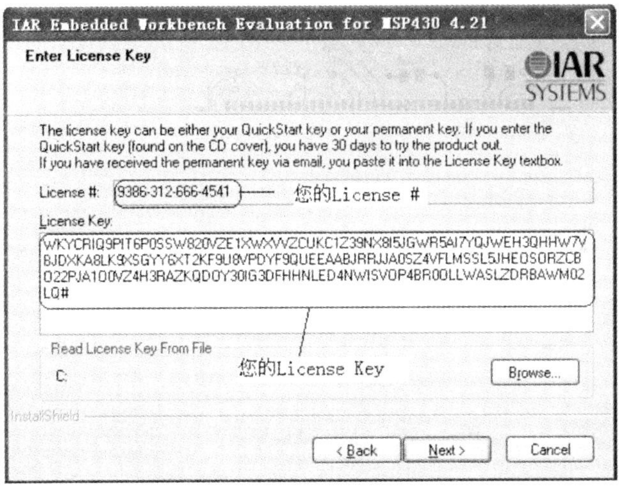

图 4 - 17　MSP IAR 安装界面(五)

图 4 - 18　MSP IAR 安装界面(六)

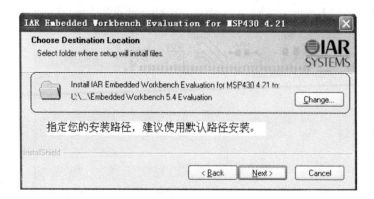

图 4 - 19　MSP IAR 安装界面(七)

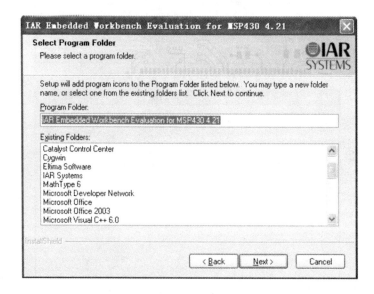

图 4 - 20　MSP IAR 安装界面(八)

单击 Next 按钮,出现如图 4 - 21 所示界面。

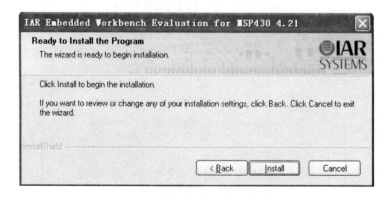

图 4 - 21　MSP IAR 安装界面(九)

单击 Install 按钮,出现如图 4 - 22 所示界面。

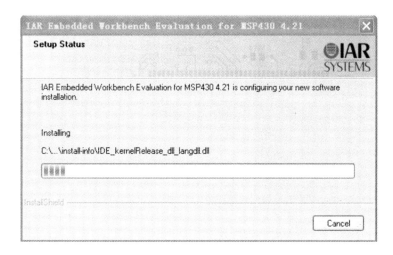

图 4 - 22　MSP IAR 安装界面(十)

等待 IAR 开发环境安装完成,安装完成后,会出现如图 4 - 23 所示界面。

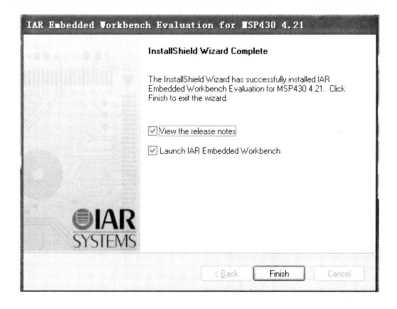

图 4 - 23　MSP IAR 安装界面(十一)

单击 Finish 按钮结束安装。

4.9　系统控制主板驱动程序安装(采用 CP2102 芯片)

系统控制主板上的 USB 接口是为了方便主板与用户 PC 之间的串口通信而设计的。由于目前大多数 PC 主板及笔记本计算机都已取消了串口,为了方便使用笔记本计算机的用户,在主板上采用了 CP2102 芯片,进行 UART 到 USB 的信号转换。

运行"配套光盘:\驱动程序\cp210x_Drivers.exe"安装文件进行安装。

安装步骤如图 4 - 24~图 4 - 28 所示。

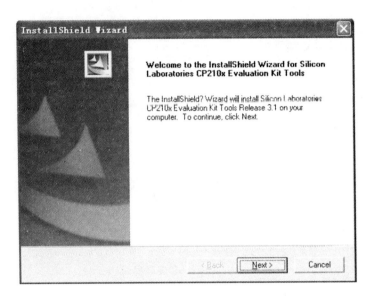

图 4 - 24　系统控制主板驱动程序安装界面(一)

单击 Next 按钮,出现如图 4 - 25 所示界面。

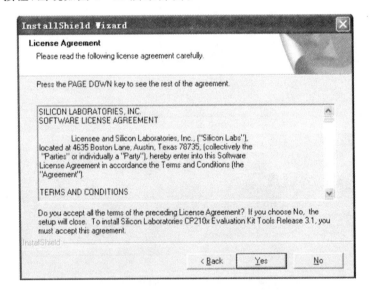

图 4 - 25　系统控制主板驱动程序安装界面(二)

单击 Yes 按钮,出现如图 4 - 26 所示界面。

可以指定安装路径,也可以使用默认安装路径,建议使用默认路径安装。

单击 Next 按钮,出现如图 4 - 27 所示界面。

安装完成后,会出现如图 4 - 28 所示界面。

单击 Finish 按钮完成安装。

将 Power Switch 开关拨到 USB 一侧,用 USB 电缆将 PC 和系统控制主板相连,系统提示发现新硬件"CP2102 USB to UART Bridge Controller"并自动安装驱动,驱动安装完成后会提示"新硬件已安装并可以使用了",如图 4 - 29 所示。

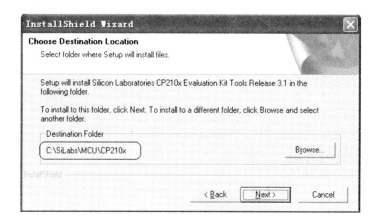

图 4 - 26　系统控制主板驱动程序安装界面(三)

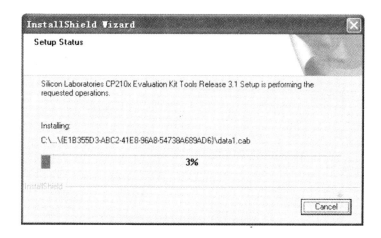

图 4 - 27　系统控制主板驱动程序安装界面(四)

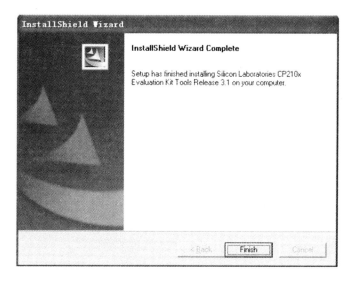

图 4 - 28　系统控制主板驱动程序安装界面(五)

至此，CP2102 的驱动就完全安装好了。

可以通过下面的方法来查看系统控制主板所占用的计算机虚拟串口端口号。

右击"我的电脑"，如图 4 – 30 所示。

图 4 – 29　系统提示　　　　　　　　图 4 – 30　打开"我的电脑"

单击"属性"，如图 4 – 31 所示。

图 4 – 31　查看属性

单击"设备管理器"按钮，弹出设备管理器窗口，如图 4 – 32 所示。

在端口（COM 和 LPT）一栏中，发现有新增加的"CP2101 USB to UART Bridge Control-ler(COM4)"这一项，则表示控制主板和计算机已经连接成功，控制主板占用此计算机串口 4。

注意：新增的 COM 口端口号会因计算机的配置不同而不同。

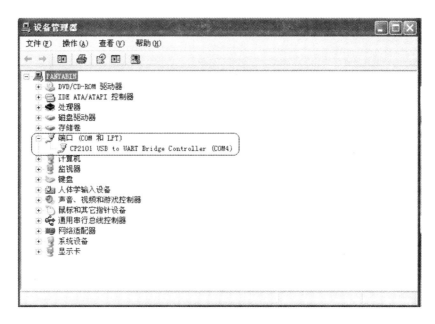

图 4 - 32　设备管理器界面

4.10　仿真器驱动程序安装

将仿真器用 USB 电缆与 PC 机连接。仿真器的驱动安装分为两步,第一步安装 MSP - FET430UIF JATG Tool 驱动;第二步安装 MSP - FET430UIF - Serial Port 驱动。

4.10.1　安装 MSP - FET430UIF JATG Tool 驱动

根据用户系统不同,当用户首次将仿真器连接到用户 PC 机时,会有以下两种情况发生。

第一种情况:Windows 操作系统将弹出"找到新的硬件向导"窗口,如图 4 - 33 所示。

图 4 - 33　仿真器安装界面(一)

请选择"从列表或指定位置安装(高级)(S)"选项,然后单击"下一步"按钮,进入如图 4-34 所示界面。

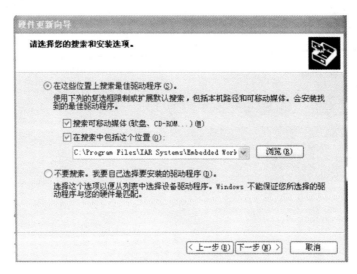

图 4-34　仿真器安装界面(二)

找到驱动的存放位置,此时应确认已经安装了 IAR for MSP430 4.21 开发环境,单击"浏览"按钮找到 TIUSBFET 的位置,如果安装 IAR 时采用的是默认安装方式,则安装位置在"C:\Program Files\IAR Systems\Embedded Workbench 5.4 Evaluation\430\drivers\TIUSBFET\WinXP"目录下,此驱动适合 Windows XP 的操作系统,也适合 Windows 2000 和 Windows Vista 的操作系统。

单击"下一步"按钮,硬件向导会提示找到合适的驱动程序,如图 4-35 所示。

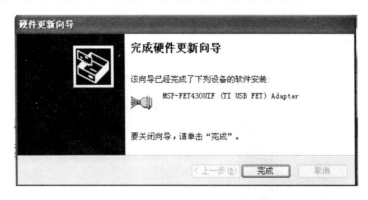

图 4-35　仿真器安装界面(三)

安装向导提示安装完成,单击"完成"按钮确定。

第二种情况:将仿真器连接到用户 PC 时,会依次弹出如图 4-36 所示的 2 个窗口。

在这种情况下,右击"我的电脑",选择"设备管理器",弹出设备管理器窗口,如图 4-37 所示。

右击系统自动安装的驱动,选择"更新驱动程序",如图 4-38 所示。

当开始更新驱动程序,会弹出如图 4-39 所示界面。

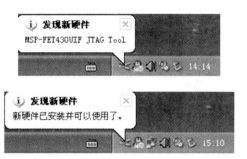

图 4 - 36 新硬件提醒

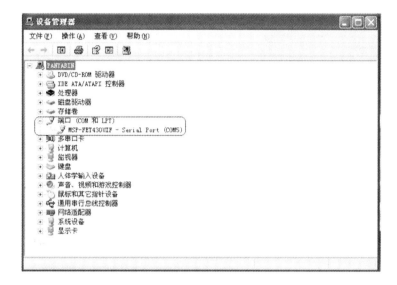

图 4 - 37 设置管理器界面

图 4 - 38 更新驱动程序

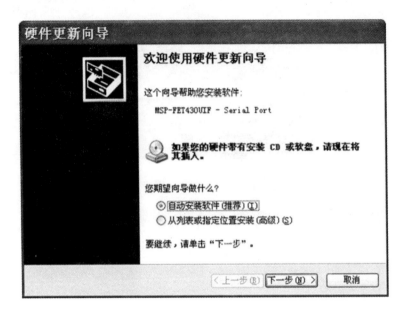

图 4 - 39　驱动更新界面(一)

请选择"从列表或指定位置安装(高级)(S)"选项,然后单击"下一步"按钮,进入如图 4 - 40 所示界面。

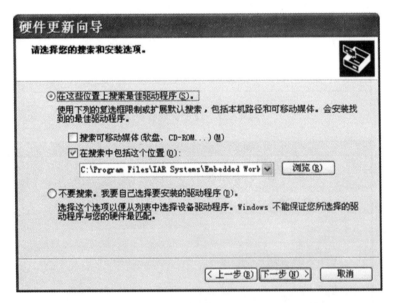

图 4 - 40　驱动更新界面(二)

选择"不要搜索,我要自己选择要安装的驱动程序"选项,出现如图 4 - 41 所示界面。

然后单击"下一步"按钮,弹出如图 4 - 42 所示界面。

单击"从磁盘安装"按钮,弹出如图 4 - 43 所示界面。

单击"浏览"按钮,指定驱动位置,如果安装 IAR 时采用默认安装方式,则指定驱动文件为 "C:\Program Files\IAR Systems\Embedded Workbench 5.4 Evaluation\430\drivers\TIUS-BFET\WinXP\umpusbXP.inf"。单击"确定"按钮,再单击"下一步"按钮进行安装。

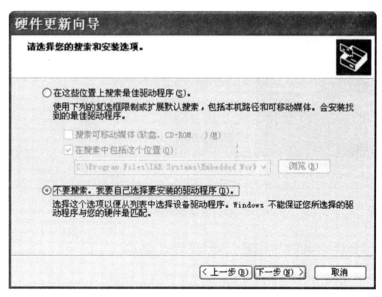

图 4 - 41　驱动更新界面(三)

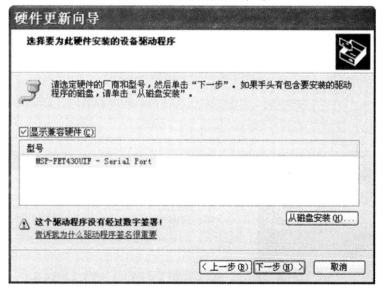

图 4 - 42　驱动更新界面(四)

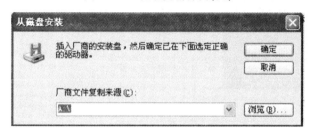

图 4 - 43　驱动更新界面(五)

安装完成后,弹出如图 4 - 44 所示界面。

安装向导提示安装完成,单击"完成"按钮确定。

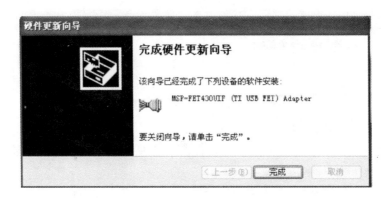

图 4 - 44　驱动更新界面(六)

4.10.2　安装 MSP - FET430UIF - Serial Port 驱动

在 MSP - FET430UIF JATG Tool 驱动程序安装完成后,Windows 会自动识别另一个硬件"MSP - FET430UIF - Serial Port",即为 MSP - FET430UIF JATG,如图 4 - 45 所示。

图 4 - 45　发现硬件 MSP - FET430UIF JATG

接着弹出"找到新的硬件向导"窗口,如图 4 - 46 所示。

图 4 - 46　安装 MSP - FET430UIF JATG 硬件(一)

请选择"自动安装软件(推荐)(I)"选项,并单击"下一步"按钮,进入如图 4 - 47 所示界面。安装向导提示安装完成,单击"完成"按钮确定。

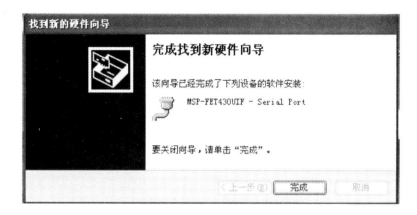

图 4 - 47　安装 MSP - FET430UIF JATG 硬件(二)

至此,仿真器驱动程序已经完全安装成功。

这时在设备管理器的端口和多串口卡里都会出现 MSP - FET430UIF…,且前面没有感叹号,表示驱动安装成功,仿真器可以使用了,如图 4 - 48 所示。

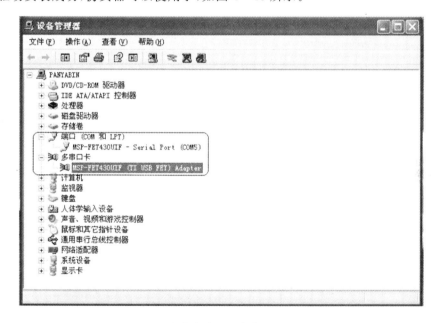

图 4 - 48　安装成功后设备管理器显示界面

4.11　IAR for MSP430 开发环境下 TIUSBFET 口的选择

打开 IAR 工程,如图 4 - 49 所示。

右击项目名称,在弹出的菜单中单击 Option 选项,如图 4 - 50 所示界面。

单击 Option 选项后弹出如图 4 - 51 所示界面。

选择 Category 列表中的 Debugger 选项,选择 Setup 选项卡,在 Driver 的下拉列表中选择 FET Debugger,如图 4 - 52 所示。

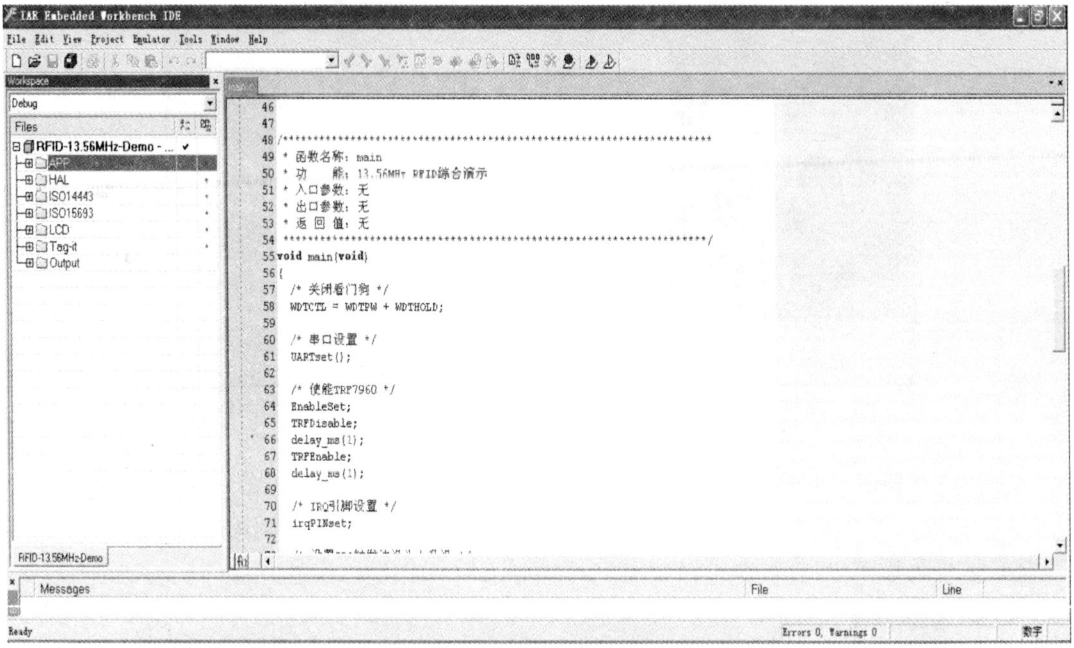

图 4 - 49　IAR 界面

图 4 - 50　单击 Option 选项

选择 Category 列表中的 FET Debugger 选项,选择 Setup 选项卡,在 Connection 的两个下拉列表中分别选择 Texas Instrument USB - IF 和 Automatic 选项,Target VCC 是仿真器的输出电压值(1.8～4 V),请根据需要进行设置,如图 4 - 53 所示。

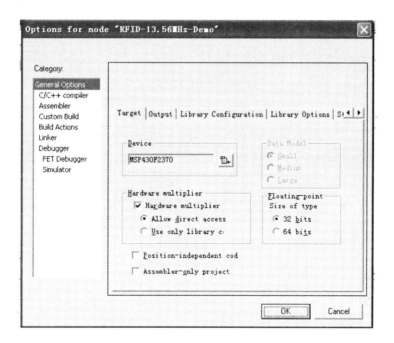

图 4 - 51　Option 选项界面

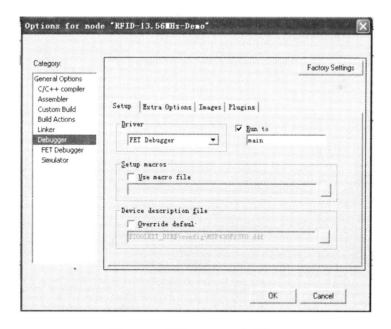

图 4 - 52　设置 Debugger 选项界面

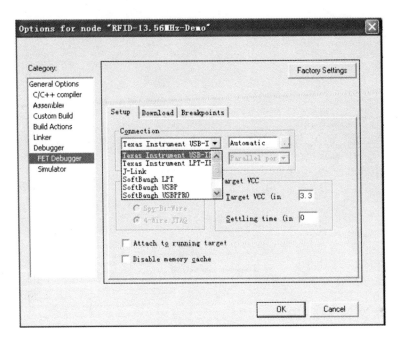

图 4 - 53　设置 FET Debugger 选项界面

第 5 章　无线射频识别技术实验

5.1　在 IAR 开发环境下对 MSP430 进行程序仿真和固化

1. 实验目的

通过本实验的学习,使用户熟悉如何使用 IAR Embedded Workbench for MSP430 4.21 软件开发环境来打开一个工程,并将程序下载固化到系统控制底板上的 MSP430F2370 里面。本实验以 125 kHz 低频 RFID 为例。

2. 实验条件

实验应具备的硬件条件:
- AEI - 510 系统主板 1 个;
- MSP430 仿真器 1 个;
- USB 电缆 2 条。

3. 实验步骤

① 运行 IAR 开发环境。运行"开始"→"程序"→IAR Systems→IAREmbedded Workbench for MSP430 4.21→IAR Embedded Workbench,打开 IAR 开发环境,如图 5 - 1 所示。

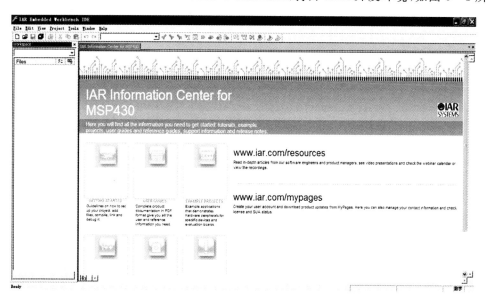

图 5 - 1　打开 IAR 开发环境

② 打开一个已经建立好的工程,有两种方法:

方法一:选择 File→Open→Workspace 选项,如图 5 - 2 所示。

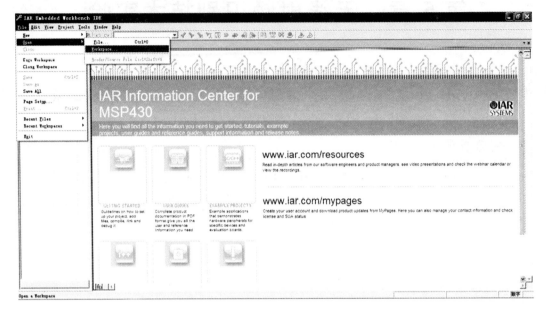

图 5 - 2　打开 Workspace 界面(一)

接着弹出如图 5 - 3 所示窗口。

图 5 - 3　打开 Workspace 界面(二)

　　选择要打开的工程,如 RFID - 125 kHz - Demo. eww,该工程位于"配套光盘\下位机代码\
RFID - 125 kHz - Demo"文件夹里,如图 5 - 4 所示。

　　单击"打开"按钮,出现如图 5 - 5 所示窗口。

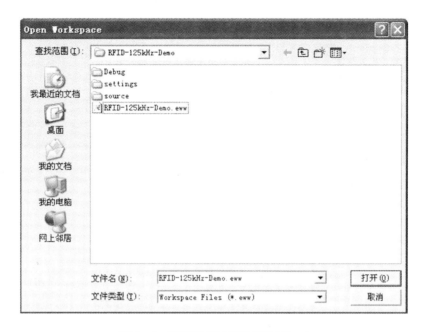

图 5 - 4　选择要打开的工程界面(一)

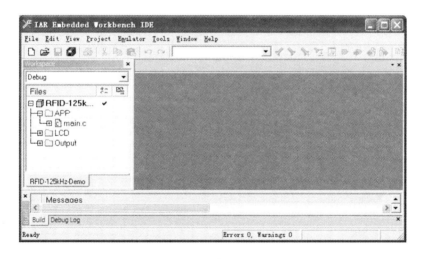

图 5 - 5　工程界面显示(一)

方法二:单击工具栏上的 图标,弹出如图 5 - 6 所示窗口。

在文件的下拉列表中,选择 Workspace Files(∗ . eww),出现如图 5 - 7 所示界面。

选择好要打开的文件类型后,会发现文件列表框里多出了 RFID - 125 kHz - Demo. eww 工程文件,如图 5 - 8 所示,选择该工程,并单击"打开"按钮出现如图 5 - 9 所示窗口。

查看主程序代码。单击工程文件列表里 APP 前面的 号,展开 APP 下的文件,双击 APP 文件夹下的 main. c 文件,即可查看 main. c 的主程序源代码。如图 5 - 10 所示。

下载程序到控制主板上的 MSP430F2370 里面。

- 请用 USB 线或 5 V 电源给系统控制主板供电。如果是用 USB 线供电,请将 Power Switch 的拨码开关拨到 USB 口一侧;如果使用 5 V DC 供电,请将 Power Switch 的拨

图 5 - 6　选择要打开的工程界面(二)

图 5 - 7　选择要打开的工程界面(三)

码开关拨到 DC 口一侧。

● 请用 14 PIN JTAG 线将 MSP430 仿真器和系统控制主板连接。

图 5 - 8　选择要打开的工程界面(四)

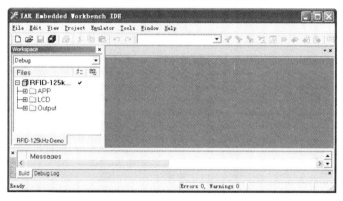

图 5 - 9　工程界面显示(二)

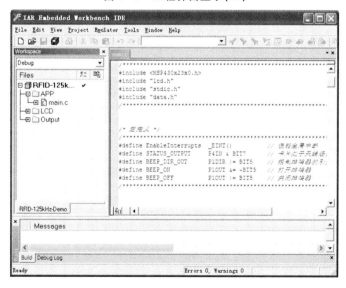

图 5 - 10　main. c 的主程序源代码

- 请用 USB 线将 PC 机和 MSP430 仿真器连接。
- 等待 MSP430 仿真器上的绿灯点亮。
- 单击 IAR 开发环境上的 按钮或直接按下"Ctrl＋D"组合键,将程序下载固化到 MSP430F2370 芯片里面。

程序下载完成后,自动跳入 IAR 开发环境,如图 5－11 所示。

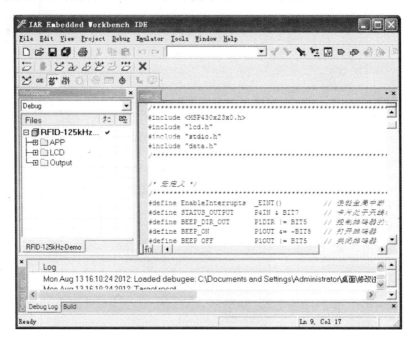

图 5－11　程序烧写完成界面

可以发现,在 IAR 环境里多了工具按钮 。
可以使用调试工具栏对程序进行下面多种方式的调试。

:复位;

:每步执行一个函数调用;

:进入内部函数或子程序;

:从内部函数或子程序跳出;

:每次执行一个语句;

:运行到光标处;

:全速运行;

:停止调试。

③ 运行程序。单击 IAR 开发环境里的 按钮或直接按下系统控制主板上的复位按键 RESET 即可运行刚才下载到系统主控板上的程序。

5.2　125 kHz LF RFID 实验

5.2.1　寻卡实验(由 MSP430F2370 控制)

1. 实验目的

通过 MSP430F2370 对 RFID‑125 kHz‑Reader 进行控制,读取在读卡区域内的 ID 卡。

2. 实验条件

- AEI‑510 系统控制主板 1 个;
- RFID‑125 kHz‑Reader 读卡器模块 1 个;
- 125 kHz 卡片 2 张;
- MSP430 仿真器 1 个;
- USB 电缆 2 条。

3. 实验步骤

① 将 RFID‑125 kHz‑Reader 模块正确安装在系统控制主板的 PI 插座上。

② 将系统控制主板上的拨码开关座 J102 和 J105 全部拨到 ON 挡,其他 4 个拨码开关座全部拨到 OFF 挡。

③ 给系统控制主板供电(USB 供电或者 5 V DC 供电)。

④ 用 MSP430 仿真器将系统控制主板和 PC 连接,按照 5.1 节所述方法和步骤用 IAR 开发环境打开位于"配套光盘\下位机代码\ RFID‑125 kHz‑Demo"文件夹下的 RFID‑125 kHz‑Demo.eww 工程,并将工程下载到系统控制主板上。

⑤ 按下系统控制主板上的复位键 RESET。可以观察到系统控制主板的 LCD 上显示如下:

```
   RFID‑125 kHz‑Demo
Card ID:
Count:

Put card in the field
Of antenna radiancy!
```

⑥ 将一张 125 kHz ID 卡放在 125 kHz RFID 天线范围内,当 RFID‑125 kHz‑Reader 读卡器读取到卡片时,RFID‑125 kHz‑Reader 读卡器上的绿灯会点亮,系统控制主板上的蜂鸣器会蜂鸣,液晶上显示所读取的 125 kHz ID 卡的卡号和累计读卡次数,显示如下:

```
        RFID – 125 kHz – Demo


Card ID:000393408

Count:0000000001


Detect Card Success!
```

⑦ 将卡片从 125 kHz RFID 天线区域内拿开,RFID – 125 kHz – Reader 读卡器上的绿灯熄灭,蜂鸣器停止蜂鸣,控制主板上的液晶显示如下:

```
        RFID – 125 kHz – Demo
Card ID:
Count:0000000001

Put card in the field
Of antenna radiancy!
```

⑧ 多次读取卡片,会发现液晶上的 Count 计数会依次加 1,如果按下控制主板上的复位键,Count 计数又会从 1 开始。

5.2.2　125 kHz LF RFID 寻卡实验(由 PC 控制)

1. 实验目的

通过 PC 的串口对 RFID – 125 kHz – Reader 进行控制,读取在读卡区域内的 ID 卡卡号。

2. 实验条件

- AEI – 510 系统控制主板 1 个;
- RFID – 125 kHz – Reader 读卡器模块 1 个;
- 125 kHz ID 卡片 2 张;
- USB 电缆 1 条。

3. 实验步骤

① 将 RFID – 125 kHz – Reader 模块正确安装在系统控制主板的 PI 插座上。

② 将系统控制主板上的拨码开关座 J101 和 J105 全部拨到 ON 挡,其他 4 个拨码开关座全部拨到 OFF 挡。

③ 给系统控制主板供电(USB 供电或者 5 V DC 供电),用 USB 线连接系统控制主板和 PC 机。

④ 运行 AEI – 510 RFID(125 kHz).exe 软件,如图 5 – 12 所示。

⑤ 选择系统控制主板上的串口所占用的串口号,单击"打开串口"按钮,如图 5 – 13 所示。

⑥ 将一张 125 kHz ID 卡放在 125 kHz RFID 天线范围内,当 RFID – 125 kHz – Reader 读卡器读取到卡片时,RFID – 125 kHz – Reader 读卡器上的绿灯会点亮,PC 机会发出系统声

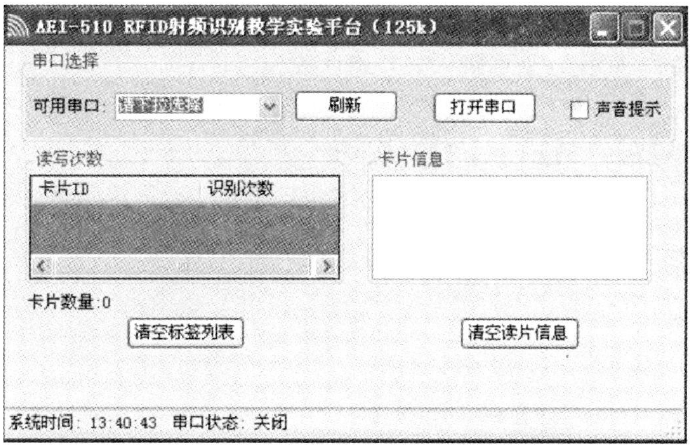

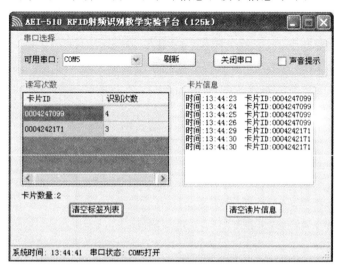

图 5 - 12　AEI - 510 RFID(125 kHz)界面

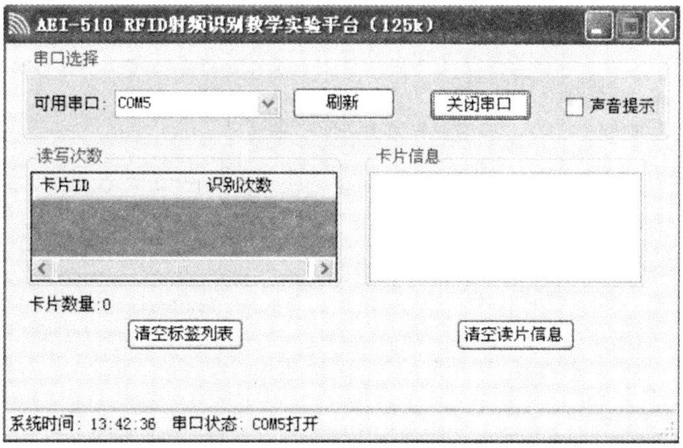

图 5 - 13　串口选择

音(**注意**:如果软件上的声音提示选项选中了则会有读卡声音,如果没有选或者用户 PC 上没有音频设备,则无读卡声音),软件上会显示卡片信息和读卡信息,如图 5 - 14 所示。

图 5 - 14　读卡成功后的信息显示

⑦ 可以通过"清空标签列表"按钮和"清空读卡信息"按钮将标签列表和信息框里的内容清空，清空标签列表后，标签数量重新从 0 开始计数。

5.3 13.56 MHz HF RFID 实验

5.3.1 脱机实验

1. 实验目的

通过 MSP430F2370 对 RFID - 13.65 MHz - Reader 上的 TRF7960 进行控制，读取在 13.56 MHz RFID 模块读卡区域内的 ISO15693、ISO14443A 或 ISO14443B 卡片。

2. 实验条件

- 系统控制主板 1 个；
- RFID - 13.56 MHz - Reader 读卡器模块 1 个；
- ISO15693 卡片 2 张；
- ISO14443A 卡片 2 张；
- MSP430 仿真器 1 个；
- USB 电缆 2 条。

3. 实验步骤

① 将 RFID - 13.56 MHz - Reader 模块正确安装在系统控制主板的插座上。

② 将系统控制主板上的拨码开关座 J101 和 J103 全部拨到 ON 挡，其他 4 个拨码开关座全部拨到 OFF 挡。

③ 给系统控制主板供电（USB 供电或者 5 V DC 供电）。

④ 用 MSP430 仿真器将系统控制主板和 PC 连接，按照第 5.1 节所述方法和步骤用 IAR 开发环境打开位于"配套光盘\下位机代码\ RFID - 13.56 MHz - Demo"文件夹下的 RFID - 13.56 MHz - Demo.eww 工程，并将工程下载到系统控制主板上。

⑤ 将 MSP430 仿真器从系统控制主板上拔掉，按下系统控制主板上的复位键 RESET。可以观察到系统控制主板的 LCD 显示如下：

```
RFID - 13.65 MHz - Demo
```

⑥ 将一张 ISO15693 协议卡片放在 13.56 MHz RFID 天线范围内，当 13.56 MHz 读卡器读取到卡片时，系统控制主板上的 ISO15693 协议指示灯蓝色 LED 灯（D105）会点亮，系统控

制主板上的蜂鸣器会蜂鸣,液晶上显示找到 ISO15693 协议卡片和该卡片的 UID 卡号,显示如下:

```
RFID - 13.65 MHz - Demo

ISO15963 Found
UID:E00700002FCFB889
```

⑦ 将 ISO15693 协议卡片从 13.56 MHz 读卡器天线区域内拿开,系统控制主板上的蓝色 LED 灯(D105)熄灭,蜂鸣器停止蜂鸣,控制主板上的液晶恢复显示如下:

```
RFID - 13.65 MHz - Demo
```

⑧ 将一张 ISO14443A 协议卡片放在 13.56 MHz 读卡器天线范围内,当 13.56 MHz 读卡器读取到卡片时,系统控制主板上的 ISO14443A 协议指示灯绿色 LED 灯(D106)会点亮,系统控制主板上的蜂鸣器会蜂鸣,液晶上显示找到 ISO14443A 协议卡片,显示如下:

```
RFID - 13.65 MHz - Demo

ISO14443A Found
```

⑨ 将 ISO14443A 协议卡片从 13.56 MHz 读卡器天线区域内拿开,系统控制主板上的绿色 LED 灯(D106)熄灭,蜂鸣器停止蜂鸣,控制主板上的液晶恢复显示如下:

```
RFID - 13.65 MHz - Demo

'
```

⑩ 将一张 ISO14443B 协议卡片(中华人民共和国第二代身份证就是 ISO14443B 协议)放在 13.56 MHz RFID 天线范围内,当 13.56 MHz 读卡器读取到卡片时,系统控制主板上的 ISO14443B 协议指示灯红色 LED 灯(D107)会点亮,系统控制主板上的蜂鸣器会蜂鸣,液晶上显示找到 ISO14443B 协议卡片,显示如下:

```
RFID - 13.65 MHz - Demo




ISO14443B Found
```

⑪ 将 ISO14443B 协议卡片从 13.56 MHz 读卡器天线区域内拿开,系统控制主板上的红色 LED 灯(D107)熄灭,蜂鸣器停止蜂鸣,控制主板上的液晶恢复显示如下:

```
RFID - 13.65 MHz - Demo



```

5.3.2　联机通信实验

1. 实验目的

通过 PC 串口和 MSP430 串口进行通信,利用上位机软件来控制 13.56 MHz HF RFID 读卡器。

2. 实验条件

- AEI - 510 系统控制主板 1 个;
- RFID - 13.56 MHz - Reader 读卡器模块 1 个;
- ISO15693 卡片 2 张;
- ISO14443A 卡片 2 张;
- MSP430 仿真器 1 个;
- USB 电缆 2 条。

3. 实验步骤

① 将 RFID - 13.56 MHz - Reader 模块正确安装在系统控制主板的插座上。
② 将系统控制主板上的拨码开关座 J101 和 J103 全部拨到 ON 挡,其他 4 个拨码开关座全部拨到 OFF 挡。
③ 给系统控制主板供电(USB 供电或者 5 V DC 供电)。
④ 用 MSP430 仿真器将系统控制主板和 PC 连接,按照第 5.1 节所述方法和步骤用 IAR 开发环境打开位于"配套光盘\下位机代码\ RFID - 13.56 MHz - Demo"文件夹下的 RFID - 13.56 MHz - Demo.eww 工程,并将工程下载到系统控制主板上(如果在前面做 13.56 MHz HF RFID 脱机实验时,已经烧写了该程序,则不需要再次烧写该程序)。

⑤ 将 MSP430 仿真器从系统控制主板上拔掉,按下系统控制主板上的复位键 RESET 可以观察到系统控制主板的 LCD 显示如下:

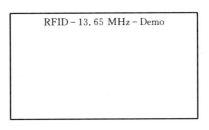

RFID - 13.65 MHz - Demo

⑥ 用 USB 线将系统控制主板和 PC 机相连(如果是采用 5 V DC 供电,请用一条 USB 线将 PC 机和系统控制主板相连,如果是采用 USB 供电则可直接通信),并安装 CP2102 驱动,如果之前已经安装,则不需要再安装驱动(CP2102 驱动安装方法请查看用户使用手册)。

⑦ 运行 AEI - 510 RFID(13.56 MHz).exe 软件,如图 5 - 15 所示。

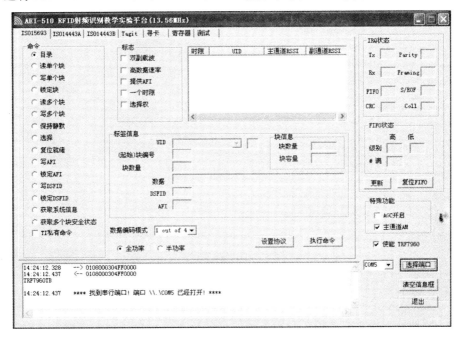

图 5 - 15　运行 AEI - 510 RFID(13.56 MHz)

⑧ 系统控制主板上的液晶显示如下,表示系统控制主板已经和 PC 机联机进行通信,此时的 13.56 MHz RFID 读卡器不再由 MSP430F2370 对其进行控制,而是由 PC 机对其进行控制。

RFID - 13.65 MHz - Demo

Connected to PC...

⑨ 此时,就可以进行后续的各种联机通信实验了。

5.3.3　上位机 GUI 软件介绍

13.56 MHz 上位机 GUI 软件如图 5-16 所示,窗体的每一部分都有不同的功能。通过切换选项卡可以选择各种不同的协议、寻找卡片、寄存器和测试功能。

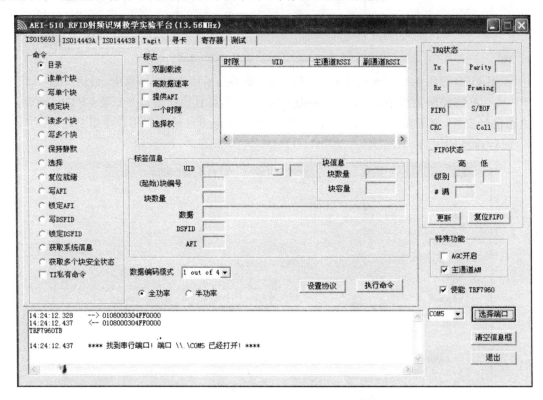

图 5-16　13.56 MHz 上位机 GUI 软件界面

1. 控制窗口

"选择端口"允许用户手动输入与主板相连接的计算机端口号,"清空信息框"按钮可以清空左侧的日志信息窗口,"退出"按钮退出软件。

2. 协议选项卡窗口

协议选项卡窗口用来在卡片协议和程序功能之间进行切换,包含以下几种协议:

- (ISO/IEC)15693——非接触式卡;
- (ISO/IEC)14443A——感应卡;
- (ISO/IEC)14443B——感应卡;
- Tag——TI 专有协议。

3. 实用选项卡窗口

- 寻卡——读取所有协议的卡片；
- 寄存器——允许用户对 TRF7960 的寄存器值进行设置；
- 测试——允许用户手动设置命令，直接对 TRF7960 进行读/写等操作。

4. 标签标志窗口

该窗口允许用户为 15693 和 Tag－it 协议设置标志。不同的命令可以配合使用不同的标志。根据所选择命令的不同，标签标志窗口会自动更新可用的标志。

5. 芯片状态窗口

该窗口显示 TRF7960 的状态。

6. 命令（请求）窗口

该窗口显示每种协议可用的命令。

7. 日志信息窗口

日志信息窗口显示 PC 机和控制主板之间的所有通信帧以及标签的响应。标签的响应（寄存器内容）总是在"[]"里，用来区别主机到阅读器之间的数据交换。这些信息也会被存储在 CHH－IOT－R GUI(13.56 MHz RFID).log 文件里，可以通过记事本等文本编辑器来打开。

```
14:28:49.406    --> 010B0003041406011000000
14:28:49.609    <-- 010B0003041406011000000
ISO 15693 Inventory request.
[, 40]
[, 40]
[, 40]
```

图 5－17　日志信息窗口

8. 标签信息窗口

用户可以在标签信息窗口里输入地址块、数据、数据位和其他某些特定命令要求的信息。勾选标签标志窗口里不同的标签标志，可以激活相应的数据输入域。

注意：标签信息窗口的某些标签信息以灰色底纹显示。这些以灰色底纹显示的数据是从标签读取的并且以一定格式显示是不能被改变的。

9. 标签列表和 RSSI 窗口

RSSI 窗口显示时隙号、UID 和标签的 RSSI 值。如果发生了冲突，阅读器会执行第二个防冲突过程，时隙号后面就会增加一个额外的字符来区分：

A＝第二个防冲突过程；

B＝第三个防冲突过程；

⋮

以此类推。

主通道作为主要通道,副通道作为辅助通道,RSSI 的最大值是 7,最小值是 0。相应的 RSSI 值取决于系统设计(天线＋阅读器),根据接收质量的不同 RSSI 水平也不同。具体的 RSSI 级别所对应的输入电压请参看产品数据手册。

10. 特殊功能窗口

特殊功能,包括 AGC 打开/关闭,主通道 AM 选择和使能/禁止 TRF7960。掉电复位(POR)后 AGC 处于关闭状态,如果需要(特别是在干扰环境下)可以将 AGC 打开。默认情况下,输入通道为 AM,如果 PM 通道的 RSSI 值比 AM 通道的 RSSI 值大,可以将输入通道选为 PM。

11. 其他功能

其他功能如下:
- 设置协议,选中哪个协议的选项卡也就是配置了程序使用所选择的协议。
- 功率控制(全功率或半功率),可以用来模拟边沿接受条件。RF 输出功率选择可以让用户在全功率(200 mW)和半功率(100 mW)之间进行切换,但是,天线匹配电路与全功率相符,如果使用半功率性能将有所下降。这是因为目前与读卡器 IC 输出相匹配的为 200 mW。(全功率的负载阻抗为 4 W,半功率的负载阻抗为 8 W)。
- 数据编码模式,该功能为 ISO15693 协议特有。

5.3.4　ISO15693 协议联机通信实验

1. 实验目的

通过 PC 串口对 MSP430F2370 进行控制,进而对 TRF7960 13.56 MHz RFID 进行控制,对 ISO15693 协议卡片进行读/写等相关操作。

2. 实验条件

- AEI-510 系统控制主板 1 个;
- RFID-13.56 MHz-Reader 读卡器模块 1 个;
- ISO15693 卡片 2 张;
- USB 电缆 2 条。

3. 实验步骤

(1) 联　机

本实验在 13.56 MHz HF RFID 脱机实验的基础上进行,请保证 PC 机和系统控制主板已经成功连接。选择正确的端口号。单击"选择端口"按钮,建立连接关系。

在左下角的日志信息窗口中,出现以下信息:

13:10:04.468 -->0108000304FF0000

13:10:04.640 <--0108000304FF0000

TRF7960TB

13:10:04.640 ＊＊＊＊ 找到串行端口！ ＊＊＊＊

说明如下：

13:10:04.468 ->0108000304FF0000 表示由主机发送至系统控制主板的数据为 0108000304ff0000，通信时间为 13:10:04.468。

13:10:04.640 <-- 0108000304FF0000 表示由系统控制主板发送给主机的回应数据为 0108000304FF0000，通信时间为 13:10:04.640。

TRF7960TB 为 RFID 读卡器的板类型。

注意：如连接不成功，找不到串行端口，请确认虚拟串口是否选择正确；MSP430F2370 微控制器程序是否烧写正确。

(2) 设置 ISO15693 协议

成功联机后（信息框显示找到串行端口！），在标志窗口勾选"高数据速率"标志，数据编码模式选择"1 out of 4"，选择"全功率"。单击"设置协议"按钮，进行 ISO15693 协议设置。ISO15693 协议设置命令实际上发送了 3 条命令（寄存器写，设置 AGC，设置接收器模式 AM/PM）。

第一条命令：寄存器写，格式如下，具体含义如表 5-1 所列。

01 0C 00 03 04 10 00 21 01 02 00 00（命令指令是连续的，为了区别，每 2 位中间加了空格，下同）

表 5-1　寄存器写(一)

字　段	内　容	意　义
SOF	01	帧起始
数据包长度	0C	数据包长度＝12 B
常量	00	—
起始数据荷载	03 04	起始数据载荷
固件命令	10	寄存器写
寄存器 00	00 21	对寄存器 00（芯片状态控制寄存器）写入 21（RF 输出有效，＋5VDC）
寄存器 01	01 02	对寄存器 01（ISO 控制寄存器）写入 02（设置 ISO15693 协议的高位比特率，26.48 kbit/s，单载波，1 out of 4）
EOF	00 00	帧结束

第二条命令：设置 AGC，格式如下，具体含义如表 5-2 所列。

01 09 00 03 04 F0 00 00 00

表 5-2　设置 AGC(一)

字　段	内　容	意　义
SOF	01	帧起始
数据包长度	09	数据包长度＝9 B

续表 5 - 2

字　段	内　容	意　义
常量	00	—
起始数据载荷	03 04	起始数据载荷
固件命令	F0	AGC 切换
AGC 关闭	00	AGC 打开＝FF
EOF	00 00	帧结束

第三条命令：设置接收器模式，格式如下，具体含义如表 5 - 3 所列。

01 09 00 03 04 F1 FF 00 00

表 5 - 3　设置接收器模式（一）

字　段	内　容	意　义
SOF	01	帧起始
数据包长度	09	数据包长度＝9 B
常量	00	—
起始数据载荷	03 04	起始数据载荷
固件命令	F1	AM/PM 切换
AGC 关闭	FF	FF＝AM,00＝PM
EOF	00 00	帧结束

单击"设置协议"按钮后，PC 主机向系统控制主板发送 3 条命令，系统控制主板接收并正确返回下面三条命令，表示 ISO15693 协议通信参数设置成功。

13:42:22.890 --> 010C00030410002101020000

13:42:23.015 <-- 010C00030410002101020000

Register write request.

13:42:23.015 --> 0109000304F0000000

13:42:23.125 <-- 0109000304F0000000

13:42:23.125 --> 0109000304F1FF0000

13:42:23.235 <-- 0109000304F1FF0000

(3) 目录（寻卡）

目录命令用来获取在读卡区域内的 ISO15693 卡片的唯一 ID 号（UID）。ISO15693 卡片的寻卡方式有两种：16 时隙寻卡和一个时隙寻卡。一个时隙寻卡请求允许在读卡区域内的所有应答器对寻卡请求进行响应。如果在读卡区域内有多张卡存在，对一个时隙寻卡请求就会导致数据碰撞。而采用 16 时隙寻卡序列就可以减少数据碰撞的可能性，16 时隙寻卡序列强制在读卡区域内 UID 号一致的应答器应 16 时隙中的一个。要执行 16 时隙寻卡序列，时隙标记/帧结束请求需要与该命令一起使用。在一个时隙序列内出现的任何碰撞都可以通过使用与 ISO15693 标准中规定的防碰撞码算法来进行仲裁。

1) 寻找单张卡片

寻找单张卡片的方法有两种：16 时隙寻卡和一个时隙寻卡，推荐使用 16 时隙寻卡方法。

方法一：使用 16 时隙寻卡。用户应当按照以下步骤进行：

- 在命令窗口选择"目录"按钮；
- 在标志窗口勾选"高数据速率"标志，数据编码模式选择"1 out of 4"，"全功率"；
- 单击"设置协议"按钮（如果在 5.3.2 小节已经设置，则不需要再设置协议）；
- 将一张 ISO15693 协议卡片放置在 13.56 MHz RFID 读卡范围内；
- 单击"执行命令"按钮。

目录（寻卡）请求数据包格式如下，具体含义如表 5-4 所列。

01 0B 00 03 04 14 06 01 00 00 00

表 5-4　寻卡请求数据包（一）

字　段	内　容	意　义
SOF	01	帧起始
数据包长度	0B	数据包长度＝11 B
常量	00	—
起始数据载荷	03 04	起始数据载荷
固件命令	14	目录（寻卡）请求
标志	06	高数据速率＝1
防碰撞命令	01	—
掩码长度	00	—
EOF	00 00	帧结束

GUI 软件日志信息窗口里标签对目录（寻卡）命令的响应

读卡器/标签（0～15 时隙）的响应如下：

［＜存在的标签响应＞，RSSI 寄存器值］

例如：

14:01:20.859　--> 010B0003041406010000000

14:01:21.015　<-- 010B0003041406010000000

ISO 15693 Inventory request

［,40］　　　0♯时隙，无标签响应

［,40］　　　1♯时隙，无标签响应

［,40］　　　2♯时隙，无标签响应

［89B8CF2F000007E0,7F］　　　3♯时隙，UID:E00700002FCFBA73（此处为反相的标签 UID），RSSI 寄存器
　　　　　　　　　　　　　　　状态为 7F

［,40］　　　4♯时隙，无标签响应

［,40］　　　5♯时隙，无标签响应

［,40］　　　6♯时隙，无标签响应

［,40］　　　7♯时隙，无标签响应

［,40］　　　8♯时隙，无标签响应

［,40］　　　9♯时隙，无标签响应

［,40］　　　10♯时隙，无标签响应

［,40］　　　11♯时隙，无标签响应

［,40］　　　12♯时隙，无标签响应

[,40]	13#时隙,无标签响应
[,40]	14#时隙,无标签响应
[,40]	15#时隙,无标签响应

可以观察到 GUI 上位机软件显示如图 5-18 所示。

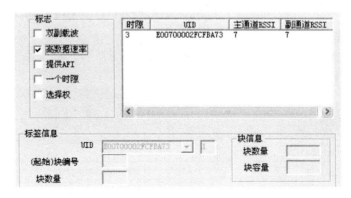

图 5-18　寻找单张卡片

这时可能会有疑问了,为什么在日志信息窗口显示的 RSSI 值是(0x7F),为什么 M.A(主通道.副通道)RSSI 值却是 77 呢?

7F=01111111,主通道的 RSSI 值是将 01111111 向右移 3 位,得到 00001111,再取右边 3位,得到 111,即也为 7。

方法二:使用一个时隙寻卡。用户应按照以下步骤进行:

● 在命令窗口选择"目录"按钮;
● 在标志窗口勾选"高数据速率"和"一个时隙",数据编码模式选择"1 out of 4","全功率";
● 单击"设置协议"按钮(如果在 5.3.2 小节已经设置,则不需要再设置协议);
● 将一张 ISO15693 协议卡片放置在 13.56 MHz RFID 读卡范围内;
● 单击"执行命令"按钮。

目录(寻卡)请求数据包格式如下,具体含义如表 5-5 所列。

01 0B 00 03 04 14 26 01 00 00 00

表 5-5　寻卡请求数据包(二)

字 段	内 容	意 义
SOF	01	帧起始
数据包长度	0B	数据包长度=11 B
常量	00	—
起始数据载荷	03 04	起始数据载荷
固件命令	14	目录(寻卡)请求
标志	26	高数据速率=1,一个时隙=1
防碰撞命令	01	
掩码长度	00	—
EOF	00 00	帧结束

GUI 软件日志信息窗口里标签对目录(寻卡)命令的响应

读卡器/标签(0~15 时隙)的响应如下：

[＜存在的标签响应＞,RSSI 寄存器值]

例如：

10:26:17.453 --> 010B000304142601000000

10:26:17.578 <-- 010B000304142601000000

ISO 15693 Inventory request

[89B8CF2F000007E0,7F]

可以观察到 GUI 上位机软件显示如图 5-19 所示。

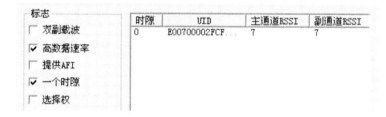

图 5-19　一个时隙寻找单张卡片

2) 寻找多张卡片

寻找多张卡片应当按照以下步骤进行：

● 在命令窗口选择"目录"按钮；

● 在标志窗口勾选"高数据速率",数据编码模式选择"1 out of 4","全功率"；

● 单击"设置协议"按钮(如果在 5.3.2 小节已经设置,则不需要再设置协议)；

● 将 2 张 ISO15693 协议卡片放置在 13.56 MHz RFID 读卡范围内；

● 单击"执行命令"按钮。

目录(寻卡)请求数据包格式如下,具体含义如表 5-4 所列。

01 0B 00 03 04 14 06 01 00 00 00

GUI 软件日志信息窗口里标签对目录(寻卡)命令的响应

读卡器/标签(0~15 时隙)的响应如下：

[＜存在的标签响应＞,RSSI 寄存器值]

例如：

10:35:28.406 --> 010B000304140601000000

10:35:28.609 <-- 010B000304140601000000

ISO 15693 Inventory request

[47B2CF2F000007E0,7C]　　　0♯时隙,UID:E00700002FCFB620(此处为反相的标签 UID),RSSI 寄存器
　　　　　　　　　　　　　　状态为 7C

[,40]　　　1♯时隙,无标签响应

[,40]　　　2♯时隙,无标签响应

[47B2CF2F000007E0,7F]　　　3♯时隙,UID:E00700002FCFBA73(此处为反相的标签 UID),RSSI 寄存器
　　　　　　　　　　　　　　状态为 7F

[,40]　　　4♯时隙,无标签响应

［，40］	5♯时隙，无标签响应
［，40］	6♯时隙，无标签响应
［，40］	7♯时隙，无标签响应
［，40］	8♯时隙，无标签响应
［，40］	9♯时隙，无标签响应
［，40］	10♯时隙，无标签响应
［，40］	11♯时隙，无标签响应
［，40］	12♯时隙，无标签响应
［，40］	13♯时隙，无标签响应
［，40］	14♯时隙，无标签响应
［，40］	15♯时隙，无标签响应

可以观察到 GUI 上位机软件显示如图 5-20 所示。

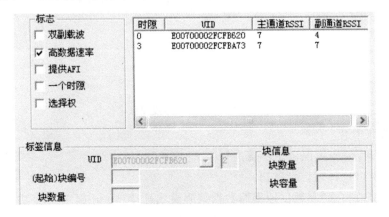

图 5-20　寻找多张卡片

从图 5-20 可以看出，在标签列表窗口里显示了被检测到的 2 张 ISO15693 协议卡片的 UID 值及对应的时隙号和 RSSI 值。标签信息串口显示数量为 2。

（4）读单个块

读单个块命令可以从响应的标签中获得一个存储块的数据。除了块数据，还可以得到块安全状态字节。该字节表示指定块的写保护状态（例如：未锁定，（用户/工厂）锁定等）。

1）单张卡片读单个块

要执行读单张卡片单个块操作，用户应当按照以下步骤进行：

● 按照寻找单张卡片的方法寻找到单张卡片；

● 在命令窗口选择"读单个块"按钮，可以看到，此时标签信息窗口的"UID"和"（起始）块编号"这 2 个字段窗口都显示为白色，表示这 2 个项目可指定；

● 在标签信息窗口的（起始）块编号字段输入 2 位十六进制；

● 单击"执行命令"按钮。

读单个块的请求数据包格式如下，具体含义如表 5-6 所列。

01 0B 00 03 04 18 00 20 01 00 00

表 5 - 6 读单个块的请求数据包(一)

字 段	内 容	意 义
SOF	01	帧起始
数据包长度	0B	数据包长度=11 B
常量	00	—
起始数据载荷	03 04	起始数据载荷
固件命令	18	目录(寻卡)请求
标志	00	高数据速率=1,一个时隙=1
读单个块命令	20	—
选择要读取的块号	01	注意:读取块号 01,实际是♯2 块
EOF	00 00	帧结束

GUI 软件日志信息窗口里标签对读单个块命令的响应

请求模式

[0011111111]

例如:

11:09:16.625 --> 010B0003041800200010000

11:09:16.796 <-- 010B0003041800200010000

Request mode

[0011111111] 00 表示无标签错误,11111111 为卡片♯2 的数据,32 位

可以观察到 GUI 上位机软件显示如图 5 - 21 所示。

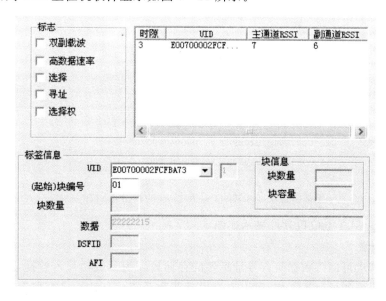

图 5 - 21 单张卡片读单个块

2) 多张卡片读单个块

要执行读多张卡片单个块操作,用户应当按照以下步骤进行:

- 按照寻找多张卡片的方法寻找到多张卡片；
- 在命令窗口选择"读单个块"按钮，可以看到，此时标签信息窗口的"UID"和"（起始）块编号"这 2 个字段窗口都显示为白色，表示这 2 个项目可指定；
- 在 UID 窗口的下拉列表中选择需要读取数据的卡片；
- 在标签信息窗口的（起始）块编号字段输入 2 位十六进制；
- 在标志窗口勾选"寻址"标志；
- 单击"执行命令"按钮。

读单个块的请求数据包格式如下，具体含义如表 5-7 所列。

01 13 00 03 04 18 20 20 89B8CF2F000007E0 02 00 00

表 5-7　读单个块的请求数据包（二）

字　段	内　容	意　义
SOF	01	帧起始
数据包长度	13	数据包长度＝19 B
常量	00	—
起始数据载荷	03 04	起始数据载荷
固件命令	18	目录（寻卡）请求
标志	20	寻址标志＝1；高数据速率标志＝0
读单个块命令	20	—
UID 号	89B8CF2F000007E0	要读取的 ISO15693 协议卡片的 UID 号
选择要读取的块号	02	注意：读取块号 02，实际是＃3 块
EOF	00 00	帧结束

表 5-7 中的 89B8CF2F000007E0 为反向的标签 UID。

GUI 软件日志信息窗口里标签对读单个块命令的响应

请求模式

[00000000000]

例如：

```
11:39:07.937 --> 0113000304182020 89B8CF2F000007E0 0020000
11:39:08.109 <-- 0113000304182020 89B8CF2F000007E0 0020000
Request mode
```

[0000000000] 00 表示无标签错误，00000000 为卡片＃3 的数据，32 位

可以观察到 GUI 上位机软件显示如图 5-22 所示。

（5）写单个块

写单个块请求可以将数据写入寻址标签的存储块。为了成功写入数据，主机必须知道标签存储块的大小。如果标签支持，可以通过发送获取系统信息请求来获取存储块的大小。来自 TRF7960 的损坏或不足的响应并不一定表示执行写操作失败。此外，多个转换器可以处理一个非寻址请求。

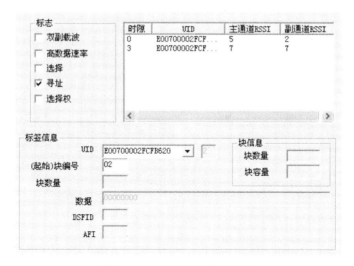

图 5 - 22　多张卡片读单个块

1）单张卡片写单个块

要执行单张卡片写单个块操作，用户应当按照以下步骤进行：

- 按照寻找单张卡片的方法寻找到单张卡片；
- 在命令窗口选择"读单个块"按钮，可以看到，此时标签信息窗口的"UID"和"（起始）块编号"这 2 个字段窗口都显示为白色，表示这 2 个项目可指定；
- 在标签信息窗口的（起始）块编号字段输入 2 位十六进制；
- 在标签信息窗口的数据字段输入要写入的 8 位十六进制数据；
- 在标志窗口勾选"选择权"；
- 单击"执行命令"按钮。

注意：ISO15693 定义了选择权标志（位 7）必须为 1，卡片才能对写和锁定命令做出相应的反应。

读单个块的请求数据包格式如下，具体含义如表 5 - 8 所列。

01 0F 00 03 04 18 40 21 02 11 11 11 11 00 00

表 5 - 8　写单个块的请求数据包（一）

字　段	内　容	意　义
SOF	01	帧起始
数据包长度	0F	数据包长度＝15 B
常量	00	—
起始数据载荷	03 04	起始数据载荷
固件命令	18	请求模式
标志	40	选择权标志＝1；高数据率标志＝0
写单个块命令	21	写单个块命令
选择要读取的块号	02	注意：读取块号 02，实际是 #3 块
块数据	11 11 11 11	32 位
EOF	00 00	帧结束

GUI 软件日志信息窗口里标签对读单个块命令的响应

请求模式

[00]

例如:

11:55:31.562 --->010F000304184021021111111110000

11:55:31.750 <- - 010F000304184021021111111110000

Request mode

[00] 无标签错误

本例中,就是向 02 地址块(♯3)中写入数据 11111111,系统控制主板返回 00,表示操作成功执行,可以观察到 GUI 上位机软件显示如图 5-23 所示。

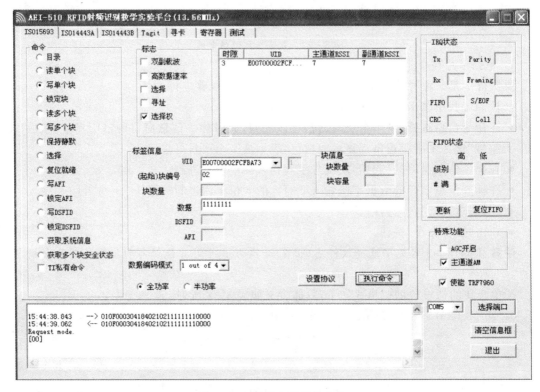

图 5-23　单张卡片写单个块

2) 多张卡片写单个块

要执行多张卡片写单个块操作,用户应当按照以下步骤进行:

● 按照寻找多张卡片的方法寻找到多张卡片;

● 在命令窗口选择"读单个块"按钮,可以看到,此时标签信息窗口的"UID"和"(起始)块编号"这 2 个字段窗口都显示为白色,表示这 2 个项目可指定;

● 在 UID 窗口的下拉列表中选择一张卡片;

● 在标签信息窗口的(起始)块编号字段输入 2 位十六进制;

● 在标签信息窗口的数据字段输入要写入的 8 位十六进制数据;

● 在标志窗口勾选"选择权"和"寻址";

● 单击"执行命令"按钮。

注意:ISO15693 定义了选择权标志(位 7)必须为 1,卡片才能对写和锁定命令做出相应的反应。

写单个块的请求数据包格式如下,具体含义如表 5-9 所列。

01 17 00 03 04 18 60 21 47B2CF2F000007E0 01 11 11 11 11 00 00

表 5-9　写单个块的请求数据包(二)

字　段	内　容	意　义
SOF	01	帧起始
数据包长度	17	数据包长度＝23 B
常量	00	—
起始数据载荷	03 04	起始数据载荷
固件命令	18	请求模式
标志	60	寻址标志＝1;选择权标志＝1;高数据速率标志＝0
写单个块命令	21	—
UID 号	47B2CF2F000007E0	要写数据的 ISO15693 协议卡片的 UID 号
选择要读取的块号	01	注意:读取块号 01,实际是♯2 块
块数据	11 11 11 11	32 位
EOF	00 00	帧结束

GUI 软件日志信息窗口里标签对写单个块命令的响应
请求模式
[00]
例如:

13:09:06.671 --> 0117000304186021\47B2CF2F000007E0\01111111110000

13:09:06.875 <-- 0117000304186021\47B2CF2F000007E0\01111111110000

Request mode
[00] 无标签错误

本例中,就是向 UID 为 E00700002FCFB247 的 ISO15693 卡片的 01 地址块(♯2)中写入数据 11111111,系统控制主板返回 00,表示操作成功执行,可以观察到 GUI 上位机软件显示如图 5-24 所示。

(6) 锁定块

锁定块命令对寻址的标签的一个存储块进行写保护。来自 TRF7960 的损坏或不足的响应并不一定表示执行锁定操作失败。此外,多个转换器可以处理一个非寻址请求。

注意:该命令为永久性锁定块命令,用户若使用该命令锁定某个块后,该块的写入操作将永久性失效。请用户谨慎使用该命令!

1) 单张卡片锁定块
要执行单张卡片锁定单个块操作,用户应当按照以下步骤进行:
● 按照寻找单张卡片的方法寻找到单张卡片;

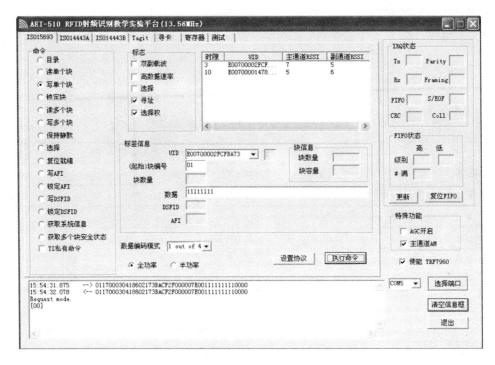

图 5-24 多张卡片写单个块

- 在命令窗口选择"锁定块"按钮,可以看到,此时标签信息窗口的"UID"和"(起始)块编号"这 2 个字段窗口都显示为白色,表示这 2 个项目可指定;
- 在标签信息窗口的(起始)块编号字段输入为 2 位十六进制;
- 在标志窗口勾选"选择权";
- 单击"执行命令"按钮。

注意: ISO15693 定义了选择权标志(位 7)必须为 1,卡片才能对写和锁定命令做出相应的反应。

锁定块的请求数据包格式如下,具体含义如表 5-10 所列。

01 0B 00 03 04 18 40 22 18 00 00

表 5-10 锁定块的请求数据包(一)

字　　段	内　　容	意　　义
SOF	01	帧起始
数据包长度	0B	数据包长度=11 B
常量	00	——
起始数据载荷	03 04	起始数据载荷
固件命令	18	请求模式
标志	40	选择权标志=1;高速数据速率标志=0
锁定块命令	22	锁定块命令(用于永久锁定一个选择的块)
选择要锁定的块号	18	注意:锁定块号 18,实际是 19 块
EOF	00 00	帧结束

GUI 软件日志信息窗口里标签对锁定块命令的响应

请求模式

[]　无标签响应

例如:

13:34:06:375 --> 010B000304184022180000

13:34:06:562 <-- 010B000304184022180000

Request mode.

[]　无标签响应

可以观察到 GUI 上位机软件显示如图 5-25 所示。

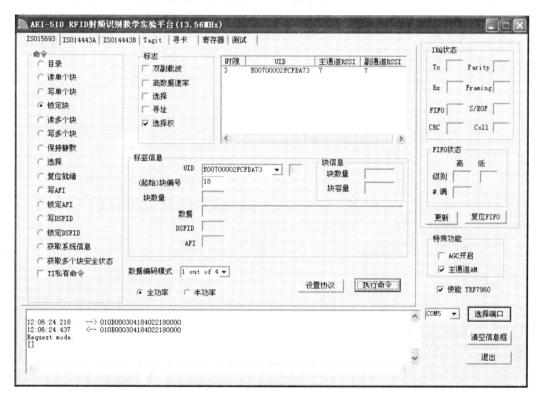

图 5-25　单张卡片锁定块

2) 多张卡片锁定块

要执行多张卡片锁定单个块操作,用户应当按照以下步骤进行:

● 按照寻找多张卡片的方法寻找到多张卡片;

● 在命令窗口选择"写单个块"按钮,可以看到,此时标签信息窗口的"UID"和"(起始)块编号"这 2 个字段窗口都显示白色,表示这 2 个项目可指定;

● 在 UID 窗口的下拉列表中选择需要一张卡片;

● 在标签信息窗口的(起始)块编号字段输入 2 位十六进制;

● 在标签窗口勾选"选择权"和"寻址";

● 单击"执行命令"按钮。

锁定块的请求数据包格式如下,其具体含义如表 5-11 所列。

01 13 00 03 04 18 60 22 89B8CF2F000007E0 19 00 00

表 5-11　锁定块的请求数据包(二)

字　段	内　容	意　义
SOF	01	帧起始
数据包长度	13	数据包长度=19 B
常量	00	—
起始数据载荷	03 04	起始数据载荷
固件命令	18	请求模式
标志	60	寻址地址=1;选择权标志=1;高数据速率标志=0
锁定块命令	22	锁定块命令(用于永久锁定一个选择的块)
UID 号	89B8CF2F000007E0	选定的 ISO15693 协议卡号的 UID 号
选择要锁定的块号	19	注意:锁定块号 19,实际是#20 块
EOF	00 00	帧结束

GUI 软件日志信息窗口里标签对锁定块命令的响应

请求模式

□无标签响应

例如:

13:50:01.703 --> 0113000304186022 89B8CF2F000007E0 190000

13:50:01.890 <-- 0113000304186022 89B8CF2F000007E0 190000

Request mode.

□ 无标签响应

(7) 读多个块

读多个块命令可以从响应的标签中获得多个存储块的数据。除了块数据,还可以请求每个块安全状态字节。该字节标识指定块的写保护状态(例如,未锁定,(用户/工厂)锁定等)。

1) 单张卡片读多个块

要执行单张卡片多个块操作,用户应当按照以下步骤进行:

● 按照寻找单张卡片的方法寻找到单张卡片;

● 在命令窗口选择"读多个块"按钮,可以看到,此时标签信息窗口的"UID"、"(起始)块编号"和块数量这 3 个字段窗口都显示白色,表示这 3 个项目可指定;

● 在标签信息窗口的(起始)块编号字段输入 2 位十六进制,块的编号从 00~FF(0 到 255 号块);

● 在标签信息窗口的"块数量"字段输入 2 位十六进制的要读取的块数量,请求进行读取的块的数量要比标签响应读取命令的块的数量少 1;

● 例如,"块数量"字段的值为 06,那么就会读取 7 个块,"块数量"字段的值为 00,那么就会读取 1 个块;

● 单击"执行命令"按钮。

读多个块的请求数据包格式如下,其具体含义如表 5－12 所列。

01 0C 00 03 04 18 00 23 00 02 00 00

表 5－12　读多个块的请求数据包(一)

字　段	内　容	意　义
SOF	01	帧起始
数据包长度	0C	数据包长度＝12 B
常量	00	—
起始数据载荷	03 04	起始数据载荷
固定命令	18	请求模式
标志	00	选择权模式＝0;高数据速率标志＝0
读多个块命令	23	读多个块命令
选择要读取的起始块号	00	读取的第一个块号为 00,实际是♯1 块
要读取的块的数量	02	注意:读取块的块号等于设置的读取的块数量加 1。例如,设置的读取块数量为 02,实际读取 3 个块
EOF	00 00	帧结束

GUI 软件日志信息窗口里标签对读多个块命令的响应

请求模式

[0011111111111111111111111100]

例如:

14:01:09.312　-->　010C00030418002300020000

14:01:09.453　<--　010C00030418002300020000

Request mode.

[0011111111111111111111111100]　　00 表示无标签错误,11111111 为卡片♯1 块的数据,11111111 为卡片♯2 块的数据,00111111 为卡片♯3 块的数据。

可以观察到 GUI 上位机软件显示如图 5－26 所示。

这时可能会有疑问了,为什么在日志信息窗口显示的数据为 1111111111111111111111100,而标签窗口的数据字段显示的数据为 111111111111111100111111 呢?

因为 ISO15693 协议将数据格式进行了倒序,所以为 111111111111111100111111。

2) 多张卡片读多个块

要执行多张卡片读多个块的操作,用户应当按照以下步骤进行:

● 按照寻找多张卡片的方法寻找到多张卡片;

● 在命令窗口选择"读多个块"按钮,可以看到,此时标签信息窗口的"UID"、"(起始)块编号"和块数量这 3 个字段窗口都显示白色,表示这 3 个项目可指定;

● 在 UID 窗口的下拉列表中选择需要读取块数据的卡片;

● 在标签信息窗口的(起始)块编号字段输入 2 位十六进制;

● 在标签信息窗口的"块数量"字段输入 2 位十六进制的要读取的块数量,请求进行读取的块的数量要比标签响应读取命令的块的数量少 1;

● 例如,"块数量"字段的值为 06,那么就会读取 7 个块,"块数量"字段的值为 00,那么就

图 5 - 26　单张卡片读多个块

会读取 1 个块；
- 在标志窗口勾选"寻址"；
- 单击"执行命令"按钮。

读多个块的请求数据包格式如下,其具体含义如表 5 - 13 所列。

01 04 00 03 04 18 20 23 89B8CF2F000007E0 00 02 00 00

表 5 - 13　读多个块的请求数据包(二)

字　段	内　容	意　义
SOF	01	帧起始
数据包长度	04	数据包长度＝12 B
常量	00	—
起始数据载荷	03 04	起始数据载荷
固定命令	18	请求模式
标志	20	寻址标志＝1;高数据速率标志＝0
读多个块命令	23	—
UID 号	89B8CF2F000007E0	读取的 ISO15693 协议卡片的 UID 号
选择要读取的起始块号	00	读取的第一个块号为00,实际是♯1块
要读取的块的数量	02	注意:读取块的块号等于设置的读取的块数量加1。例如,设置的读取块数量为02,实际读取 3 个块
EOF	00 00	帧结束

表 5-13 中的 89B8CF2F000007E0 为反相的标签 UID。

GUI 软件日志信息窗口里标签对读多个块命令的响应

请求模式

[00001111111111111111111111111100]

例如：

14:22:54.875 --> 011400030418202389B8CF2F000007E000020000

14:22:55.062 <-- 011400030418202389B8CF2F000007E000020000

Request mode.

[00111111111111111111111111111100]　　　00 表示无标签错误,11111111 为卡片♯1 块的数据,11111111 为
卡片♯2 块的数据,00111111 为卡片♯3 块的数据。

(8) 写多个块

写多个块请求可以将数据写入寻址标签的多个存储块。为了成功写入数据,主机必须知道标签存储块的大小。写多个块是一个可选命令,某些标签可能不支持写多个块。

1) 单张卡片写多个块

要执行单张卡片写多个块的操作,用户应当按照以下步骤进行：

● 按照寻找多张卡片的方法寻找到多张卡片；

● 在命令窗口选择"写多个块"按钮,可以看到,此时标签信息窗口的"UID"、"(起始)块编号"、"块数量"和"数据"这 4 个字段窗口都显示白色,表示这 4 个项目可指定；

● 在标签信息窗口的(起始)块编号字段输入 2 位十六进制,块的编号从 00～FF(0 到 255 号块)；

● 在标签信息窗口的"块数量"字段输入 2 位十六进制的要读取的块数量,请求进行读取的块的数量要比标签响应读取命令的块的数量少 1；

● 例如,"块数量"字段的值为 06,那么就会读取 7 个块,"块数量"字段的值为 00,那么就会读取 1 个块；

● 在标签信息窗口的数据字段输入要写入块的十六进制数据；

● 在标志窗口勾选"选择权"；

● 单击"执行命令"按钮。

注意:ISO15693 定义了选择权标志(位 7)必须为 1,卡片才能对写和锁定命令做出相应反应。

写多个块命令实际上是多次执行写单个块的请求,数据包格式如下：

01 0F 00 03 04 18 40 21 00 00 00 00 00 00 00 00　　写块 00(块♯1)

01 0F 00 03 04 18 40 21 01 22 22 22 22 00 00　　写块 01(块♯2)

01 0F 00 03 04 18 40 21 02 00 00 00 00 00 00 00　　写块 02(块♯3)

表 5-14 所列为写多个块命令的最后一次写单个块。

表 5-14　写多个块命令的最后一次写单个块

字　段	内　容	意　义
SOF	01	帧起始
数据包长度	0F	数据包长度＝15 B
常量	00	—

续表 5 - 14

字　段	内　容	意　义
起始数据载荷	03 04	起始数据载荷
固定命令	18	请求模式
标志	40	选择权标志＝1;高数据速率标志＝0
写单个块命令	21	多次执行写单个块命令
选择要写的块号	02	(起始)块编号＝00(块♯1)如图所示。 注意:写块的数量等于块的数量加1。例如,写3个块,从块00开始,首先写块00,然后写块01,最后写块02
块数据	00 00 00 00	32 位
EOF	00 00	帧结束

GUI 软件日志信息窗口里标签对写多个块命令的响应

请求模式

[00]　无标签错误

例如:

14:44:11.984　-->　010F00030418021000000000000000

14:44:12.140　<--　010F00030418021000000000000000

Request mode.

[00]　往地址块 00 上写入数据 00000000 无错误

14:44:11.984　-->　010F0003041802101222222220000

14:44:12.296　-->　010F0003041802101222222220000

Request mode.

[00]　往地址块 01 上写入数据 22222222 无错误

14:44:11.296　-->　010F00030418021020000000000000

14:44:11.453　-->　010F00030418021020000000000000

Request mode.

[00]　往地址块 02 上写入数据 00000000 无错误

单张卡片写多个块如图 5 - 27 所示。

2) 多张卡片写多个块

要执行多张卡片写多个块的操作,用户应当按照以下步骤进行:

● 按照寻找多张卡片的方法寻找到多张卡片;

● 在命令窗口选择"写多个块"按钮,可以看到,此时标签信息窗口的"UID"、"(起始)块编号"、"块数量"和"数据"这3个字段窗口都显示白色,表示这3个项目可指定;

● 在 UID 窗口的下拉列表中选择一张卡片;

● 在标签信息窗口的(起始)块编号字段输入 2 位十六进制,块的编号从 00~FF(0 到 255 号块);

● 在标签信息窗口的"块数量"字段输入 2 位十六进制的要读取的块数量,请求进行读取的块的数量要比标签响应读取命令的块的数量少 1;

● 例如,"块数量"字段的值为 06,那么就会读取 7 个块,"块数量"字段的值为 00,那么就

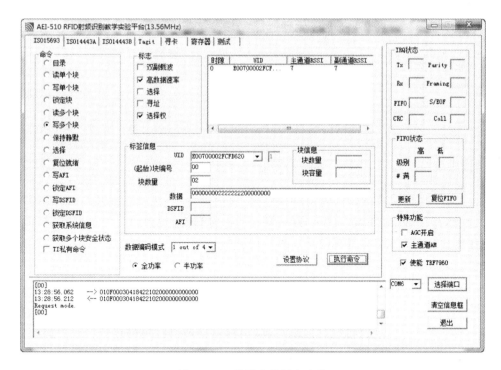

图 5 - 27　单张卡片写多个块

会读取 1 个块；

- 在标签信息窗口的数据字段输入要写入块的十六进制数据；
- 在标志窗口勾选"选择权"和"寻址"；
- 单击"执行命令"按钮。

注意：ISO15693 定义了选择权标志（位 7）必须为 1,卡片才能对写和锁定命令做出相应反应。

写多个块命令实际上是多次执行写单个块的请求,数据包格式如下：

01 0F 00 03 04 18 40 21 89B8CF2F000007E0 00 11 11 11 11 00 00　　　写块 00（块＃1）

01 0F 00 03 04 18 40 21 89B8CF2F000007E0 01 22 22 22 22 00 00　　　写块 01（块＃2）

01 0F 00 03 04 18 40 21 89B8CF2F000007E0 02 33 33 33 33 00 00　　　写块 02（块＃3）

表 5-15 所列为写多个块命令的最后一次写单个块。

表 5 - 15　写多个块命令的最后一次写单个块

字　　段	内　　容	意　　义
SOF	01	帧起始
数据包长度	0F	数据包长度＝15 B
常量	00	—
起始数据载荷	03 04	起始数据载荷
固定命令	18	请求模式
标志	40	选择权标志＝1;高数据速率标志＝0

字　段	内　容	意　义
读多个块命令	21	多次执行写单个块命令
UID 号	89B8CF2F000007E0	ISO15693 协议卡片的 UID 号
选择要写的块号	02	（起始）块编号＝00（块♯1）如图所示。 注意：写块的数量等于块的数量加1。例如，写3个块，从块00开始，首先写块00，然后写块01，最后写块02
块数据	33 33 33 33	32 位
EOF	00 00	帧结束

表 5-15 中的 89B8CF2F000007E0 为反相的标签 UID。

GUI 软件日志信息窗口里标签对读多个块命令的响应

请求模式

［00］　无标签错误

例如：

15:01:36.859 --> 0117000304186021 89B8CF2F000007E0 001111111110000

15:01:37.015 <-- 0117000304186021 89B8CF2F000007E0 001111111110000

Request mode.

［00］　往地址块 00 上写入数据 11111111 无错误

15:01:37.015 --> 0117000304186021 89B8CF2F000007E0 0012222222220000

15:01:37.171 <-- 0117000304186021 89B8CF2F000007E0 0012222222220000

Request mode.

［00］　往地址块 01 上写入数据 22222222 无错误

15:01:37.171 <-- 0117000304186021 89B8CF2F000007E0 0023333333330000

15:01:37.328 <-- 0117000304186021 89B8CF2F000007E0 0023333333330000

Request mode.

［00］　往地址块 02 上写入数据 33333333 无错误。

（9）使标签处于保持静默状态

保持静默状态命令用来使一个标签保持静默，以免标签响应任何无寻址的命令或寻卡命令。该标签只对 UID 匹配的请求进行响应。由于没有来自该标签的请求响应，所以只报告请求状态和错误。

要使一个标签保持静默，用户应当按照以下步骤进行：

- 按照寻找单张卡片或多张卡片的方法寻找到单张卡片或多张卡片；
- 在命令窗口选择"保持静默"按钮；
- 从 UID 窗口下拉列表中选择一个标签；
- 在标志窗口勾选"寻址"（**注意**：该命令不管是单张卡片存在还是多张卡片存在，都要勾选"寻址"）；
- 单击"执行命令"按钮。

该命令不再对单张或多张卡片进行命令控制区分，不论存在单张卡片还是多张卡片，均需要使用"寻址"标志，否则可能导致操作失败。

保持静默的请求数据包格式如下,具体含义如表 5 - 16 所列。
01 0A 00 03 04 18 20 02 89B8CF2F000007E0 00 00

表 5 - 16 保持静默的请求数据包

字 段	内 容	意 义
SOF	01	帧起始
数据包长度	0A	数据包长度＝18 B
常量	00	—
起始数据载荷	03 04	起始数据载荷
固件命令	18	请求模式
标志	20	寻址地址＝1;高数据速率标志＝0;选择权标志＝0
保持静默命令	02	—
UID 号	89B8CF2F000007E0	选择的 ISO15693 协议卡号 UID 号
EOF	00 00	帧结束

GUI 软件日志信息窗口里标签对静默命令的响应
请求模式
[] 无标签错误
可以观察到 GUI 上位机软件显示如图 5 - 28 所示。

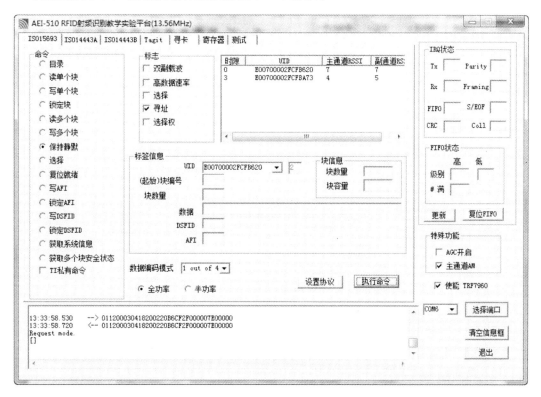

图 5 - 28 标签处于保持静默状态

操作成功后,保持卡处于天线可读区域内,再次使用目录(寻卡)命令进行寻卡操作,系统将检测不到刚才已经指定处于静默状态的卡片,则表示该静默命令成功。

(10) 使标签处于被选择状态

选择命令可以使寻址的标签处于选择状态。标签在选择状态下,可以响应 ISO15693 选择标志设置的请求。选择标志直接受控于 ISO15693 库请求信息中<IsSelectMsg>字段。当前正处于选择状态而其 UID 与请求的 UID 值不匹配的标签,就退出选择状态并进入就绪状态,但不发送应答。

要选择一个标签,用户应当按照以下步骤进行:

● 按照寻找单张卡片或多张卡片的方法寻找到单张卡片或多张卡片;

● 在命令窗口选择"选择"按钮;

● 从 UID 窗口下拉列表中选择一个标签;

● 在标志窗口勾选"寻址"(**注意**:该命令不管是单张卡片存在还是多张卡片存在,都要勾选"寻址");

● 单击"执行命令"按钮。

该命令不再对单张或多张卡片进行命令控制区分,不论存在单张卡片还是多张卡片,均需要使用"寻址"标志,否则可能导致操作失败。

选择标签的请求数据包格式如下,具体含义如表 5－17 所列。

01 12 00 03 04 18 20 25 89B8CF2F000007E0 00 00

表 5－17　选择标签的请求数据包

字　段	内　容	意　义
SOF	01	帧起始
数据包长度	12	数据包长度＝18 B
常量	00	——
起始数据载荷	03 04	起始数据载荷
固件命令	18	请求模式
标志	20	寻址地址＝1;高数据速率标志＝0;选择权标志＝0
选择命令	25	——
UID 号	89B8CF2F000007E0	选择的 ISO15693 协议卡号 UID 号(按顺序反向字节)。正确 UID 字节顺序为 E00700002FCFB889
EOF	00 00	帧结束

GUI 软件日志信息窗口里标签对选择命令的响应

请求模式

[]　　无标签错误

可以观察到 GUI 上位机软件显示如图 5－29 所示。

(11) 复位到就绪状态

复位到就绪状态命令可以让寻址的标签进入就绪状态。在该状态下,标签对 ISO15693 选择标签标志的设置请求不会响应,但是对无寻址的请求或者与它的 UID 相匹配的请求会进行响应。实际上该命令是选择命令的补充,也就是撤销选择命令。

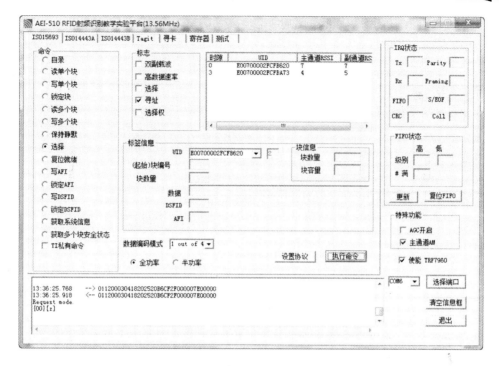

图 5 - 29　标签对于被选择状态

要复位一个标签,用户应当按照以下步骤进行:

* 按照寻找单张卡片或多张卡片的方法寻找到单张卡片或多张卡片;
* 在命令窗口选择"复位就绪"按钮;
* 从 UID 窗口下拉列表中选择一个标签;
* 在标志窗口勾选"寻址"(**注意**:如果只有一张标签存在,则可以不选择"寻址";如果有多张卡片存在,则必须选择"寻址");
* 单击"执行命令"按钮。

复位到就绪状态的请求数据包格式如下:

只有一张卡片存在,不指定"寻址"标志:01 0A 00 03 04 18 00 26 00 00,其具体含义如表 5 - 18 所列。

表 5 - 18　不指定"寻址"数据包

字　段	内　容	意　义
SOF	01	帧起始
数据包长度	0A	数据包长度＝10 B
常量	00	—
起始数据载荷	03 04	起始数据载荷
固件命令	18	请求模式
标志	00	寻址地址＝0;高数据速率标志＝0;选择权标志＝0
复位到就绪状态命令	26	—
EOF	00 00	帧结束

有多张卡片存在，指定"寻址"标志：01 12 00 03 04 18 20 26 89B8CF2F000007E0 00 00，其具体含义如表5-19所列。

表5-19　指定"寻址"数据包

字　　段	内　　容	意　　义
SOF	01	帧起始
数据包长度	12	数据包长度＝18 B
常量	00	—
起始数据载荷	03 04	起始数据载荷
固件命令	18	请求模式
标志	20	寻址地址＝1；高数据速率标志＝0；选择权标志＝0
复位到就绪状态命令	26	
UID号	89B8CF2F000007E0	选择的ISO15693协议卡
EOF	00 00	帧结束

GUI软件日志信息窗口里标签对选择命令的响应

请求模式

[] 　无标签错误

可以观察到GUI上位机软件上：只有一张卡片存在，不指定"寻址"标志，如图5-30所示；有多张卡片存在，必须选择"寻址"标志，如图5-31所示。

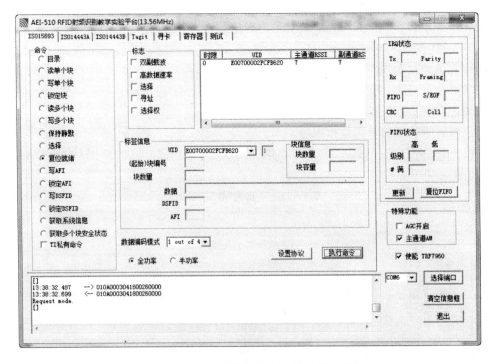

图5-30　复位到就绪状态（一张卡片存在）

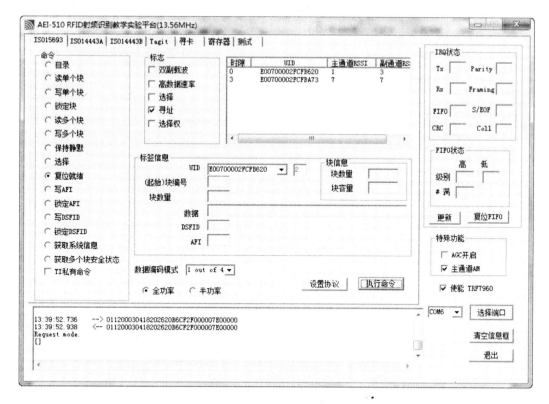

图 5 - 31　复位到就绪状态(多张卡片存在)

(12) 写 AFI(应用族识别)

写 AFI 命令将写入一个新值到寻址标签的 AFI 寄存器。来自 TRF7960 的损坏或不足的响应并不一定表示执行写操作失败。此外,多个转换器可以处理一个非寻址请求。

AFI 代表标签的应用,用于提取来自标签的符合应用条件的信息。

要写一个标签的 AFI,用户应当按照以下步骤进行:

- 按照寻找单张卡片或多张卡片的方法寻找到单张卡片或多张卡片;
- 在命令窗口选择"写 AFI"按钮,可以看到,此时标签信息窗口的"UID"和"AFI"这 2 个字段窗口都显示为白色,表示这 2 个项目可指定;
- 从 UID 窗口下拉列表中选择一个标签;
- 在标签信息窗口的 AFI 字段输入 2 位十六进制的 AFI 标志值(可参见附录 A 的 AFI 编码);
- 在标志窗口勾选"选择权";
- 单击"执行命令"按钮。

注意:ISO15693 定义了选择权标志(位 7)必须为 1,卡片才能对写和锁定命令做出相应的反应。

写 AFI 的请求数据包格式如下,具体含义如表 5 - 20 所列。

01 0B 00 03 04 18 40 27 05 00 00

表 5-20 写 AFI 的请求数据包

字 段	内 容	意 义
SOF	01	帧起始
数据包长度	0B	数据包长度=11 B
常量	00	—
起始数据载荷	03 04	起始数据载荷
固件命令	18	请求模式
标志	40	寻址标志=0;高数据速率标志=0;选择权标志=1
写 AFI 命令	27	—
AFI	05	应用族标识
EOF	00 00	帧结束

GUI 软件日志信息窗口里标签对写 AFI 命令的响应

请求模式

[00]　无标签错误

可以观察到 GUI 上位机软件显示如图 5-32 所示。

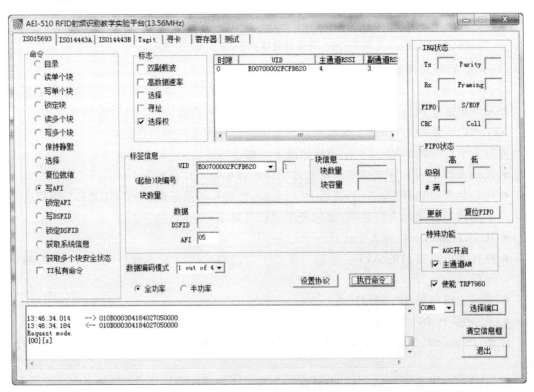

图 5-32 写 AFI(应用族识别)

(13) 锁定 AFI(应用族识别)

锁定 AFI 命令可以对寻址的标签进行 AFI 寄存器写保护。来自 TRF7960 的损坏或不足的响应并不一定表示执行写操作失败。此外,多个转换器可以处理一个非寻址请求。

　　注意:该命令为永久锁定命令,用户若使用该命令锁定 AFI 寄存器后,该寄存器的写入操作将永久性失效。请用户慎重使用该命令!

　　要锁定一个标签的 AFI,用户应当按照以下步骤进行:

- 按照寻找单张卡片或多张卡片的方法寻找到单张卡片或多张卡片;
- 在命令窗口选择"锁定 AFI"按钮;
- 从 UID 窗口下拉列表中选择一个标签;
- 在标志窗口勾选"选择权";
- 单击"执行命令"按钮。

　　注意:ISO15693 定义了选择权标志(位 7)必须为 1,卡片才能对写和锁定命令做出相应的反应。

　　锁定 AFI 的请求数据包格式如下,具体含义如表 5-21 所列。

01 0A 00 03 04 18 40 28 00 00

表 5-21　锁定 AFI 的请求数据包

字　段	内　容	意　义
SOF	01	帧起始
数据包长度	0A	数据包长度=10 B
常量	00	—
起始数据载荷	03 04	起始数据载荷
固件命令	18	请求模式
标志	40	寻址标志=0;高数据速率标志=0;选择权标志=1
锁定 AFI 命令	28	—
EOF	00 00	帧结束

GUI 软件日志信息窗口里标签对锁定 AFI 命令的响应

请求模式

[]　　无标签错误

可以观察到 GUI 上位机软件显示如图 5-33 所示。

(14) 写 DSFID(数据存储格式 ID)

　　写 DSFID(数据存储格式 ID)命令将写入一个新值到寻址标签的 DSFID 寄存器。来自 TRF7960 的损坏和不足的响应并不一定表示执行写操作失败。此外,多个转换器可以处理一个非寻址请求。

　　要写一个标签的 DSFID,用户应当按照以下步骤进行:

- 按照寻找单张卡片或多张卡片的方法寻找到单张卡片或多张卡片;
- 在命令窗口选择"写 DSFID"按钮,可以看到,此时标签信息窗口的"UID"和"DSFID"这 2 个字段窗口都显示为白色,表示这 2 个项目可指定;
- 从 UID 窗口下拉列表中选择一个标签;
- 在标签信息窗口的 DSFID 字段输入 2 位十六进制的 DSFID 值;
- 在标志窗口勾选"选择权";

图 5 – 33　锁定 AFI(应用族识别)

● 单击"执行命令"按钮。

注意:ISO15693 定义了选择权标志(位 7)必须为 1,卡片才能对写和锁定命令做出相应的反应。

写 DSFID 的请求数据包格式如下,具体含义如表 5 – 22 所列。

01 0B 00 03 04 18 40 29 03 00 00

表 5 – 22　写 DSFID 的请求数据包

字　段	内　容	意　义
SOF	01	帧起始
数据包长度	0B	数据包长度＝11 B
常量	00	—
起始数据载荷	03 04	起始数据载荷
固件命令	18	请求模式
标志	40	寻址标志＝0;高数据速率标志＝0;选择权标志＝1
写 DSFID 命令	29	—
DSFID 值	03	数据存储格式 ID
EOF	00 00	帧结束

GUI 软件日志信息窗口里标签对写 DSFID 命令的响应
请求模式

[00]　　无标签错误

可以观察到 GUI 上位机软件显示如图 5 - 34 所示。

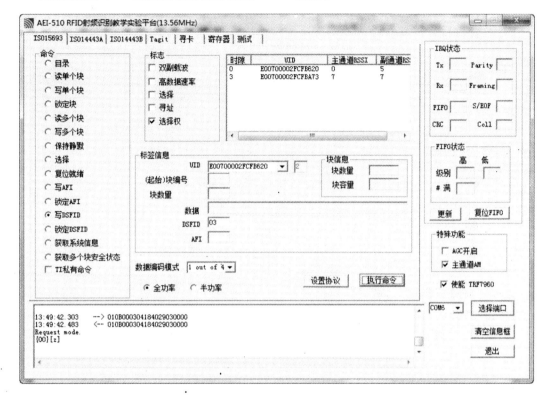

图 5 - 34　写 DSFID(数据存储格式 ID)

(15) 锁定 DSFID 命令(数据存储格式 ID)

锁定 DSFID 命令可以对寻址的标签进行 DSFID 寄存器写保护。来自 TRF7960 的损坏或不足的响应并不一定表示执行写操作失败。此外,多个转换器可以处理一个非寻址请求。

注意:该命令为永久性锁定命令,用户若使用该命令锁定 DSFID 寄存器后,该寄存器的写入操作将永久性失效。请用户慎重使用该命令!

要锁定一个标签的 DSFID,用户应当按照以下步骤进行:

● 按照寻找单张卡片或多张卡片的方法寻找到单张卡片或多张卡片;

● 在命令窗口选择"写 DSFID"按钮;

● 从 UID 窗口下拉列表中选择一个标签;

● 在标志窗口勾选"选择权";

● 单击"执行命令"按钮。

注意:ISO15693 定义了选择权标志(位 7)必须为 1,卡片才能对写和锁定命令做出相应的反应。

锁定 DSFID 的请求数据包格式如下,具体含义如表 5 - 23 所列。

01 0A 00 03 04 18 40 2A 00 00

表 5 - 23　锁定 DSFID 请求数据包

字　　段	内　　容	意　　义
SOF	01	帧起始
数据包长度	0A	数据包长度＝10 B
常量	00	—
起始数据载荷	03 04	起始数据载荷
固件命令	18	请求模式
标志	40	寻址标志＝0;高数据速率标志＝0;选择权标志＝1
锁定 DSFID 命令	2A	—
EOF	00 00	帧结束

GUI 软件日志信息窗口里标签对锁定 DSFID 命令的响应

请求模式

[ ]　　无标签错误

可以观察到 GUI 上位机软件显示如图 5 - 35 所示。

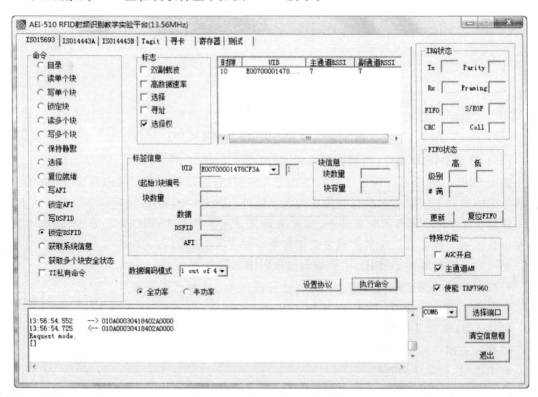

图 5 - 35　锁定 DSFID 命令(数据存储格式 ID)

(16) 获取系统信息

　　获取系统信息命令对 ISO15693 标准指定的标识符、应用族、数据格式和存储块大小进行检索(标签要支持该命令)。

　　要获取一个标签的系统信息,用户应当按照以下步骤进行:

- 按照寻找单张卡片或多张卡片的方法寻找到单张卡片或多张卡片；
- 在命令窗口选择"获取系统信息"按钮；
- 从 UID 窗口下拉列表中选择一个标签；
- 在标志窗口勾选"寻址"标志（**注意**：如果只有一张标签存在，则可以不选择"寻址"；如果有多张卡片存在，则必须选择"寻址"）；
- 单击"执行命令"按钮。

获取系统信息的请求数据包格式如下：

只有一张卡片存在，不指定"寻址"标志：01 0A 00 03 04 18 00 2B 00 00，具体含义如表 5 - 24 所列。

表 5 - 24　不指定"寻址"标志

字　　段	内　　容	意　　义
SOF	01	帧起始
数据包长度	0A	数据包长度＝10 B
常量	00	—
起始数据载荷	03 04	起始数据载荷
固件命令	18	请求模式
标志	00	寻址标志＝0；高数据速率标志＝0；可选项标志＝0
获取信息系统命令	2B	—
EOF	00 00	帧结束

有多张卡片存在，指定"寻址"标志：01 12 00 03 04 18 20 2B 89B8CF2F000007E0 00 00，具体含义如表 5 - 25 所列。

表 5 - 25　指定"寻址"标志

字　　段	内　　容	意　　义
SOF	01	帧起始
数据包长度	12	数据包长度＝18 B
常量	00	—
起始数据载荷	03 04	起始数据载荷
固件命令	18	请求模式
标志	20	寻址标志＝1；高数据速率标志＝0；可选项标志＝0
获取信息系统命令	2B	—
UID 号	89B8CF2F000007E0	选择的 ISO15693 协议卡片
EOF	00 00	帧结束

GUI 软件日志信息窗口里标签对获取系统信息命令的响应

读卡器/标签（0～15 时槽）的响应如下：

［存在的标签响应］

例如：

请求模式

[00 0F 89B8CF2F000007E0 03 03 3F 03 8A]

标签响应的数据[00 0F 89 B8 CF 2F 00 00 07 E0 03 03 3F 03 8A]的具体说明如表 5 - 26 所列。

表 5 - 26　标签响应的数据含义

字　段	内　容	意　义
标签错误标志	00	00＝无错误
标签信息标志	0F	有标签参考字段 有标签存储字段 有标签 AFI 字段 有 DSFID 字段
标签 UID	89B8CF2F000007E0	UID 号字节反向排列,正确的 UID 号字节顺序为 E-00700002FCFB889
标签的 DSFID 值	03	数据存储格式 ID
标签 AFI 值	03	应用族识别 03
标签的其他字段	3F 03 8A	3F　块数量为 64 03　块容量为 32 bits 8A　由标签制造商定义

可以观察到 GUI 上位机软件显示如图 5 - 36 所示。

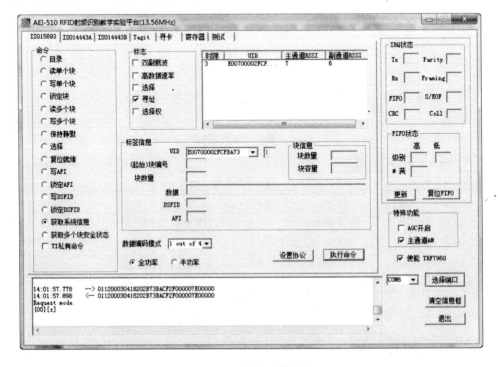

图 5 - 36　获取系统信息

(17) 获取多个块安全状态

获取多个块安全状态命令可以获得请求的每一个块的安全状态字节的值。该字节编码表示指定块的写保护状态(例如:未锁定,(用户/工厂)锁定等)。

要获取多个块的安全状态,用户应当按照以下步骤进行:

- 按照寻找单张卡片或多张卡片的方法寻找到单张卡片或多张卡片;
- 在命令窗口选择"获取系统信息"按钮,可以看到,此时标签信息窗口的"UID"、"(起始)块编号"和"块数量"这 3 个字段窗口都显示为白色,表示这 3 个项目可指定;
- 从 UID 窗口下拉列表中选择一个标签;
- 在标签信息窗口的(起始)块编号字段输入 2 位十六进制,块的编号从 00~FF(0~255 号块);
- 在标签信息窗口的"块数量"字段输入 2 位十六进制的要读取的块数量,请求进行读取的块的数量要比标签响应读取命令的块的数量少 1;
- 例如,"块数量"字段的值为 06,那么就会读取 7 个块,"块数量"字段的值为 00,那么就会读取 1 个块;
- 单击"执行命令"按钮。

获取多个块的安全状态的请求数据包格式如下,具体含义如表 5-27 所列。

01 0C 00 03 04 18 00 2C 00 02 00 00

表 5-27 获取多个块的安全状态的请求数据包

字 段	内 容	意 义
SOF	01	帧起始
数据包长度	0C	数据包长度=12 B
常量	00	—
起始数据载荷	03 04	起始数据载荷
固件命令	18	请求模式
标志	00	寻址标志=0;高数据速率标志=0;选择权标志=0
获取多个块安全状态命令	2C	—
UID 号	00	读取的第一个块号为 00,实际是#1 块
要读取的块的数量	02	块数量=3。注意:读取块的块号等于设置的读取的块数量加 1,例如,要读取 3 个块,读取的第一个块为#1
EOF	00 00	帧结束

GUI 软件日志信息窗口里标签对获取多个块安全状态命令的响应
请求模式

[00000000] [00   无标签错误

         00   第一个块(#1 块)的安全状态

         00   第二个块(#2 块)的安全状态

         00   第三个块(#3 块)的安全状态]

可以观察到 GUI 上位机软件显示如图 5-37 所示。

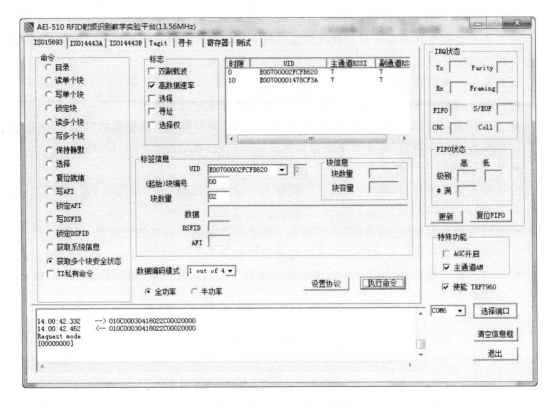

图 5-37　获取多个块安全状态

5.3.5　ISO14443A 协议联机通信实验

1. 实验目的

通过 PC 串口对 MSP430F2370 进行控制,进而对 TRF7960 13.56 MHz RFID 进行控制,对 ISO14443A 协议卡片进行相关操作。

2. 实验条件

● AEI-510 系统控制主板 1 个;

● RFID-13.56 MHz-Reader 读卡器模块 1 个;

● ISO14443A 卡片 2 张;

● USB 电缆 1 条。

3. 实验步骤

(1)联　机

本实验在 13.56 MHz HF RFID 脱机实验的基础上进行,请保证 PC 机和系统控制主板已经成功连接。选择正确的端口号,单击"选择端口"按钮,以建立连接关系。

切换协议选项卡到 ISO14443A 协议,界面如图 5-38 所示。

ISO14443A 协议的程序操作和 ISO15693 协议有一些不同,有些命令必须按顺序执行。

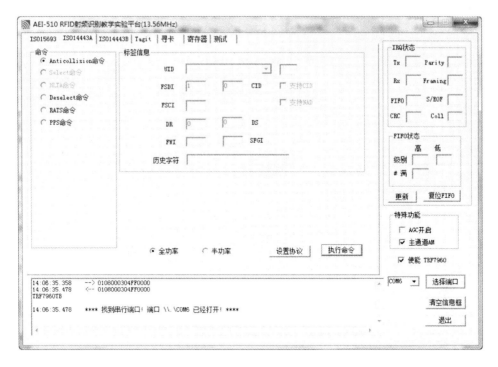

图 5 - 38　ISO14443A 协议界面

例如：在执行防碰撞命令后，才能激活选择（Select）命令。

（2）设置 ISO14443A 协议

成功联机后（信息框显示找到串行端口！），单击"设置协议"按钮，进行 ISO14443A 协议设置。ISO14443A 协议设置命令实际上发送了 3 条命令（寄存器写，设置 AGC，设置接收器模式（AM/PM））。

第一条命令：寄存器写，格式如下，具体含义如表 5 - 28 所列。

01 0C 00 03 04 10 00 21 01 09 00 00

表 5 - 28　寄存器写(二)

字　段	内　容	意　义
SOF	01	帧起始
数据包长度	0C	数据包长度＝12 B
常量	00	—
起始数据载荷	03 04	起始数据载荷
固件命令	10	寄存器写
寄存器 00	00 21	对寄存器 00（芯片状态控制寄存器）写入 21（RF 输出有效，＋5 V DC）
寄存器 01	01 09	对寄存器 01（ISO 控制寄存器）写入 09（设置 ISO14443A 协议的高比特率，212 kbit/s）
EOF	00 00	帧结束

第二条命令:设置 AGC,格式如下,具体含义如表 5 - 29 所列。

01 09 00 03 04 F0 00 00

表 5 - 29   设置 AGC(二)

字　段	内　容	意　义
SOF	01	帧起始
数据包长度	09	数据包长度=9 B
常量	00	—
起始数据载荷	03 04	起始数据载荷
固件命令	F0	AGC 切换
AGC 关闭	00	FF=AGC 打开
EOF	00 00	帧结束

第三条命令:设置接收器模式,格式如下,具体含义如表 5 - 30 所列。

01 09 00 03 04 F1 FF 00 00

表 5 - 30   设置接收器模式(二)

字　段	内　容	意　义
SOF	01	帧起始
数据包长度	09	数据包长度=9 B
常量	00	—
起始数据载荷	03 04	起始数据载荷
固件命令	F1	AM/PM 切换
AGC 关闭	FF	FF=AM,00=PM
EOF	00 00	帧结束

单击"设置协议"按钮后,PC 主机向系统控制面板发送 3 条命令,系统控制主板接收并正确返回下面三条命令,表示 ISO14443A 协议通信参数设置成功。

```
21:28:20.515  -->   010C00030410002101090000
21:28:20.515  //./com4
21:28:20.671  <--   01090003040AFF0000
Unknown command.
010C00030410002101090000
Register write request.
21:28:20.671  -->   0109000304F0000000
21:28:20.781  <--   0109000304F0000000

21:28:20.781  -->   0109000304F1FF0000
21:28:20.890  <--   0109000304F1FF0000
```

(3) 防碰撞

防碰撞(Anticollision)命令是和选择(Select)命令相联系的,也就是说要执行选择命令,必须先执行防碰撞命令。

请求数据包指定了 UID 的级联水平,使用防碰撞/选择帧和实际数据位/比特将比特数量发送给标签。防碰撞请求以面向比特的防碰撞帧传送。

选择请求以一个标准帧格式通过 RF 接口发送。防碰撞请求可以指定位的数量范围为 0~39,即[0,39]。选择请求必须指定为 40 位发送。即指定的位数小于 40,也必须遵循 5 个字节的数据。完整的 UID 必须在 40 个位的选择之前从标签获得。

成功执行防碰撞/选择命令后,标签在响应状态字段中会响应为 ERROR - NONE。数据字段包含了发送的数据位和 UID 的数据位,这可以解决任何碰撞或者全部的 UID。

执行防碰撞命令,用户应当按照以下步骤进行:

- 单击"设置协议"按钮(如果已经设置,则不需要再设置协议);
- 将一张 ISO14443A 协议卡片放置在 13.56 MHz RFID 读卡范围内;
- 单击"执行命令"按钮。

防碰撞请求数据包格式如下,具体含义如表 5 - 31 所列。

01 09 00 03 04 A0 01 00 00

表 5 - 31   防碰撞请求数据包

字　段	内　容	意　义
SOF	01	帧起始
数据包长度	09	数据包长度=9 B
常量	00	—
起始数据载荷	03 04	起始数据载荷
固件命令	A0	ISO14443 类型标签,防碰撞,REQA
REQA	01	01=REQA(请求类型 A) 00=WUPA(唤醒类型 A)
EOF	00 00	帧结束

GUI 软件日志信息窗口里标签对防碰撞命令的响应

14443A REQA

(0400)(7CD127C64C)[7CD127C64C]

标签对 REQA 请求的响应格式如下,具体含义如表 5 - 32 所列。

(<响应的标签,无 CRC>)[<响应的标签,带 CRC>]

"()"表示该响应无 CRC,"[]"表示响应带 CRC。

表 5 - 32   标签对 REQA 请求的响应

响　应	内　容	意　义
(0400)		ATQA(对 REQA 请求命令的应答),UID 大小
(7CD127C64C)	7CD127C6	UID0,UID1,UID2,UID3 值
	4C	BCC(块检验字节)
[7CD127C64C]		同上,带有 CRC 校验和

可以观察到 GUI 上机位软件显示如图 5-39 所示。

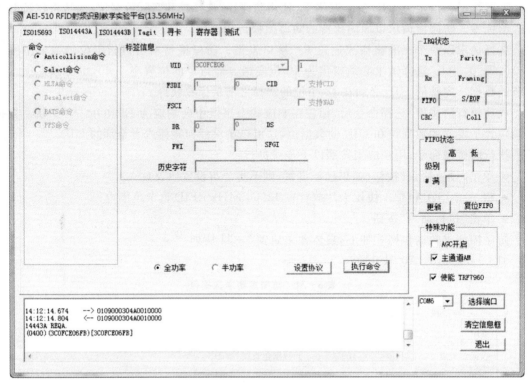

图 5-39　防碰撞命令响应界面

（4）选择（Select）

执行选择命令，用户应当按照以下步骤进行：

● 在命令窗口选择 Select 按钮；

● 单击"执行命令"按钮。

请求数据包格式如下，具体含义如表 5-33 所列。

01 0D 00 03 04 A2 7CD127C64C 00 00

表 5-33　请求数据包

字　段	内　容	意　义
SOF	01	帧起始
数据包长度	0D	数据包长度＝13 B
常量	00	—
起始数据载荷	03 04	起始数据载荷
固件命令	A2	选择
UID 号	7CD127C64C	ISO14443A 卡片 UID 值
EOF	00 00	帧结束

GUI 软件日志信息窗口里标签对防碰撞命令的响应

14443A Select

()

可以看到 GUI 上位机软件显示如图 5-40 所示。

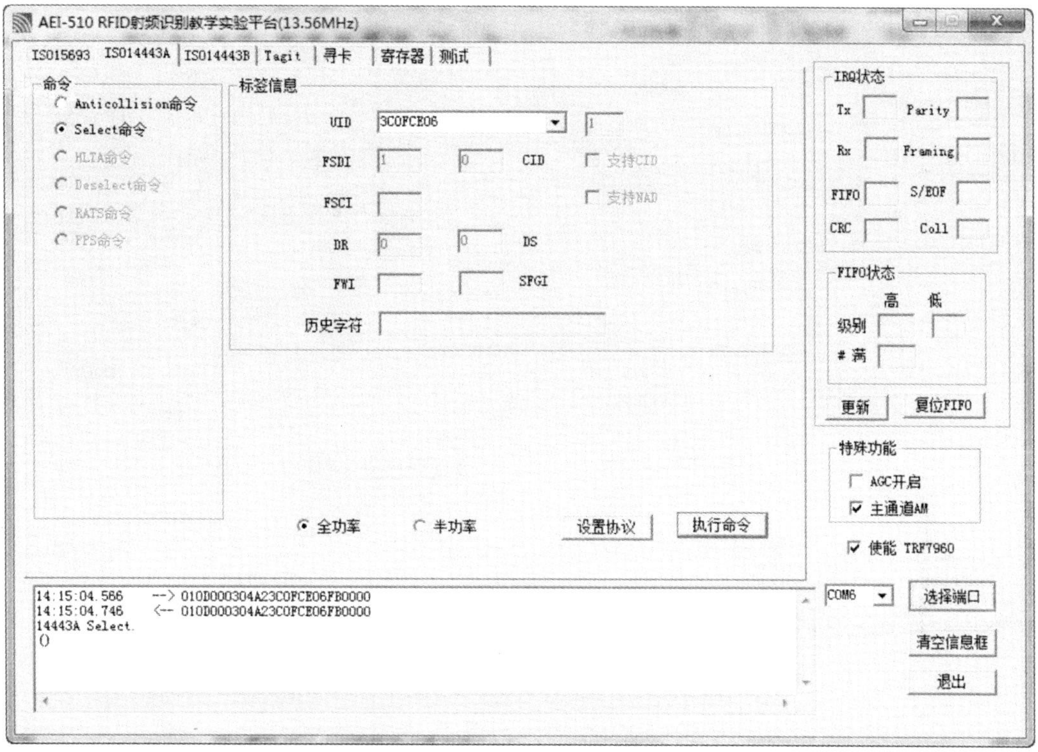

图 5-40　选择命令响应界面

5.3.6　ISO14443B 协议联机通信实验

1. 实验目的

通过 PC 串口对 MSP430F2370 进行控制,进而对 TRF7960 13.56 MHz RFID 进行控制,对 ISO14443B 协议卡片进行相关操作。

2. 实验条件

- AEI-510 系统控制主板 1 个;
- RFID-13.56 MHz-Reader1 个;
- ISO14443B 卡片 2 张;
- USB 电缆 1 条。

3. 实验步骤

(1) 联　机

本实验在 13.56 MHz HF RFID 脱机实验的基础上进行,请保证 PC 机和系统控制主板已经成功连接。选择正确的端口号,单击"选择端口"按钮,以建立连接关系。

切换协议选项卡到 ISO14443B 协议。界面如图 5-41 所示。

ISO14443 协议的程序操作和 ISO15693 协议有些不同,有些命令必须按顺序执行。

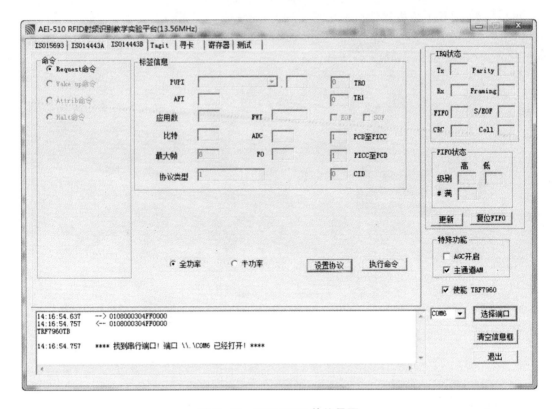

图 5 - 41　ISO14443B 协议界面

(2) 设置 ISO14443B 协议

成功联机后(信息框显示找到串行端口!),单击"设置协议"按钮,进行 ISO14443B 协议设置。ISO14443B 协议设置命令实际上发送了三条命令(寄存器写,设置 AGC,设置接收器模式(AM/PM))。

第一条命令:寄存器写,格式如下,具体含义如表 5 - 34 所列。

01 0C 00 03 04 10 00 21 01 0C 00 00

表 5 - 34　寄存器写(三)

字　段	内　容	意　义
SOF	01	帧起始
数据包长度	0C	数据包长度＝12 B
常量	00	—
起始数据载荷	03 04	起始数据载荷
固件命令	10	寄存器写
寄存器 00	00 21	对寄存器 00(芯片状态控制寄存器)写入 21(RF 输出有效,＋5 V DC)
寄存器 01	01 0C	对寄存器 01(ISO 控制寄存器)写入 0C(设置 ISO14443B 协议,106 kbit/s)
EOF	00 00	帧结束

第二条命令：设置 AGC，格式如下，具体含义如表 5 - 35 所列。

01 09 00 03 04 F0 00 00 00

表 5 - 35　设置 AGC(三)

字　　段	内　　容	意　　义
SOF	01	帧起始
数据包长度	09	数据包长度＝9 B
常量	00	—
起始数据载荷	03 04	起始数据载荷
固件命令	F0	AGC 切换
AGC 关闭	00	AGC 打开＝FF
EOF	00 00	帧结束

第三条命令：设置接收器模式，格式如下，具体含义如表 5 - 36 所列。

01 09 00 03 04 F1 FF 00 00

表 5 - 36　设置接收器模式(三)

字　　段	内　　容	意　　义
SOF	01	帧起始
数据包长度	09	数据包长度＝9 B
常量	00	—
起始数据载荷	03 04	起始数据载荷
固件命令	F1	AM/PM 切换
AGC 关闭	FF	FF＝AM，00＝PM
EOF	00 00	帧结束

　　单击"设置协议"按钮后，PC 主机向系统控制主板发送 3 条命令，系统控制主板接收并正确返回下面三条命令，表示 ISO14443 协议通信参数设置成功。

```
11:37:43.171  -->   01090003040BFF0000
11:37:43.171  //./com4
11:37:43.234  -->   010C000304100021010C0000
11:37:43.250  //./com4
11:37:43.406  <--   01090003040BFF0000
Unknown command.
010C000304100021010C0000
Register write request.

11:37:43.406  -->   0109000304F0000000
11:37:43.515  <--   0109000304F0000000

11:37:43.515  -->   0109000304F1FF0000
11:37:43.625  <--   0109000304F1FF0000
```

(3) Request 命令(REQB 请求命令)

请求命令确定场区内是否有标签。

要执行请求命令,用户应当按照以下步骤进行:

● 单击命令窗口的"Request 命令"按钮;

● 单击"执行命令"按钮。

请求命令数据包格式如下,具体含义如表 5 - 37 所列。

01 09 00 03 04 B0 04 00 00

表 5 - 37　　请求命令数据包

字　段	内　容	意　义
SOF	01	帧起始
数据包长度	09	数据包长度=9 B
常量	00	—
起始数据载荷	03 04	起始数据载荷
固件命令	B0	标签类型 B,防碰撞- REQB
使能 16 时隙	04	—
EOF	00 00	帧结束

GUI 软件日志信息窗口里标签对请求命令的响应

14443B REQB

[]　　　0#时隙,　　无标签响应

[]　　　1#时隙,　　无标签响应

[]　　　2#时隙,　　无标签响应

[]　　　3#时隙,　　无标签响应

[]　　　4#时隙,　　无标签响应

[]　　　5#时隙,　　无标签响应

[]　　　6#时隙,　　无标签响应

[]　　　7#时隙,　　无标签响应

[]　　　8#时隙,　　无标签响应

[]　　　9#时隙,　　无标签响应

[]　　　10#时隙,　　无标签响应

[]　　　11#时隙,　　无标签响应

[]　　　12#时隙,　　无标签响应

[50A410638700000000002184]　　　13#时隙,　　有标签响应

[]　　　14#时隙,　　无标签响应

[]　　　15#时隙,　　无标签响应

#13 时槽的结果如下:

50　　ATQB　响应头

A4106387(伪唯一的 PICC 标识符)

00 00 00 00　　应用数据

00 21 84 协议信息,说明如下:

00 比特率 (在双向上 PICC 只支持 106 kbit/s)

2 32 字节 (最大帧长)

1 协议类型 (采用 14443 - 4 传输协议)

8 FWI (PCD 帧结束后 PICC 开始应答的时间)

4 ADC+FOR (数据编码选项)

(4) Wake up 命令(WUPB 唤醒命令)

唤醒命令用来将一个 ISO14443B 卡片从 Halt 状态唤醒到空闲状态。

要执行 Wake up 命令,用户应当按照以下步骤进行:

● 单击命令窗口的"Wake up 命令"按钮;

● 单击"执行命令"按钮。

请求命令数据包格式如下,具体含义如表 5 - 38 所列。

01 09 00 03 04 B1 04 00 00

表 5 - 38 请求命令数据包

字 段	内 容	意 义
SOF	01	帧起始
数据包长度	09	数据包长度=9 B
常量	00	—
起始数据载荷	03 04	起始数据载荷
固件命令	B1	WUPB(唤醒 B)
使能 16 时隙	04	—
EOF	00 00	帧结束

GUI 软件日志信息窗口里标签对唤醒命令的响应

14443B REQB

[] 0#时隙, 无标签响应

[] 1#时隙, 无标签响应

[] 2#时隙, 无标签响应

[] 3#时隙, 无标签响应

[] 4#时隙, 无标签响应

[] 5#时隙, 无标签响应

[] 6#时隙, 无标签响应

[] 7#时隙, 无标签响应

[] 8#时隙, 无标签响应

[] 9#时隙, 无标签响应

[] 10#时隙, 无标签响应

[] 11#时隙, 无标签响应

[] 12#时隙, 无标签响应

[50A41063870000000002184] 13#时隙, 有标签响应

[　]　　14#时隙，　无标签响应

[　]　　15#时隙，　无标签响应

#13时槽的结果如下：

50　　ATQB　响应头

A4106387　　PUPI　（伪唯一的 PICC 标识符）

00 00 00 00　　应用数据

00 21 84　协议信息,说明如下：

00　　比特率（在双向上 PICC 只支持 106 kbit/s）

2　　32 字节（最大帧长）

1　　协议类型（采用 14443—4 传输协议）

8　　FWI（PCD 帧结束后 PICC 开始应答的时间）

4　　ADC+FOR（数据编码选项）

(5) Attrib 命令（PICC 或标签选择命令,Type B)

要执行 Attrib 命令,用户应当按照以下步骤进行：

● 单击命令窗口的"Attrib 命令"按钮；

● 在标签信息窗口中 PUPI 下拉列表中选择要操作的 PUPI 号；

● 分别填入最大帧长、TR0、TR1 等相关数据；

● 单击"执行命令"按钮。

注意：只有在找到卡片的情况下,才能使用该命令。即本命令在请求命令之后使用。

Attrib 命令数据包格式如下,具体含义如表 5-39 所列。

01 11 00 03 04 18 1D A4106387 00 52 01 00 00

表 5-39　Attrib 命令数据包

字　段	内　容	意　义
SOF	01	帧起始
数据包长度	11	数据包长度=17 B
常量	00	—
起始数据载荷	03 04	起始数据载荷
固件命令	18	请求模式
常量头	1D	总是为 1D
PUPI	A4106387	伪唯一的 PICC 标识符
参数 1	00	TR0 和 TR1(保护时间)为默认值；需要 SOF 和 EOF
参数 2	52	数据比特率为 212 kbit/s；最大帧长为 32 字节
参数 3	01	采用 14443-4 传输协议
参数 4	00	不支持 CID(卡片标识符)
EOF	00 00	帧结束

GUI 软件日志信息窗口里标签对 Attrib 命令的响应

请求模式

[　]　无标签响应

［00］　无标签错误

(6) Halt　命令(停止命令)

停止(Halt)命令用来将一个 PICC 设置为 Halt(停止)状态,从而停止 PICC 对 REQB 命令的响应。进入 Halt 状态后,除了 WUPB(唤醒 B)A 命令,PICC 对其他所有命令都不响应。

要执行 Halt 命令,用户应当按照以下步骤进行:

● 单击命令窗口的"Halt 命令"按钮;
● 在标签信息窗口中 PUPI 下拉列表中选择要操作的 PUPI 号;
● 单击"执行命令"按钮。

停止命令数据包格式如下,具体含义如表 5 - 40 所列。

01 0D 00 03 04 18 50 A4106387 00 00

表 5 - 40　停止命令数据包

字　段	内　容	意　义
SOF	01	帧起始
数据包长度	0D	数据包长度＝13 B
常量	00	—
起始数据载荷	03 04	起始数据载荷
固件命令	18	请求模式
响应头	50	总是为 50
PUPI	A4106387	伪唯一的 PICC 标识符
EOF	00 00	帧结束

GUI 软件日志信息窗口里标签对停止命令的响应
请求模式
［］　无标签响应
［00］　无标签错误

按照以上步骤,如成功对指定的 PUPI 号的标签执行了停止命令,可以使用请求命令来验证。在命令窗口选择"Request 命令"按钮,单击"执行命令"按钮,那么 GUI 软件将不能识别到刚才执行了停止命令的卡片。

5.3.7　Tag - it 协议

1. 实验目的

连接串口,进而对 TRF7960 13.56 MHz RFID 进行控制,对 Tag - it 协议卡片进行相关操作。

2. 实验条件

● AEI - 510 系统控制主板 1 个;
● RFID - 13.56 MHz - Reader 读卡器模块 1 个;
● Tag - it 卡片 2 张;

● 电缆 1 条。

3. 实验步骤

(1) 联　机

本实验在 13.56 MHz HF RFID 脱机实验的基础上进行,请保证 PC 机和系统控制主板已经成功连接。选择正确的端口号,单击"选择端口"按钮,以建立连接关系。

切换协议选项卡到 Tag - it 协议,界面如图 5 - 42 所示。

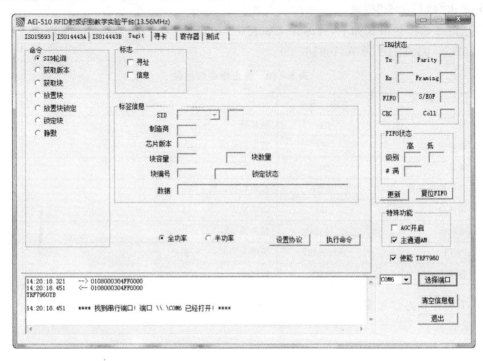

图 5 - 42　Tag - it 协议界面

(2) 设置 Tag - it 协议

成功联机后(信息框显示找到串行端口!),单击"设置协议"按钮,进行 Tag - it 协议设置。Tag - it 协议设置命令实际上发送了 3 条命令(寄存器写,设置 AGC,设置接收器模式(AM/PM))。

第一条命令:寄存器写,格式如下,具体含义如表 5 - 41 所列。

01 0C 00 03 04 10 00 21 01 13 00 00

表 5 - 41　寄存器写(四)

字　段	内　容	意　义
SOF	01	帧起始
数据包长度	0C	数据包长度=12 B
常量	00	—
起始数据载荷	03 04	起始数据载荷
固件命令	10	寄存器写

字　段	内　容	意　义
寄存器 00	00 21	对寄存器 00（芯片状态控制寄存器）写入 21（RF 输出有效，+5 V DC）
寄存器 01	01 13	对寄存器 01（ISO 控制寄存器）写入 13（设置 Tag – it 协议）
EOF	00 00	帧结束

第二条命令：设置 AGC，格式如下，具体含义如表 5 – 42 所列。

01 09 00 03 04 F0 00 00 00

表 5 – 42　设置 AGC（四）

字　段	内　容	意　义
SOF	01	帧起始
数据包长度	09	数据包长度＝9 B
常量	00	—
起始数据载荷	03 04	起始数据载荷
固件命令	F0	AGC 切换
AGC 关闭	00	AGC 打开－FF
EOF	00 00	帧结束

第三条命令：设置接收器模式，格式如下，具体含义如表 5 – 43 所列。

01 09 00 03 04 F1 FF 00 00

表 5 – 43　设置接收器模式（四）

字　段	内　容	意　义
SOF	01	帧起始
数据包长度	09	数据包长度＝9 B
常量	00	—
起始数据载荷	03 04	起始数据载荷
固件命令	F1	AM/PM 切换
AGC 关闭	FF	FF＝FM，00＝PM
EOF	00 00	帧结束

（3）同时识别码（SID 轮询）

SID 轮询请求用来获得 Tag – it 传送器的同时识别码。该请求降低了数据冲撞的可能性。16 时隙寻卡序列强制在读卡区域内，SID 号一致的应答器响应 16 槽中的一个。要执行一个 16 时隙寻卡序列，时隙标记/帧结束请求需要与该命令一起使用。在一个时隙序列内出现的任何碰撞都可以通过使用与 Tag – it 传送器协议参考手册规定的防碰撞码算法来进行仲裁。

要执行 SID 轮询操作，用户应当按照以下步骤进行：

- 单击命令窗口的"SID 轮询"按钮；

● 单击"执行命令"按钮。

SID 轮询请求数据包格式如下,具体含义如表 5-44 所列。

01 0B 00 03 04 34 00 50 00 00 00

表 5-44　轮询请求数据包

字　段	内　容	意　义
SOF	01	帧起始
数据包长度	0B	数据包长度=11 B
常量	00	—
起始数据载荷	03 04	起始数据载荷
固件命令	34	T1 SID 轮询
	00	阅读器对标签的请求
	50	SID 轮询请求
	00	掩码长度
EOF	00 00	帧结束

GUI 软件日志信息窗口里标签对 SID 轮询命令的响应读卡器/标签(0~15 时隙)的响应如下:

[<存在的标签响应>]

例如:

[]　　0#时隙,无标签响应

[C0A000D2844102050307]　　1#时隙,[C0A000D2844102050307]标签响应

[]　　2#时隙,无标签响应

[]　　3#时隙,无标签响应

[]　　4#时隙,无标签响应

[]　　5#时隙,无标签响应

[]　　6#时隙,无标签响应

[]　　7#时隙,无标签响应

[]　　8#时隙,无标签响应

[]　　9#时隙,无标签响应

[]　　10#时隙,无标签响应

[]　　11#时隙,无标签响应

[]　　12#时隙,无标签响应

[]　　13#时隙,无标签响应

[]　　14#时隙,无标签响应

[]　　15#时隙,无标签响应

SID 标签响应格式如下,具体含义如表 5-45 所列。

[C0 A0 00 D2 84 41 02 05 03 07]

表 5 - 45　STD 标签响应数据包

字　段	内　容	说　明
响应码	C0	标签对阅读器的响应
命令码	A0	SID 查询
SID	00 D2 84 41	4 字节或 32 位
芯片制造商 ID	02 05	(7 位)＝02h（注意:TI＝01b）＋芯片版本 (9 位)＝05h 0000 0010 0000 0101＝16 位二进制 0205＝十六进制 0205
块大小	03	数值＋1＝4(4 字节或 32 位)
块数量	07	数值＋1＝8

注意:标签存储器为 8 个块,每个块 32 比特,等于 256 比特(8 块 * 32 比特＝256 比特)。

(4) 获取版本

获取版本请求可以获得一个响应标签上的属性信息。这些属性包括 IC 版本、制造商信息,以及可用的存储块的数量和大小。

要获取芯片版本,用户应当按照以下步骤进行:

- 单击命令窗口的"获取版本"按钮;
- 在标志窗口勾选"寻址";
- 单击"执行命令"按钮。

获取版本请求数据包格式如下,具体含义如表 5 - 46 所列。

01 0E 00 03 04 18 00 1A 00 D2 84 41 00 00

表 5 - 46　获取版本请求数据包

字　段	内　容	意　义
SOF	01	帧起始
数据包长度	0E	数据包长度＝14 B
常置	00	—
起始数据载荷	03 04	起始数据载荷
固件命令	18	请求模式
	00	阅读器对标签的请求
	1A	寻址标志设置
SID	00 D2 84 41	4 字节或 32 比特
EOF	00 00	帧结束

GUI 软件日志信息窗口里 SID 标签对获取版本命令的响应

请求模式

[C0A000D2844102050307]

[C0A000D2844102050307]标签的响应格式如下,具体含义如表 5 - 47 所列。

[C0 A0 00 D2 84 41 02 05 03 07]

表 5 - 47　标签的响应

字　段	内　容	说　　明
响应码	C0	标签对阅读器的响应
命令码	A0	获取版本命令=3 寻址标志设置=4,无寻址标志=0U00 00 0011　0100 C 0 3 4
SID	00 D2 84 41	4 字节或 32 位
芯片制造商 ID	02 05	(7 位)=02h (注意:Tl=01b)+芯片版本(9 位)=05h 0000 0010 0000 0101=16 位二进制 0205=十六进制 0205
块容量	03	数值+1=4 (4 字节或 32 位)
块数量	07	数值+1=8

注意:标签存储器为 8 个块,每个块 32 比特,等于 256 比特(8 块×32 比特=256 比特)。

(5) 获取块

获取块请求可以获得响应标签的一个存储块的数据。除了存储块的数据,还会返回块的安全状态字节。该字节表示指定块的写保护状态(例如:未锁定,(用户/制造商)锁定等)。

要获取块,用户应当按照以下步骤进行:

- 单击命令窗口的"获取块"按钮;
- 在标签信息窗口的块容量字段输入 2 位十六进制;
- 在标签信息窗口的块编号字段输入 2 位十六进制;
- 单击"执行命令"按钮。

获取块的请求数据包格式如下,具体含义如表 5 - 48 所列。

01 0B 00 03 04 18 00 08 03 00 00

表 5 - 48　获取块的请求数据包

字　段	内　容	意　　义
SOF	01	帧起始
数据包长度	0B	数据包长度=11 B
常量	00	—
起始数据载荷	03 04	起始数据载荷
固件命令	18	请求模式
	00	阅读器对标签的请求
命令码	08	获取块,无寻址=08,寻址=0A
块数量	03	数值+4
EOF	00 00	帧结束

GUI 软件日志信息窗口里标签对获取块命令的响应

请求模式

[C010031DE2088440]

[C010031DE2088440]标签的响应格式如下,具体含义如表 5 - 49 所列。

[C0 10 03 1D E2 08 84 40]

表 5 - 49　标签的响应

字　　段	内　　容	说　　明
响应码	C0	标签对阅读器的响应
命令码	10	获取块命令
块数量	03	数值＋1＝4
块数据	1D E2 08 84	注意:位取反
	4	反转的数据字节
	0	为了完整的数据载荷增加的字节

(6) 放置块

　　放置块请求可以将数据写入寻址标签的一个存储块。为了成功写入数据,主机必须知道标签存储块的大小。块的信息可以通过获取 IC 版本命令或 SID 查询序列请求版本数据来获得。来自 TRF7960 的损坏或不足的响应并不一定表示执行写操作失败。此外,多个标签可以处理一个非寻址请求。

　　要执行放置一个块操作,用户应当按照以下步骤进行:
- 单击命令窗口的"放置块"按钮;
- 在标签信息窗口的块容量字段输入 2 位十六进制;
- 在标签信息窗口的块编号字段输入 2 位十六进制;
- 在标签信息窗口的数据字段输入要写入块的数据;
- 单击"执行命令"按钮。

　　放置块命令请求数据包格式如下,具体含义如表 5 - 50 所列。

01 0F 00 03 04 18 00 28 03 77 88 22 11 00 00

表 5 - 50　放置块命令请求数据包

字　　段	内　　容	意　　义
SOF	01	帧起始
数据包长度	0F	数据包长度＝15 B
常量	00	—
起始数据载荷	03 04	起始数据载荷
固件命令	18	请求模式
	00	阅读器给标签的请求
命令码	28	写块
块数量	03	数值＋1＝4
块数据	77 88 22 11	32 比特
EOF	00 00	帧结束

GUI 软件日志信息窗口里标签对放置块命令的响应
请求模式
[C050]
[C050]标签的响应,如表 5 - 51 所列。

表 5 - 51　标签的响应

字　段	内　容	说　明
响应码	C0	标签对阅读器的响应
命令码	50	放置块命令

注意：Tag - it 协议使用二进制和十六进制字节，而 GUI 只使用十六进制字节。

(7) 放置块锁定

放置块锁定命令对寻址的标签的一个存储块写入数据并且锁定该块，使其不能在进行其他的写操作。为了成功写入数据，主机必须知道标签存储块的大小。块的信息可以通过获取 IC 版本命令或 SID 查询序列请求版本数据来获得。来自 TRF7960 的损坏或不足的响应并不一定表示执行锁定操作失败。此外，多个转换器可以处理一个非寻址请求。

要放置块锁定，用户应当按照以下步骤进行：
* 单击命令窗口的"放置块锁定"按钮；
* 在标签信息窗口的块容量字段输入 2 位十六进制；
* 在标签信息窗口的块编号字段输入 2 位十六进制；
* 在标签信息窗口的数据字段输入要写入块的数据；
* 单击"执行命令"按钮。

放置块锁定的请求数据包格式如下，具体含义如表 5 - 52 所列。

01 0F 00 03 04 18 00 38 03 77 88 22 11 00 00

表 5 - 52　放置块锁定的请求数据包

字　段	内　容	意　义
SQF	01	帧起始
数据包长度	0F	数据包长度＝15 B
常量	00	—
起始数据载荷	03 04	起始数据载荷
固件命令	18	请求模式
	00	阅读器给标签的请求
命令码	38	写块并锁定块
块数量	03	数值＋1＝4
块数据	77 88 22 11	32 比特
EOF	00 00	帧结束

GUI 软件日志信息窗口里标签对放置块锁定命令的响应

请求模式

［C070］

［C070］标签的响应，如表 5 - 53 所列。

表 5-53 标签的响应

字 段	内 容	说 明
响应码	C0	标签对阅读器的响应
命令码	70	放置块锁定命令

注意：Tag-it 协议使用二进制和十六进制字节，而 GUI 只使用十六进制字节。

(8) 锁定块

锁定块命令对寻址的标签的一个存储块进行写保护。来自 TRF7960 的损坏或不足的响应并不一定表示执行锁定操作失败。此外，多个标签可以处理一个非寻址请求。

要锁定一个块，用户应当按照以下步骤进行：

- 单击命令窗口的"锁定块"按钮；
- 在标签信息窗口的块编号字段输入 2 位十六进制；
- 单击"执行命令"按钮。

锁定块的请求数据包格式如下，具体含义如表 5-54 所列。

01 0B 00 03 04 18 00 40 03 00 00

表 5-54 锁定块的请求数据包

字 段	内 容	意 义
SOF	01	帧起始
数据包长度	0B	数据包长度＝11 B
常量	00	—
起始数据载荷	03 04	起始数据载荷
固件命令	18	请求模式
	00	阅读器给标签的请求
命令码	40	锁定块
块数量	03	数值＋1＝4
EOF	00 00	帧结束

GUI 软件日志信息窗口里标签对镇定块命令的响应

请求模式

[C080]

[C080]标签的响应，如表 5-55 所列。

表 5-55 标签的响应

字 段	内 容	说 明
响应码	C0	标签对阅读器的响应
命令码	80	锁定块命令

注意：Tag-it 协议使用二进制和十六进制字节，而 GUI 只使用十六进制字节。

(9) 静 默

静默命令用来使一个标签保持静默，以免标签响应任何无寻址的命令或 SID 查询命令。

该标签只对 SID 匹配的请求进行响应。由于没有来自该标签的请求响应,所以只报告请求状态和错误。

要使一个标签保持静默,用户应当按照以下步骤进行:

● 单击命令窗口的"静默"按钮;

● 单击"执行命令"按钮。

静默命令的请求数据包格式如下,具体含义如表 5 - 56 所列。

01 0A 00 03 04 18 00 58 00 00

表 5 - 56　静默命令的请求数据包

字　段	内　容	意　义
SOF	01	帧起始
数据包长度	0A	数据包长度＝10 B
常量	00	—
起始数据载荷	03 04	起始数据载荷
固件命令	18	请求模式
	00	阅读器给标签的请求
命令码	58	静默
EOF	00 00	帧结束

GUI 软件日志信息窗口里标签对静默命令的响应

请求模式

[ ]　无标签响应

5.3.8　寻找标签实验

本实验可以查询在射频范围内所支持的所有标签,包括 ISO15693,ISO14443A,ISO14443B 和 Tag - it 协议的标签。它不断地从一个协议标准切换到另一个协议标准,并且发送该标准的寻卡请求,在阅读器找到它读卡范围的卡片后就将寻找到的标签卡号显示出来。通过勾选相关协议的按钮,用户可以选择要搜索哪些协议的标签。对用户不感兴趣的协议标签不进行搜索,这样可以减少搜索的循环时间。如果选中了"全选"按钮,那么所有支持的协议都会进行搜索。

如果选中了"全选"按钮,在单击"运行"按钮后,该窗口就会显示到在读卡区域内所找到的所有协议类型的标签。软件默认为全选所有协议。如果只选中了某些协议,那么窗口就会显示在读卡区域内所找到的指定的协议类型的标签。只有在单击"停止"按钮后才能停止寻找标签。

具体操作步骤如下:

① 本实验在 13.56 MHz HF RFID 脱机实验的基础上进行,请保证 PC 机和系统控制主板已经成功连接,选择正确的端口号。单击"选择端口"按钮,以建立连接关系。

② 切换选项卡到"寻卡"选项卡。界面如图 5 - 43 所示。

③ 将配套的卡片全部放到 13.56 MHz RFID 读卡器的读卡范围内,单击"运行"按钮。可以观察到 GUI 软件窗如图 5 - 44 所示。

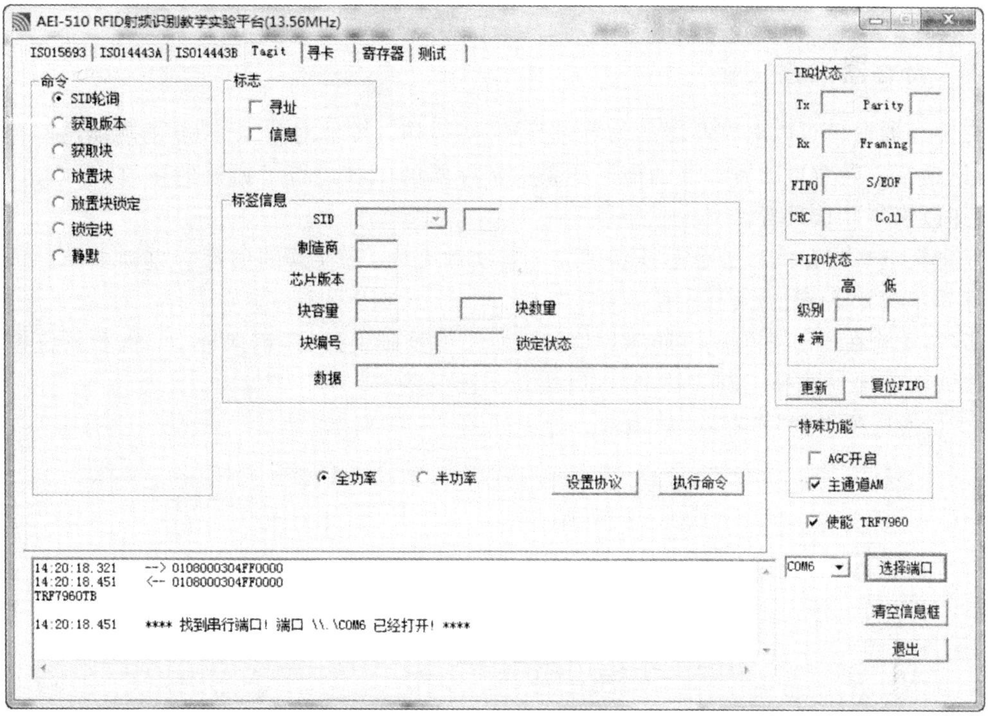

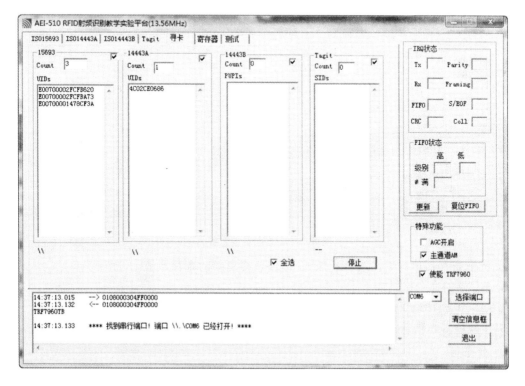

图 5 - 43　寻找标签界面

图 5 - 44　运行寻卡界面

④ 此时"运行"按钮变为了"停止"按钮,单击"停止"按钮可以停止寻卡操作。

5.3.9　寄存器设置实验

在寄存器窗口可以对寄存器的内容进行读/写操作。除非对 TRF7960 的功能已经相当熟悉,否则请不要随意更改寄存器的值。如果对寄存器的内容进行了错误的更改,请单击"默认值"按钮以恢复默认设置。

在每次进入寄存器选项卡时或特殊功能有所改变时,寄存器的值都会自动更新。该实验具体操作步骤如下:

① 本实验在 13.56 MHz HF RFID 脱机实验的基础上进行,请保证 PC 机和系统控制主板已经成功连接。选择正确的端口号,以建立连接关系。

② 切换选项卡到"寄存器"选项卡。界面如图 5－45 所示。

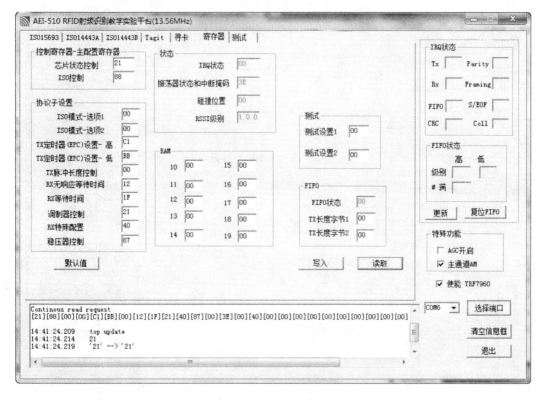

图 5－45　寄存器设置界面

③ 读取寄存器值。单击"读取"按钮,即可获得更新的寄存器值。

读寄存器的命令格式如下:

010A000304131F000000

GUI 软件日志信息窗口里 TRF7960 返回的信息如下:

［寄存器值］

例如:

Continous read request

[21][88][00][00][C1][BB][00][12][1F][21][40][87][00][3E][00][40][00][00][00][00][00]

[00][00][00][00][00][00][00][00][00]

上述值即为 GUI 界面中,各寄存器对应的值。

④ 写入新的寄存器值。在对应的寄存器窗口里,填入希望的寄存器值,然后单击“写入”按钮,即可将新值写入 TRF7960 寄存器。

⑤ 恢复默认设置。单击“默认值”按钮即可恢复默认设置。

5.3.10 自定义命令测试实验

如果需要,通过使用测试选项卡,用户可以手动发送命令。在“待发送字符”框里输入命令可以直接操作 TRF7960 进行相关操作。具体操作步骤如下:

① 本实验在 13.56 MHz HF RFID 脱机实验的基础上进行,请保证 PC 机和系统控制主板已经成功连接。选择正确的端口号,以建立连接关系。

② 切换选项卡到“测试”选项卡。界面如图 5 - 46 所示。

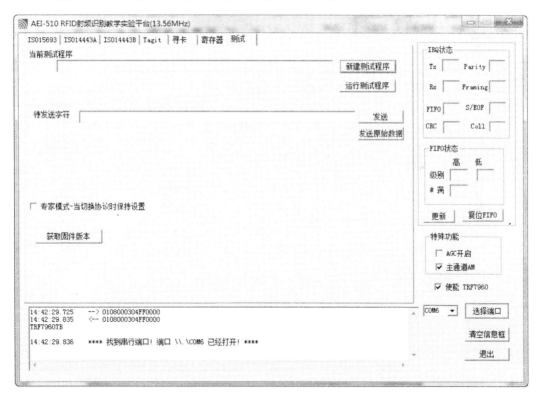

图 5 - 46 自定义命令测试界面

③ 在“待发送字符”框里输入命令,然后单击“发送”按钮。本实验以设置 ISO15693 标签通信协议为例说明。

第一,在“待发送字符”框里输入“1000210102”,并单击“发送”按钮,如图 5 - 47 所示。

第二,在“待发送字符”框里输入“F000”,并单击“发送”按钮,如图 5 - 48 所示。

第三,在“待发送字符”框里输入“F1FF”,并单击“发送”按钮,如图 5 - 49 所示。

第四,在 13.56 MHz HF RFID 读卡器天线感应范围内,放入两张 ISO15693 协议卡片。

第五,在“待发送字符”框里输入“14060100”,并单击“发送”按钮,如图 5 - 50 所示。

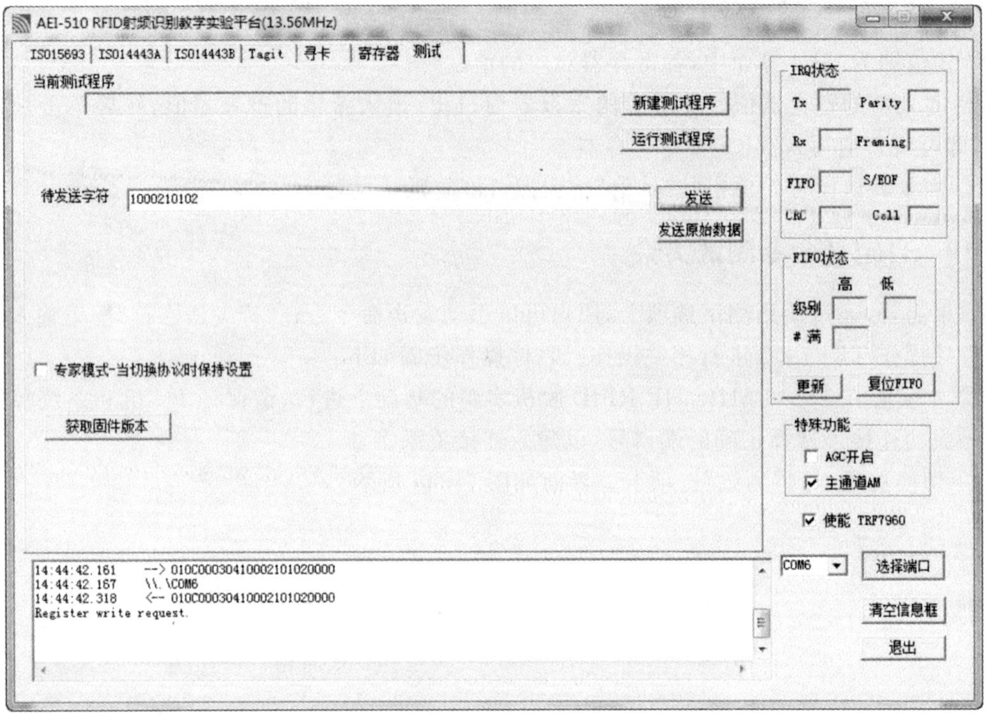

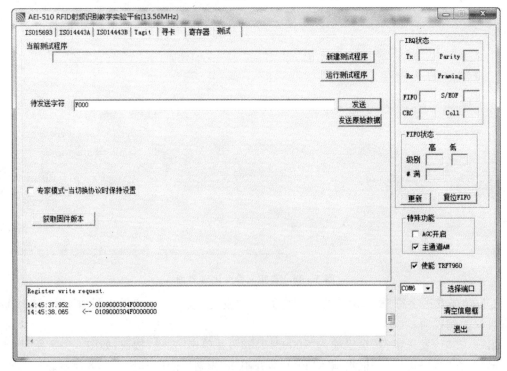

图 5 - 47　发送"1000210102"字符

图 5 - 48　发送"F000"字节

　　根据 GUI 软件日志信息窗口的返回信息看,13. 56 MHz HF RFID 读卡器读取到 2 张 ISO15693 协议卡片。

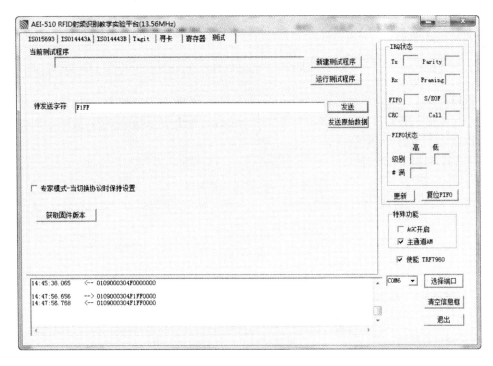

图 5 - 49　发送"F1FF"字符

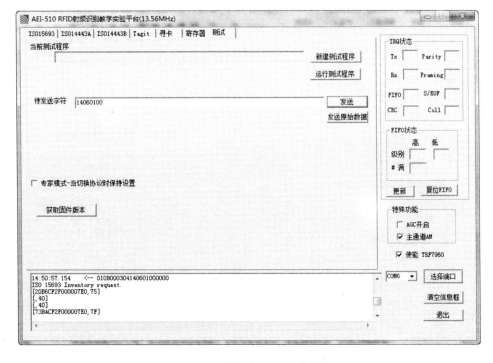

图 5 - 50　发送"14060100"字符

　　在以上的实验中,在"待发送字符"框里实际上只输入了"命令＋参数"字段,协议里的其他字段都可以不管,是由程序自动添加的。但是如果是单击"发送原始数据"按钮,则需要输入完整的命令行。

命令行的完整格式如下:

SOF (0x01)	字节数	0x00	0x0304	命令＋参数	EOF (0x0000)

通信以 SOF (0x01)开始,第二个字节定义了包括 SOF 在内的帧的长度,第三个字节为固定值 0x00,第 4 个字节为 0x03,第 5 个字节为 0x04,第 6 个字节是命令码,后面紧跟参数或数据。通信以 2 字节的 0x00 结束。

表 5-57 列出了部分命令。

表 5-57 部分命令列表

命 令	参 数	示 例
0x03 TRF796x 使能/禁止	0x00——阅读器使能 0xFF——阅读器禁止	01 09 00 03 04 03 FF 00 00
0x0F 直接模式		01 08 00 03 04 0F 00 00
0x10 写单个寄存器	地址,数据,地址,数据	01 0A 00 03 04 **10 15 67** 00 00
0x11 连续写	地址,数据,数据	01 0C 00 03 04 **11 13 67 46 A4** 00 00
0x12 读单个寄存器	地址,地址,…	01 0B 00 03 04 **12 01 0A 13** 00 00
0x13 连续读	要读取的字节数置,起始地址	01 0A 00 03 04 **13 05 03** 00 00
0x14 目录<寻卡>	FIF0 数据	01 0B 00 03 04 **14 06 01 00** 00 00
0x15 直接命令	直接命令码	01 09 00 03 04 **15 0F** 00 00
0x16 写 raw	数据或命令…	01 10 00 03 04 **16 91 3D 00 40 AA BB CC DD** 00 00
0x18 请求命令 ISO15693,Tag-it,14443B 停止	标志,命令码,数据,… (ISO 和 Tag-it 指定的)	01 0B 00 03 04 **18 06 20 01** 00 00
0x34 SID 查询(Tag-it)	标志,命令码, 掩码(Tag-it 指定的)	01 0B 00 03 04 **34 00 50 00** 00 00
0x54 开始循环(EPC)	时隙号	01 09 00 03 04 **54 03** 00 00
0x55 关闭时隙序列(EPC)	—	01 08 00 03 04 **55** 00 00
0xA0 REQA (14443A)	CID	01 08 00 03 04 **A0** 00 00
0xA2 选择(14443A)	—	0H 0D 00 03 04 **A2 11 22 33 44 44** 00 00
0xB0 REQB (I4443B)	0x00——AGC 使能 0xFF——AGC 禁止	01 08 00 03 04 **B0** 00 00
0xF0 AGC 选择	0x00——FM 输入 0xFF——AM 输入	01 09 00 03 04 **F0 FF** 00 00
0xF1 AM/PM 输入选择	—	01 09 00 03 04 **F1** 00 00 00
0xFE 获取版本	—	01 08 00 03 04 **FE** 00 00

④ 专家模式选择。

测试里面有一个附加功能——专家模式,可以允许用户保持对寄存器设置的调整,而不需要对每一个协议进行独立设置。目前,用户要想测试某种协议就需要进入相关的协议选项卡,然后单击"设置协议"按钮,设置所有的寄存器为默认值。对每个协议做了默认设置后,可以进入测试选项卡,选择"专家模式"复选框,然后进入寄存器选项卡进行一些必要的修改。这样就允许阅读器保持当前的寄存器设置,即使用户必需返回到其他协议(15693,14443 等)选项卡做一些预设命令,也不需要再单击"设置协议"按钮即可进行其他操作。

5.4　900 MHz UHF RFID 实验

5.4.1　寻卡实验(由 MSP430F2370 控制)

1. 实验目的

通过 MSP430F2370 对 RFID - 900 MHz - Module 进行控制,读取在 900 MHz RFID 模块读卡区域内的 ISO18000 - 6C 卡片。

2. 实验条件

- AEI - 510 系统控制主板 1 个;
- RFID - 900 MHz - Module 读卡器模块 1 个;
- 900 MHz (ISO18000 - 6C)卡片 2 张;
- MSP430 仿真器 1 个;
- USB 电缆 2 条。

3. 实验步骤

① 将 RFID - 900 MHz - Module 模块正确安装在系统控制主板的 P4 插座上,将 900 MHz 天线安装到 RFID - 900 MHz - Module 模块的 SMA 天线座上。

② 将系统控制主板上的拨码开关座 J102 和 J104 全部拨到 ON 挡,其他 4 个拨码开关座全部拨到 OFF 挡。

③ 给系统控制主板供电(USB 供电或者 5 V DC 供电)。

④ 用仿真器将系统控制主板和 PC 连接,按照 5.1 节所述方法和步骤用 IAR 开发环境打开"配套光盘\下位机代码\RFID - 900 MHz - Demo"文件夹下的 RFID - 900 MHz - Demo. eww 工程,并将工程下载到系统控制主板上。

⑤ 按下系统控制主板上的复位键 RESET。可以观察到系统控制主板的 LCD 上显示如下:

```
           RFID - 900 MHz - Demo

      Status:Connected
      Power:26 dBm
      FreMode:CN920 - 925 MHz
      HW:000000000000
      SW:5.3
```

可以看到 900 MHz 模块的连接状态,如果成功连接到了 900 MHz 模块,则连接状态(Status)显示为"Connected",MSP430F2370 会自动获得 900 MHz 模块的功率、频率、硬件版本和软件版本这 4 个信息;如果未能连接到 900 MHz 横块,则连接状态(Status)显示为"Un-connected",不能获取到模块的功率、频率、硬件版本和软件版本这 4 条信息,请检查 900 MHz 模块是否和系统控制主板连接好,900 MHz 模块是否正确供电。

模块状态显示界面大约保持 5 s,就进入读卡界面,LCD 上显示如下:

```
        RFID－900 MHz－Demo


Finding tags…
Tag not found


Put tags in the filed
of antenna radiancy!
```

注意:如果 900 MHz RFID 模块是由系统控制主板供电,因为 900 MHz 峰值电流过高,会引起 LCD 屏幕闪烁的情况,建议 900 MHz 模块采用独立的 5 V 电源供电。

⑥ 将一张 900 MHz 卡片放在 900 MHz RFID 天线范围内,当 RFID－900 MHz－Module 读卡器读取到卡片时 RFID－900 MHz－Module 读卡器上的绿灯会点亮,系统控制主板上的蜂鸣器会蜂鸣,液晶上显示所读取的 900 MHz 卡片的卡号,显示如下:

```
        RFID－900 MHz－Demo


Finding tags…
Tag found
UII_1:3000E200686363
UII_2:1201040600D792
Put tags in the filed
of antenna radiancy!
```

因为 900 MHz 卡片的 UII 号(卡号)较长,因此分为 1、2 两部分(两行)显示。

⑦ 将卡片放置在 RFID－900 MHz－Module 读卡器处,系统控制主板上的蜂鸣器会蜂鸣,液晶上显示所读取的 900 MHz 卡片的卡号,显示如下:

```
        RFID－900 MHz－Demo


Finding tags…
Tag not found
Put tags in the filed of antenna radi-
ancy!
```

5.4.2　模块通信数据包格式

下面的 900 MHz RFID 实验由上位机直接和 900 MHz 模块通信来控制它。上位机发送的 900 MHz 模块的数据包称为"命令",而 900 MHz 模块返回到上位机的数据包称为"响应"。以下所有数据段的长度单位为字节。900 MHz 模块与上位机传递的数据包的通用格式如下:

命令的数据包格式:

数据段	SOF	LENGTH	CMD	PAYLOAD	＊CRC－16	EOF
长　度	1	1	1	＜254	2	1

响应的数据包格式:

数据段	SOF	LENGTH	CMD	STATUS	PAYLOAD	＊CRC	EOF
长　度	1	1	1	1	＜253	2	1

注:有 ＊ 为可选部分,下同。

1. SOF (Start of Frame)

SOF 是一个字节的常数(SOF＝0xAA),表示数据帧的开始。

2. LENGTH

LENGTH 部分是按字节计算的＜SOF＞和＜EOF＞之间的数据(即＜LENGTH＞、＜CMD＞、＜STATUS＞、＜PAYLOAD＞、＜CRC－16＞)的长度。

3. CMD

CMD 数据段的定义如下:

位	Bit7	Bit6	Bit5	Bit4	Bit3	Bit2	Bit1	Bit0
描　述	CRC 控制位	900 MHz 模块命令						
功　能	0＝数据包中没有 CRC－16 1＝数据包中带有 CRC－16	见 900 MHz 模块命令行表						

4. STATUS

STATUS 是 900 MHz 模块的响应中包含的对上位机命令的执行状态。STATUS 只在 900 MHz 模块的响应中,上位机的命令中没有 STATUS 部分。STATUS 中高四位是通用的标志位,而低四位是各种命令中特有的状态,STATUS 通用标志位的定义如下,低四位的定义详见各命令的状态定义。

位	Bit7	Bit6	Bit5	Bit4	Bit3～0
描　述	1＝执行命令失败 0＝执行命令成功	1＝CRC 验证失败 0＝CRC 验证成功	保留	保留	见各命令的状态定义表

5. PAYLOAD

PAYLOAD 是需要传递的实际数据。除了在各命令格式中已定义的 PAYLOAD 有效字节外，在 LENGTH 可表示的范围内可延长任意 PAYLOAD，900 MHz 模块不对其进行操作。

6. CRC-16

CRC-16 部分是对<LENGTH>、<CMD>、<STATUS>（响应中）和<PAYLOAD>部分计算的 CRC-16 值。用户可通过 CMD 的 Bit 7 选择是否使用该选项。

当上位机命令的 CRC-16 验证失败时，900 MHz 模块返回固定格式的响应，其格式如下，其中 STATUS 字节的值为 0xC0。

数据段	SOF	LEN	CMD	STATUS	* CRC	EOF
长　度	1	1	1	1	2	1

7. EOF（End Of Frame）

EOF 是一个字节的常数（EOF=0x55），表示数据帧的结束。

8. 900 MHz 模块命令行表

900 MHz 模块命令行表如表 5-58 所列。

表 5-58　900 MHz 模块命令行表

命　令	值(hex)	功　能	响应等待时间/ms
RMU_GET_STATUS	00	询问状态	200
RMU GET_POWER	01	读取功率设置	200
RMU_SET_POWER	02	设置功率	200
RMU_GET_FRE	05	读取频率设置	200
RMU_SET_FRE	06	设置频率	200
RMU_GET_VERSION	07	读取 900 MHz 模块信息	200
RMU_INVENTORY	10	识别标签(单标签识别)	200
RMU_INVENTORY_ANTI	11	识别标签(防碰撞识别)	200
RMU_STOP_GET	12	停止操作	200
RMU_READ_DATA	13	读取标签数据	200
RMU_WRITE_DATA	14	写入标签数据	200
RMU_ERASE_DATA	15	擦除标签数据	200
RMU_LOCK_MEM	16	锁定标签	200
RMU_KILL_TAG	17	销毁标签	200
RMU_INVENTORY_SINGLE	18	识别标签(单步识别)	200
RMU_SINGLE_READ_DATA	20	读取标签数据(不指定 UII)	200
RMU_SINGLE_WRITE_DATA	21	写入标签数据(不指定 UII)	200

9. 插入字节

为了避免数据中出现 SOF、EOF 字节,实际通信过程中利用插入字节保证 SOF 和 EOF 的唯一性。当发送数据包的 SOF 和 EOF 之间出现 0xAA、0x55、0xFF 字节时,发送方应在该字节前插入一个 0xFF 字节。接收方接收到包含插入字节的数据后应删除插入字节并提取为效数据。插入字节不计入 LENGTH。例如:

需要发送的数据包(hex):　　 AA 04 55 00 01　55
实际发送的数据包(hex):　　 AA 04 FF 55 00 01 55
需要发送的数据包(hex):　　 AA 05 00 00 01 AA 55
实际发送的数据包(hex):　　 AA 05 00 00 01 FF AA 55
需要发送的数据包(hex):　　 AA 06 00 00 01 AA FF 55
实际发送的数据包(hex):　　 AA 06 00 00 01 FF AA FF FF 55

10. 900 MHz 模块的响应时间

上位机发送命令后,当 900 MHz 模块在一定时间内没有响应,则说明命令格式不正确或 900 MHz 模块在命令执行过程中遇到不可预测的错误。这时上位机可再发送命令。各命令的响应时间见 900 MHz 模块命令行表。

5.4.3　获取信息和设置功率实验

1. 实验目的

通过 PC 的串口对 RFID - 900 MHz - Module 进行控制,读取 900 MHz RFID 模块的模块信息,并设置模块的输出功率。

2. 实验条件

- AEI - 510 系统控制主板 1 个;
- RFID - 900 MHz - Module 读卡器模块 1 个;
- 900 MHz (ISO18000 - 6C)卡片 2 张;
- USB 电缆 1 条。

3. 实验步骤

① 将 RFID - 900 MHz - Module 模块正确安装在系统控制主板的 P4 插座上,将 900 MHz 天线安装到 RFID - 900 MHz - Module 模块的 SMA 天线座上。

② 将系统控制主板上的拨码开关座 J101 和 J104 全部拨到 ON 挡,其他 4 个拨码开关座全部拨到 OFF 挡。

③ 给系统控制主板供电(USB 供电或者 5 V DC 供电),用 USB 线连接系统控制主板和 PC。

④ 运行 AEI - 510 RFID(900 MHz).exe 软件。如图 5 - 51 所示。

⑤ 选择正确的串口号,单击"打开串口"按钮,即可自动获得 900 MHz 模块的信息和输出

图 5 – 51　AEI – 510 RFID(900 MHz)进行界面

功率,并在图 5 - 52 所示的信息窗口里显示通信状态。

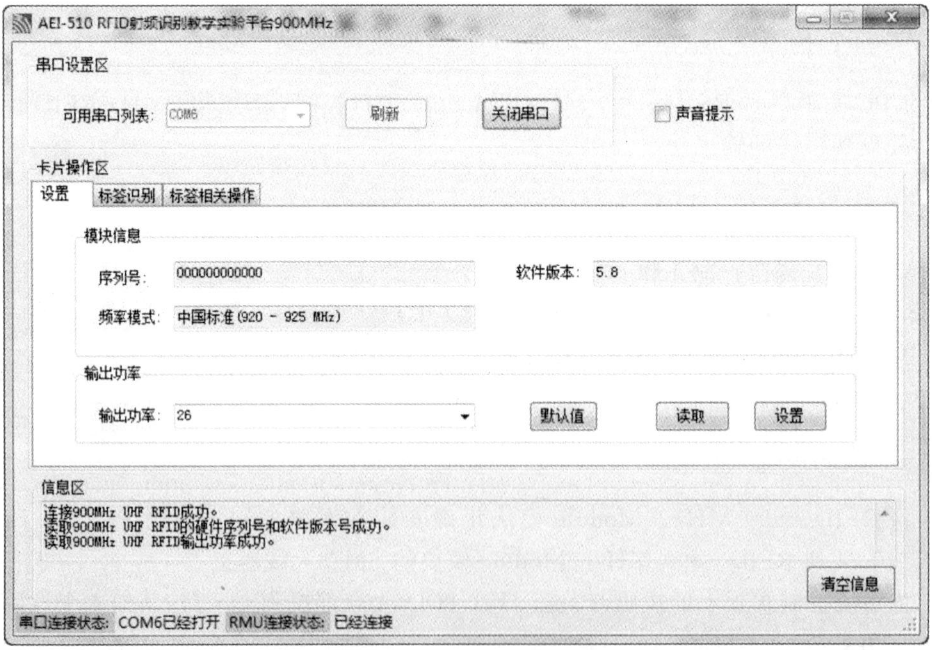

图 5 – 52　通信状态显示

⑥ 在输出功率的下拉列表里,显示想要设定的模块输出功率,然后单击"设置"按钮,即可设置新的 900 MHz 模块输出功率。单击"读取"按钮,可以获得模块当前的输出功率。

4．实验原理

本实验中包含了询问状态、读取 900 MHz 模块信息、读取频率设置、读取功率设置和设置功率 5 个命令。

(1) 询问状态

1）功能介绍

该命令询问 900 MHz 模块的状态，用户可利用该命令查询 900 MHz 模块是否连接，如果有响应则说明 900 MHz 模块已经连接，而如果在指定时间内没有响应则说明 900 MHz 模块未能成功连接。

2）数据格式

询问状态命令格式如下：

数据段	SOF	LEN	CMD	＊CRC	EOF
长　度	1	1	1	2	1

询问状态响应格式如下：

数据段	SOF	LEN	CMD	STATUS	＊CRC	EOF
长　度	1	1	I	I	2	1

3）命令状态定义

位	Bit7～4	Bit3～1	Bit0
功　能	通用位	保留	0＝连接成功

注意：该命令的 STATUS Bit0 只在 Bit7 为 0 时有效。

4）相关 API 函数

函数名	说　明
RmuOpenAndConnect()	打开 COM 端口并连接 900 MHz 模块
RmuGetFaStatus()	询问功放状态

5）命令示例

发送命令格式(hex)	返回数据格式(hex)
aa　02 00 55	成功：aa 03 00 00 55
	失败：无返回

(2) 读取 900 MHz 模块信息

1）功能介绍

该命令读取 900 MHz 模块的硬件序列号和软件版本号。其中，900 MHz 模块的硬件序列号是 6 个字节的十六进制数，软件版本是一个字节。软件版本字节的前 4 个比特是软件的主版本号,后 4 个比特是次版本号。

2) 数据格式

读取 900 MHz 模块信息命令定义如下:

数据段	SOF	LEN	CMD	* CRC	EOF
长　度	1	1	1	2	1

读取 900 MHz 模块信息响应定义如下:

数据段	SOF	LEN	CMD	STATUS	SERIAL	VERSION	CRC	EOF
长　度	1	1	1	1	6	1	2	1

3) 命令状态定义

位	Bit7~4	Bit3~1	Bit0
功　能	通用位	保留	1=该 900 MHz 模块没有定义相关信息 0=成功读取 900 MHz 模块信息

注意:该命令的 STATUS Bit0 只在 Bit7 为 0 时有效。

4) 相关 API 函数

函数名	说　明
RmuGetVersion()	读取 900 MHz 模块信息

5) 命令示例

发送命令格式(hex)	返回数据格式(hex)
aa 02 07 55	成功:aa 0a 07 01 ff ff ff ff ff ff ff ff ff ff ff ff ff ff 55
	失败:无返回

(3) 读取频率设置

1) 功能介绍

该命令读取 900 MHz 模块的频率设置。

2) 数据格式

读取频率设置命令格式如下:

数据段	SOF	LEN	CMD	* CRC	EOF
长　度	1	1	1	2	1

询问状态响应格式如下:

数据段	SOF	LEN	CMD	STATUS	FREMODE	FREBASE	BF	CN	SPC	FREHOP	* CRC	EOF
长　度	1	1	1	1	1	1	2	1	1	1	2	1

3）命令状态定义

该命令只支持通用状态位。

4）相关 API 函数

函数名	说　明
RmuGetFrequency( )	读取 RMU 频率设置

5）命令示例

发送命令格式（hex）	返回数据格式（hex）
aa 02 05 55	成功：aa 0A 00　00 01 73 05 10 02 00 55
	失败：无返回

（4）读取功率设置

1）功能介绍

该命令读取 900 MHz 模块的功率设置。用户使用 900 MHz 模块对标签进行操作前可用
该命令读取 900 MHz 模块的功率设置，该命令有两种响应格式，即操作成功和失败。

2）数据格式

读取功率设置命令格式如下：

数据段	SOF	LEN	CMD	* CRC	EOF
长　度	1	1	1	2	1

读取功率设置响应格式（成功）如下：

数据段	SOF	LEN	CMD	STATUS	POWER	* CRC	EOF
长　度	1	1	1	1	1	2	1

读取功率设置响应格式（失败）如下：

数据段	SOF	LEN	CMD	STATUS	* CRC	EOF
长　度	1	1	1	1	2	1

POWER 数据段格式如下：

POWER	Bit7	Bit6	Bit5	Bit4	Bit3	Bit2	Bit1	Bit0
描　述	保留	输出功率(dbm)						

3）命令状态定义

该命令只支持通用状态位。

4）相关 API 函数

函数名	说　明
RmuGetPower()	读取 900 MHz 模块的功率设置

5）命令示例

发送命令格式（hex）	返回数据格式（hex）
aa 02 01 55	成功:aa 04 01 00 1a 55
	失败:无返回

（5）设置功率

1）功能介绍

该命令设置 900 MHz 模块的输出功率。用户使用 900 MHz 模块对标签进行操作前需要用该命令读取 900 MHz 模块的输出功率。如用户没有设置 900 MHz 模块的功率,900 MHz 模块工作时将使用默认设置。

2）数据格式

设置功率命令格式如下：

数据段	SOF	LEN	CMD	OPTION	POWER	＊CRC	EOF
长　度	1	1	1	1	1	2	1

设置功率响应格式如下：

数据段	SOF	LEN	CMD	STATUS	＊CRC	EOF
长　度	1	1	1	1	2	1

询问状态响应格式（失败）如下：

数据段	SOF	LEN	CMD	STATUS	＊CRC	EOF
长　度	1	1	1	1	2	1

OPTION 数据段格式如下：

OPTION	Bit7～1	Bit0
描　述	保留	设置输出功率控制位（常量）
功　能	保留	1:POWER 的 Bit6～0 有效

注意:POWER 数据段的定义请见读取功率设置的数据格式。

3）命令状态定义

该命令只支持通用状态位。

4）相关 API 函数

函数名	说　明
RmuSetPower()	设置 900 MHz 模块的功率

5）命令示例

发送命令格式（hex）	返回数据格式（hex）
aa 04 02 01 1a 55	成功：aa 03 02 0055
	失败：无返回

5.4.4　单次寻卡实验

1. 实验目的

通过 PC 的串口对 RFID - 900 MHz - Module 进行控制，读取在 900 MHz RFID 模块读卡区域内的 900 MHz 卡的卡号。

2. 实验条件

- AEI - 510 系统控制主板 1 个；
- RFID - 900 MHz - Module 读卡器模块 1 个；
- 900 MHz （ISOI8000 - 6C）卡片 2 张；
- USB 电缆 1 条。

3. 实验步骤

① 将 RFID - 900 MHz - Module 模块正确安装在系统控制主板的 P4 插座上，将 900 MHz 天线安装到 RFID - 900 MHz - Module 模块的 SMA 天线座上。

② 将系统控制主板上的拨码开关座 J101 和 J104 全部拨到 ON 挡，其他 4 个拨码开关座全部拨到 OFF 挡。

③ 给系统控制主板供电（USB 供电或者 5 V DC 供电），用 USB 线连接系统控制主板和 PC。

④ 运行 AEI - 510 RFID(900 MHz).exe 软件。选择正确的串口，打开串口，成功连接到 900 MHz 模块后，切换到"标签识别"选项卡，如图 5 - 53 所示。

⑤ 将一张 900 MHz 卡片放在 900 MHz 天线附近，单击"单步识别"按钮，900 MHz 模块开始进行单步识别，如果未识别到卡片，下面的信息框提示"单步识别失败，请将标签置于天线辐射场内！"；如果识别到卡片，900 MHz 模块上的绿灯会点亮，软件下面的信息框提示"单步识别成功。"，PC 端会发出系统声音（**注意**：如果软件上的声音提示选项选中了则会有读卡声音，如果没有选或者用户 PC 上没有音频设备，则无读卡声音），在标签列表框里会列出读取到的标签 ID，以及这张标签的识别次数。标签数量会随着读取到的不同卡号的标签数量而增加，如图 5 - 54 所示。

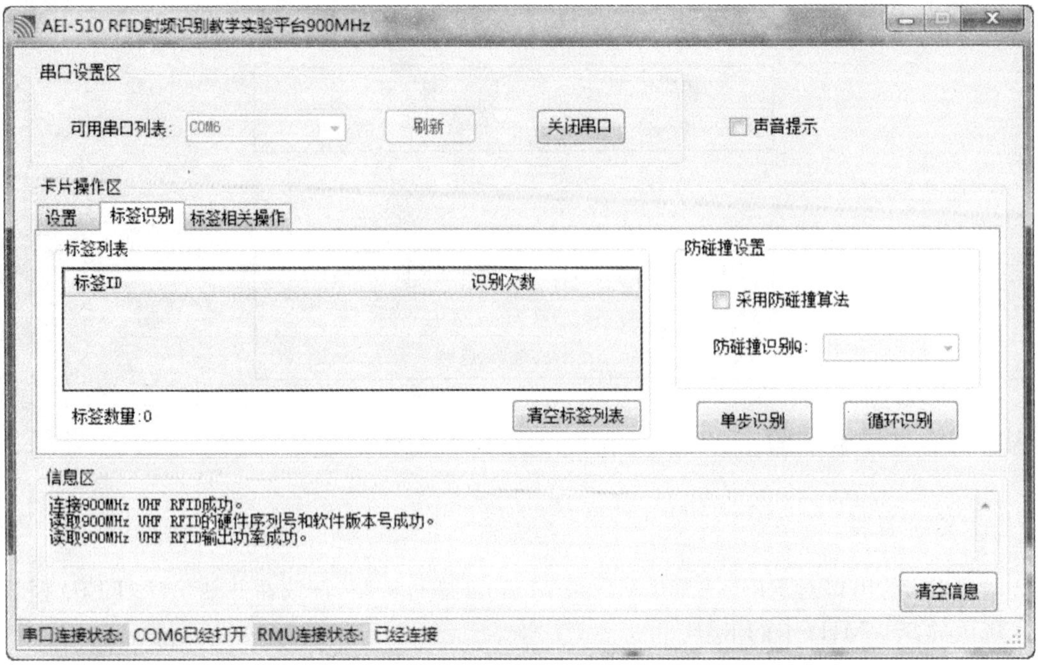

图 5 – 53 AEI – 510 RFID(900 MHz)标签识别运行界面(一)

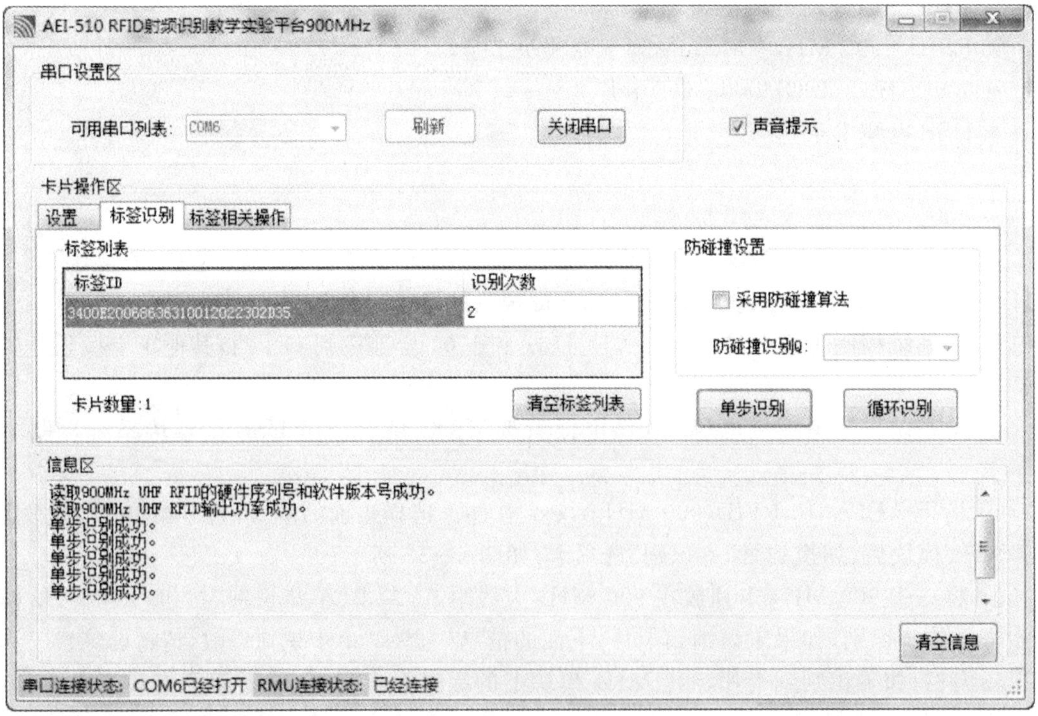

图 5 – 54 识别标签(单步识别)

⑥ 可以通过"清空标签列表"按钮和"清空信息"按钮将标签列表和信息框里的内容清空，清空标签列表后，标签数量从 0 开始重新计数。

4. 实验原理

在本实验中使用了识别标签（单步识别）命令。

1）功能介绍

该命令识别单张标签。与循环识别和防碰撞识别命令不同的是，该命令不启动识别循环。每次上位机发送该命令时，900 MHz 模块识别标签，如果识别到标签则返回标签号，如果没有识别到标签则无返回。

2）数据格式

识别标签命令格式（单步识别）如下：

数据段	SOF	LEN	CMD	* CRC	EOF
长　度	1	1	1	2	1

识别标签响应格式如下：

数据段	SOF	LEN	CMD	STATUS	UII	* CRC	EOF
长　度	1	1		1		2	1

3）命令状态定义

该命令只支持通用状态位。

4）相关 API 函数

函数名	说　明
RmuInventorySingle()	单步获取标签 UII

5）命令示例

发送命令格式（hex）	返回数据格式（hex）
aa 02 18 55	成功：aa 07 18 00 08 00 00 01 55
	失败：aa 03 18 01 55

5.4.5　连续寻卡实验

1. 实验目的

通过 PC 的串口对 RFID‐900 MHz‐Module 进行控制，读取在 900 MHz RFID 模块读卡区域内的 900 MHz 卡的卡号。

2. 实验条件

- AEI‐510 系统控制主板 1 个；
- RFID‐900 MHz‐Module 读卡器模块 1 个；

- 900 MHz（ISO18000-6C)卡片 2 张；
- USB 电缆 1 条。

3. 实验步骤

① 将 RFID-900 MHz-Module 模块正确安装在系统控制主板的 P4 插座上,将 900 MHz 天线安装到 RFID-900 MHz-Module 模块的 SMA 天线座上。

② 将系统控制主板上的拨码开关座 J101 和 J104 全部拨到 ON 挡,其他 4 个拨码开关座全部拨到 OFF 挡。

③ 给系统控制主板供电(USB 供电或者 5 V DC 供电),用 USB 线连接系统控制主板和 PC。

④ 运行 AEI-510 RFID(900 MHz).exe 软件。选择正确的串口,打开串口,成功连接到 900 MHz 模块后,切换到"标签识别"选项卡,如图 5-55 所示。

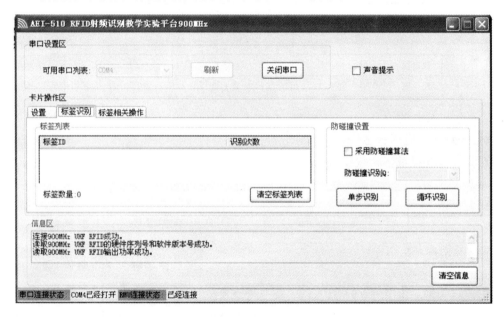

图 5-55　AEI-510 RFID(900 MHz)标签识别运行界面(二)

⑤ 单击"循环识别"按钮,900 MHz 模块开始进行循环识别,将一张 900 MHz 卡片放在 900 MHz 天线读卡区域内,如果未识别到卡片,信息区无提示;如果识别到卡片,900 MHz 模块上的绿灯会点亮,软件下面的信息区提示"识别到卡片",PC 端会发出系统声音(**注意**:如果软件上的声音提示选项选中了则会有读卡声音,如果没有选或者用户 PC 上没有音频设备,则无读卡声音),在标签列表框里会列出读取到的标签 ID,以及这张标签的识别次数。标签数量会随着读取到的不同卡号的标签数量而增加。如图 5-56 所示。

⑥ "循环识别"在按下后变成"停止循环识别"按钮,按下"停止循环识别"按钮,可以停止 900 MHz 模块进行循环识别。可以通过单击"清空标签列表"按钮和"清空信息"按钮将标签列表和信息区里的内容清空,清空标签列表后,标签数量从 0 开始重新计数。

图 5 - 56　单张标签循环识别

4. 实验原理

在本实验中使用了识别标签（单标签识别）命令。

(1) 功能介绍

该命令启动标签识别循环，对单张标签进行循环识别时使用该命令。该命令有两种响应格式：900 MHz 模块接收该命令后，返回识别标签响应告诉上位机启动标签识别循环成功与否；若启动标签识别循环成功，900 MHz 模块连续返回获取标签号响应直到接收到停止识别标签命令，每个获取标签号响应只返回一张标签的 UII。

(2) 数据格式

识别标签命令格式（单标签识别）如下：

数据段	SOF	LEN	CMD	* CRC	EOF
长　度	1	1	1	2	1

识别标签响应格式如下：

数据段	SOF	LEN	CMD	STATUS	* CRC	EOF
长　度	1	1	1	1	2	1

获取标签响应格如下：

数据段	SOF	LEN	CMD	STATUS	UII	＊CRC	EOF
长　度	1	1	1	1		2	1

注意：这里的 UII 包括 PC bits，即 PC＋UII，UII 的格式见附录 B。

（3）命令状态定义

位	Bit7～4	Bit3～1	Bit0
功　能	通用位	保留	1＝识别标签响应（不包含 UII） 0＝获取标签号响应（包含 UII）

注意：该命令的 STATUS Bit0 只在 Bit7 为 0 时有效。

（4）相关 API 函数

函数名	说　明
RmuInventory()	获取标签 UII

（5）命令示例

发送命令格式（hex）	返回数据格式（hex）	
aa 02 10 55	成功	先返回确认命令：aa 03 10 01 55（收到识别标签命令）
		再返回标签数据：aa 07 10 00 08 00 00 01 55（不断返回标签数据）
	失败	仅返回确认命令：aa 03 10 01 55（没有识别到标签）

5.4.6　防碰撞连续寻卡实验

1. 实验目的

通过 PC 的串口对 RFID－900 MHz－Module 进行控制，对 900 MHz RFID 模块读卡区域内的多张 900 MHz 卡片进行识别。当读卡区域内有一张以上的卡片时，采用防碰撞连续寻卡模式，能够更快速准确地识别卡片。

2. 实验条件

- AEI－510 系统控制主板 1 个；
- RFID－900 MHz－Module 读卡器模块 1 个；
- 900 MHz（ISO18000－6C）卡片 2 张；
- USB 电缆 1 条。

3. 实验步骤

① 将 RFID－900 MHz－Module 模块正确安装在系统控制主板的 P4 插座上，将 900 MHz 天线安装到 RFID－900 MHz－Module 模块的 SMA 天线座上。

② 将系统控制主板上的拨码开关座 J101 和 J104 全部拨到 ON 挡，其他 4 个拨码开关座

全部拨到 OFF 挡。

③ 给系统控制主板供电(USB 供电或者 5 V DC 供电),用 USB 线连接系统控制主板和 PC。

④ 运行 AEI-510 RFID(900 MHz).exe 软件。选择正确的串口,打开串口,成功连接到 900 MHz 模块后,切换到"标签识别"选项卡,如图 5-57 所示。

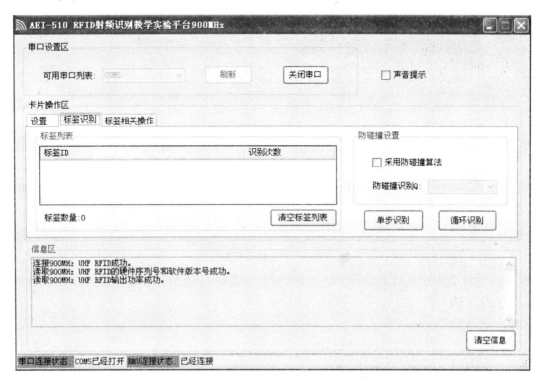

图 5-57　AEI-510 RFID(900 MHz)标签识别运行界面(三)

⑤ 在"防碰撞设置"窗口里勾选"采用防碰撞算法",并给定防碰撞识别 Q 值,默认为 3。

⑥ 单击"循环识别"按钮,900 MHz 模块开始进行循环识别,将 2 张 900 MHz 卡片放在 900 MHz 天线读卡区域内,如果未识别到卡片,信息区无提示;如果识别到卡片,900 MHz 模块上的绿灯会点亮,软件下面的信息区提示"识别到卡片",PC 端会发出系统声音(**注意:**如果软件上的声音提示选项选中了则会有读卡声音,如果没有选或者用户 PC 上没有音频设备,则无读卡声音),在标签列表框里会列出读取到的标签 ID,以及这张标签的识别次数。标签数量会随着读取到的不同卡号的标签数量而增加。如图 5-58 所示。

⑦ "循环识别"运行后,变成"停止循环识别"按钮,单击"停止循环识别"按钮,可以停止 900 MHz 模块进行循环识别。可以通过单击"清空标签列表"按钮和"清空信息"按钮将标签列表和信息区里的内容清空,清空标签列表后,标签数量从 0 开始重新计数。

4. 实验原理

在本实验中使用了识别标签(防碰撞识别)命令。

(1) 功能介绍

该命令启动标签识别循环,对多张标签进行识别时使用该命令。发送命令时需制定防碰

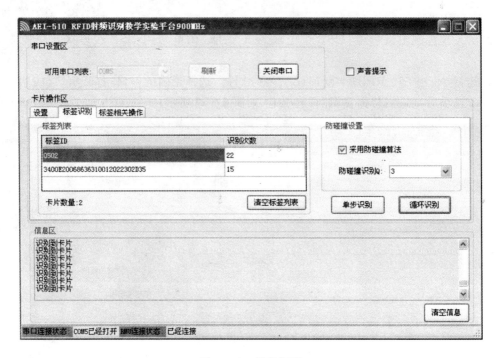

图 5 - 58　标签识别

撞识别的初始 Q 值。若 Q 设为 0,900 MHz 模块使用默认 Q 值。该命令的响应方式与单标签识别命令一致。

(2) 数据格式

识别标签命令格式(防碰撞识别)如下:

数据段	SOF	LEN	CMD	Q	* CRC	EOF
长　度	1	1	1	1	2	1

Q 数据段格式如下:

Q	Bit7～Bit4	Bit3～Bit0
描　述	保留	Q Bit3～Bit0

识别标签响应格式如下:

数据段	SOF	LEN	CMD	STATUS	* CRC	EOF
长　度	1	1	1	1	2	1

获取标签响应格式如下:

数据段	SOF	LEN	CMD	STATUS	UII	* CRC	EOF
长　度	1	1	1	1		2	1

(3) 命令状态定义

位	Bit7~4	Bit3~1	Bit0
功 能	通用位	保留	1=识别标签响应(不包含 UII) 0=获取标签号响应(包含 UII)

注意:该命令的 STATUS Bit0 只在 Bit7 为 0 时有效。

(4) 相关 API 函数

函数名	说 明
RmuInventory()	获取标签 UII

(5) 命令示例

发送命令格式(hex)		返回数据格式(hex)
aa 03 11 03 55	成功	先返回确认命令:aa 03 11 01 55 (收到识别标签命令)
		再返回标签数据:aa 07 11 00 08 00 00 01 55 (不断返回标签数据)
	失败	仅返回确认命令:aa 03 11 01 55 (没有识别到标签)

5.4.7 读取标签信息实验(不指定 UII 模式)

1. 实验目的

通过 PC 的串口对 RFID - 900 MHz - Module 进行控制,读取读卡区域里某张标签的信息。

2. 实验条件

- AEI - 510 系统控制主板 1 个;
- RFID - 900 MHz - Module 读卡器模块 1 个;
- 900 MHz (ISO18000 - 6C)卡片 1 张;
- USB 电缆 1 条。

3. 实验步骤

① RFID - 900 MHz - Module 模块正确安装在系统控制主板的 P4 插座上,将 900 MHz 天线安装到 RFID - 900 MHz - Module 模块的 SMA 天线座上。

② 将系统控制主板上的拨码开关座 J101 和 J104 全部拨到 ON 挡,其他 4 个拨码开关座全部拨到 OFF 挡。

③ 给系统控制主板供电(USB 供电或者 5 V DC 供电),用 USB 线连接系统控制主板和 PC。

④ 运行 AEI - 510 RFID(900 MHz).exe 软件。选择正确的串口,打开串口,成功连接到 900 MHz 模块后,切换到"标签相关操作"选项卡,如图 5 - 59 所示。

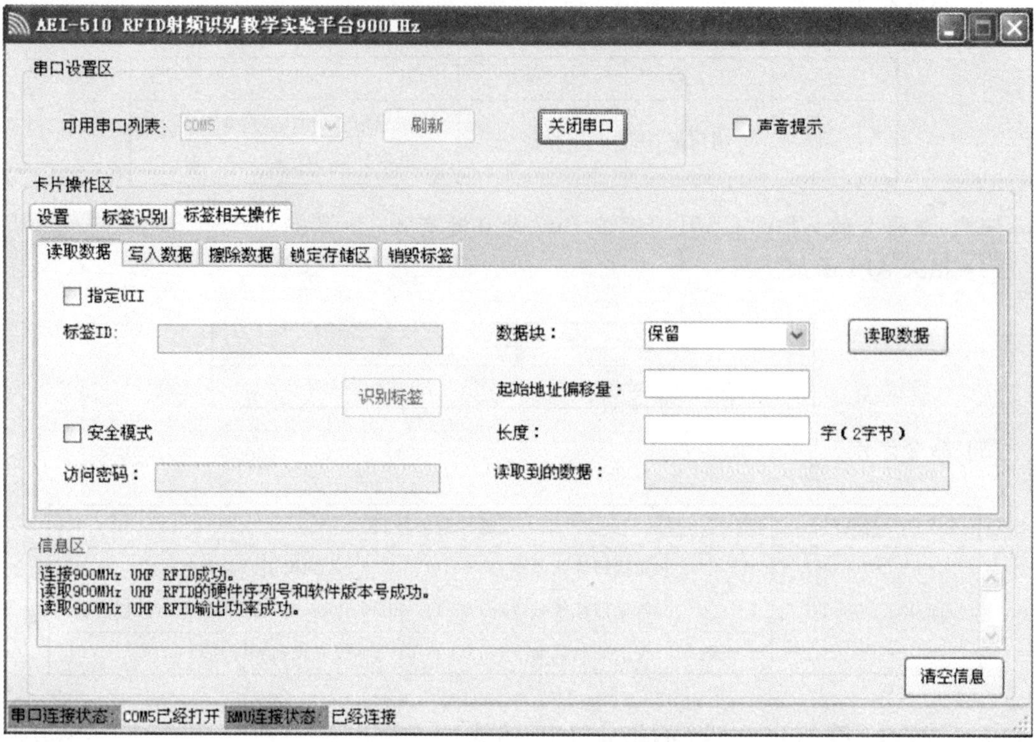

图 5 - 59　AEI - 510 RFID(900 MHz)标签数据读取运行界面

⑤ 将卡片放在天线读卡区域内。

⑥ 在数据块下拉列表里选择要读取的数据块(保留、UII、TID、用户)。

⑦ 在"起始地址偏移量"方框里输入起始地址偏移量(十进制)。起始地址偏移量每增加1,读取资料的起始地址增加2个字节。

⑧ 在"长度"方框里输入要读取的长度(十进制)。长度以2个字节为单位。

⑨ 单击"读取数据"按钮。

⑩ 如果读取标签数据成功,在"读取到的数据"方框里会显示读取到的数据,同时,信息提示框里提示"读取数据操作成功"。如图 5-60 所示。

如果需要使用安全模式下对标签进行读取、写入、擦除数据操作时,请勾选"安全模式",并在"访问密码"方框中输入 32 位的访问密码,如图 5-61 所示。

4. 实验原理

在本实验中使用了读取标签数据(不指定 UII 模式)命令。

(1) 功能介绍

该命令从标签读取数据。用户无需指定标签的 UII 即可从该标签内读取指定存储空间的数据信息。

读取标签数据、写入标签数据、擦除标签数据和锁定标签操作的命令中含有标签的 AC-CESS 密码(APWD 数据段),当 APWD 不全为零时利用 ACCESS 命令确保标签处有 SE-CURED 状态后进行相应的操作。

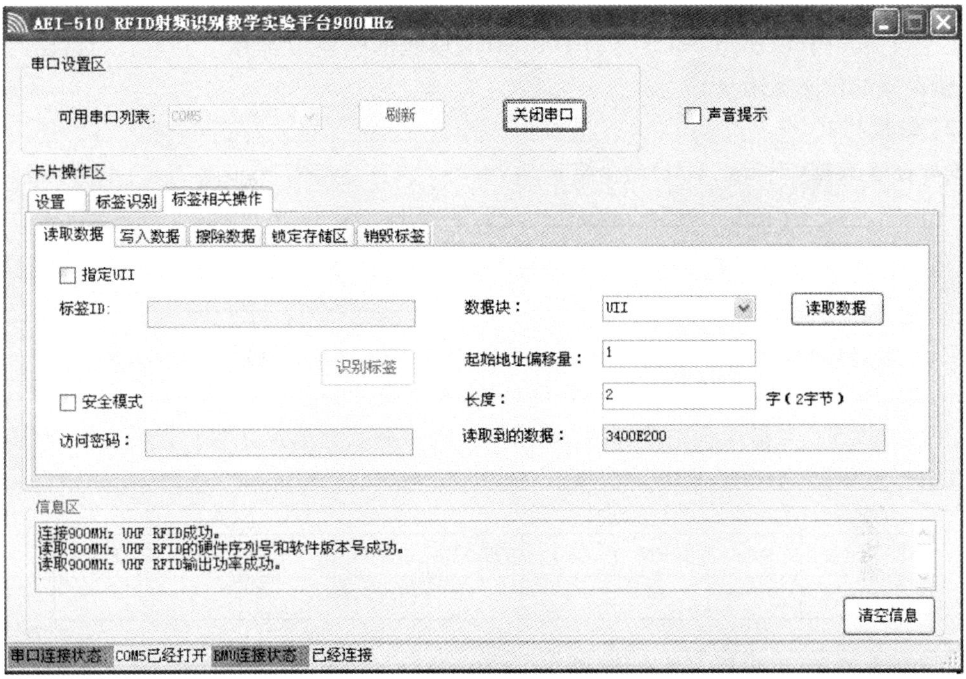

图 5 - 60   标签读取数据操作

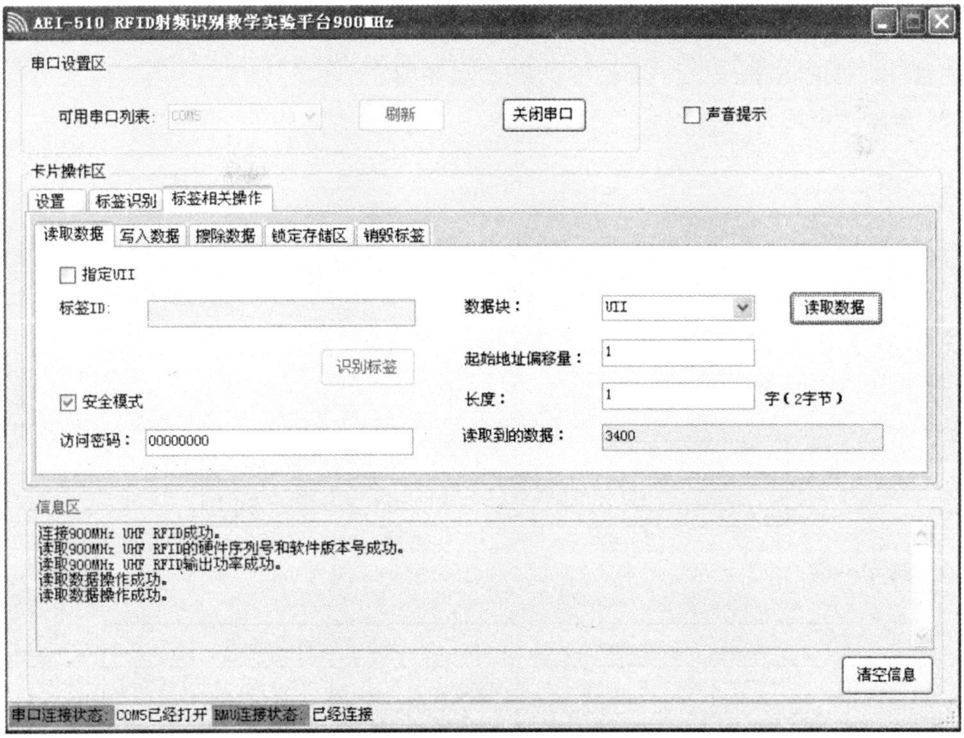

图 5 - 61   安全模式下对标签进行操作

进行数据操作时(读取标签数据、写入标签数据,擦除标签数据、锁定标签、销毁标签)标签有可能返回错误码(Error Code),这时 900 MHz 模块的响应中含有一个字节的错误码(可选项)。错误码的定义见附录 C。

(2) 数据格式

读取标签数据(不指定 UII)命令格式如下:

数据段	SOF	LEN	CMD	APWD	BANK	PTR	CNT	* CRC	EOF
长　度	1	1	1	4	1	EBV	1	2	1

注意:① APWD 数据段是标签的 ACCESS PASSWORD,下同。

　　　② PTR 数据段是 EBV,EBV 格式,见附录 D。

　　　③ CNT 数据段是以字(2 字节)为单位读出数据的长度,CNT 长度不能为 0。

读取标签数据(不指定 UII)响应格式(成功)如下:

数据段	SOF	LEN	CMD	STATUS	DATA	UII	* CRC	EOF
长　度	1	1	1	1	CNT * 2		2	1

读取标签数据(不指定 UII)响应格式(失败)如下:

数据段	SOF	LEN	CMD	STATUS	* ECODE	* CRC	EOF
长　度	1	1	1	1	1	2	1

注意:ECODE(Error Code)数据段是可选项,下同。

(3) 命令状态定义

位	Bit7~4	Bit3~1	Bit0
功　能	通用位	保留	1=响应中含 ECODE 数据段 0=响应中不含 ECODE 数据段

注意:该命令的 STATUS Bit0 只在 Bit7 为 1 时有效。

(4) 相关 API 函数

函数名	说　明
RmuReadDataSingle()	读取标签数据(不指定 UII)

(5) 命令示例

发送命令格式(hex)	返回数据格式(hex)
aa 09 20 00 00 00 00 01 01 01 55	成功:aa 09 20 00 08 00 08 00 00 01 55
	失败: aa 04 20 81 04 55

5.4.8　读取标签信息实验(指定 UII 模式)

1．实验目的

通过 PC 的串口对 RFID - 900 MHz - Module　进行控制,读取读卡区域里指定标签的信息。

2．实验条件

- AEI - 510 系统控制主板 1 个;
- RFID - 900 MHz - Module 读卡器模块 1 个;
- 900 MHz(ISO18000 - 6C)卡片 1 张;
- USB 电缆 1 条。

3．实验步骤

① 将 RFID - 900 MHz - Module 模块正确安装在系统控制主板的 P4 插座上,将 900 MHz 天线安装到 RFID - 900 MHz - Module 模块的 SMA 天线座上。

② 将系统控制主板上的拨码开关座 J101 和 J104 全部拨到 ON 挡,其他 4 个拨码开关座全部拨到 OFF 挡。

③ 给系统控制主板供电(USB 供电或者 5 V DC 供电),用 USB 线连接系统控制主板和 PC。

④ 运行 AEI - 510 RFID(900 MHz).exe 软件。选择正确的串口,打开串口,成功连接到 900 MHz 模块后,切换到“标签相关操作”选项卡,如图 5 - 62 所示。

⑤ 将一张 900 MHz 卡片放在天线读卡区域内。

⑥ 勾选“指定 UII”选项。

⑦ 单击“识别标签”按钮,识别到标签后,在标签 ID 方框里会显示读取到的标签 ID,同时,信息提示框里提示“单步识别成功”。

⑧ 在数据块下拉列表里选择要读取的数据块(保留、UII、TID、用户)。

⑨ 在“起始地址偏移量”方框里输入起始地址偏移量(十进制)。起始地址偏移量每增加 1,读取资料的起始地址增加 2 个字节。

⑩ 在“长度”方框里输入要读取的长度(十进制)。长度以 2 个字节为单位。

⑪ 单击“读取数据”按钮。

⑫ 如果读取标签数据成功,在“读取到的数据”方框里会显示读取到的数据,同时,信息提示框里提示“读取数据操作成功”。如图 5 - 63 所示。

如果需要使用安全模式下对标签进行读取、写入、擦除数据操作时,请勾选“安全模式”,并在“访问密码”方框中输入 32 位的访问密码。

4．实验原理

在本实验中使用了读取标签数据(指定 UII 模式)命令。

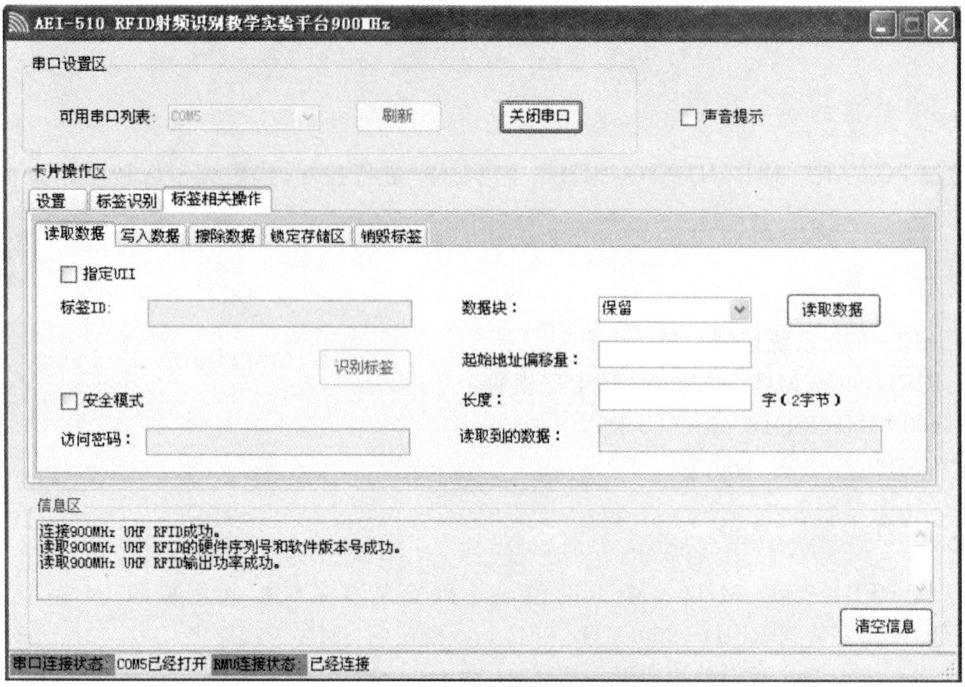

图 5 - 62　　AEI - 510 RFID(900 MHz)标签相关操作界面

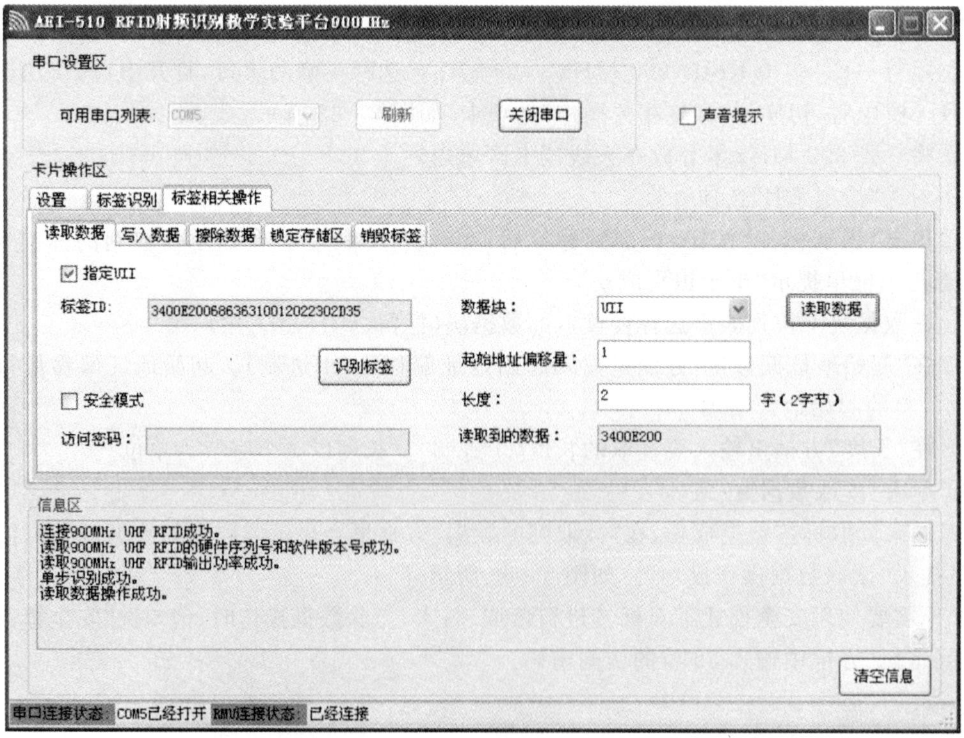

图 5 - 63　　读取标签信息操作

(1) 功能介绍

该命令从标签读取数据。用户需指定欲读取数据的标签 UII 信息,才能从该标签内读取指定存储空间的数据信息。该命令成功、失败时响应格式有所不同。

读取标签数据、写入标签数据、擦除标签数据和锁定标签操作的命令中含有标签的 ACCESS 密码(APWD 数据段),当 APWD 不全为零时利用 ACCESS 命令确保标签处有 SECURED 状态后进行相应的操作。

进行数据操作时(读取标签数据、写入标签数据,擦除标签数据、锁定标签、销毁标签)标签有可能返回错误码(Error Code),这时 900 MHz 模块的响应中含有一个字节的错误码(可选项)。错误码的定义见附录 C。

(2) 数据格式

读取标签数据(指定 UII)命令格式如下:

数据段	SOF	LEN	CMD	APWD	BANK	PTR	CNT	UII	* CRC	EOF
长　度	1	1	1	4	1	EBV	1		2	1

注意:① APWD 数据段是标签的 ACCESS PASSWORD,下同。

② PTR 数据段是 EBV,EBV 格式见附录 D。

③ CNT 数据段是以字(2 字节)为单位的读出数据的长度,CNT 长度不能为 0。

读取标签数据(指定 UII)响应格式(成功)如下:

数据段	SOF	LEN	CMD	STATUS	DATA	* CRC	EOF
长　度	1	1	1	1	CNT * 2	2	1

读取标签数据(指定 UII)响应格式(失败)如下:

数据段	SOF	LEN	CMD	STATUS	* ECODE	* CRC	EOF
长　度	1	1	1	1	1	2	1

注意:ECODE(Error Code)数据段是可选项,下同。

(3) 命令状态定义

位	Bit7~4	Bit3~1	Bit0
功　能	通用位	保留	1=响应中含 ECODE 数据段 0=响应中不含 ECODE 数据段

注意:该命令的 STATUS Bit0 只在 Bit7 为 1 时有效。

(4) 相关 API 函数

函数名	说　明
RmuReadData ( )	读取标签数据(指定 UII)

(5) 命令示例

发送命令格式(hex)	返回数据格式(hex)
aa 0d 13 00 00 00 00 01 01 01 08 00 00 01 55	成功:aa 05 13 00 08 00 55
	失败:aa 04 13 81 04 55

5.4.9　写入标签数据实验(不指定 UII 模式)

1. 实验目的

通过 PC 的串口对 RFID-900 MHz-Module 进行控制,对读卡区域里指定的某张标签写入数据。

2. 实验条件

- AEI-510 系统控制主板 1 个;
- RFID-900 MHz-Module 读卡器模块 1 个;
- 900 MHz (ISO18000-6C)卡片 1 张;
- USB 电缆　1 条。

3. 实验步骤

① 将 RFID-900 MHz-Module 模块正确安装在系统控制主板的 P4 插座上,将 900 MHz 天线安装到 RFID-900 MHz-Module 模块的 SMA 天线座上。

② 将系统控制主板上的拨码开关座 J101 和 J104 全部拨到 ON 挡,其他 4 个拨码开关座全部拨到 OFF 挡。

③ 给系统控制主板供电(USB 供电或者 5 V DC 供电),用 USB 线连接系统控制主板和 PC。

④ 运行 AEI-510 RFID(900 MHz).exe 软件。选择正确的串口,打开串口,成功连接到 900 MHz 模块后,切换到"标签相关操作"选项卡,选择"写入数据"选项卡,如图 5-64 所示。

⑤ 将一张 900 MHz 卡片放在天线读卡区域内。

⑥ 在数据块下拉列表里选择要读取的数据块(保留、UII、TID、用户)。

⑦ 在"起始地址偏移量"方框里输入起始地址偏移量(十进制)。起始地址偏移量每增加 1,读取资料的起始地址增加 2 个字节。

⑧ 在"待写入的数据"方框里输入要写入的数据。长度为 2 个字节。

⑨ 单击"写入数据"按钮。

⑩ 如果写入数据成功,在信息提示框里会提示"写入数据操作成功"。如图 5-65 所示。

如果需要使用安全模式下对标签进行读取、写入、擦除数据操作时,请勾选"安全模式",并在"访问密码"方框中输入 32 位的访问密码。

可以通过再次读取标签数据的方法来验证刚才写入的数据是否成功。

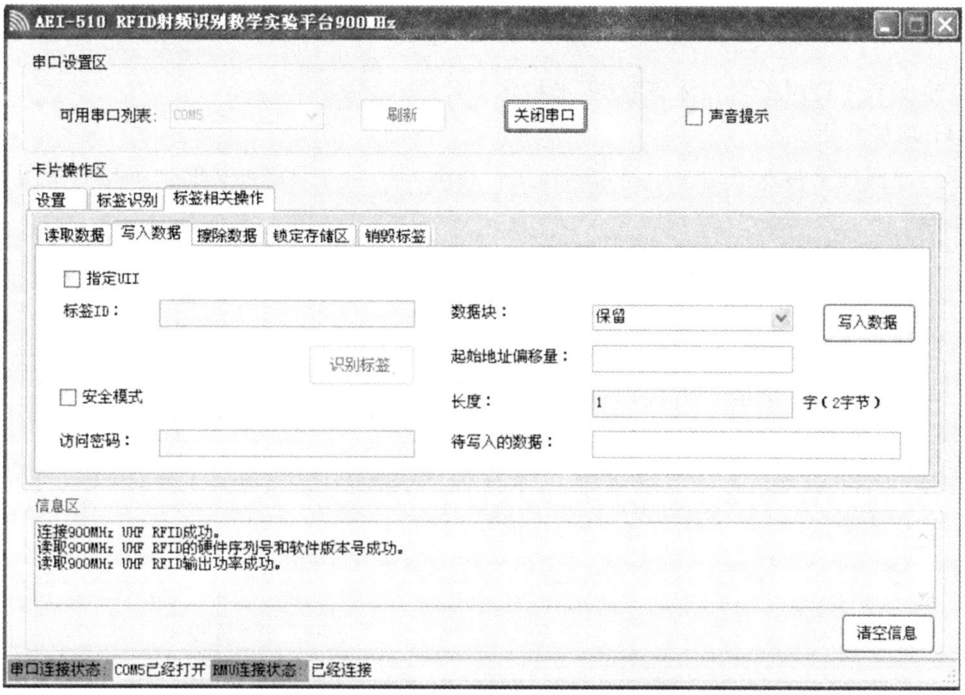

图 5 - 64　AEI - 510 RFID(900 MHz)标签写入数据运行界面(不指定 UII 模式)

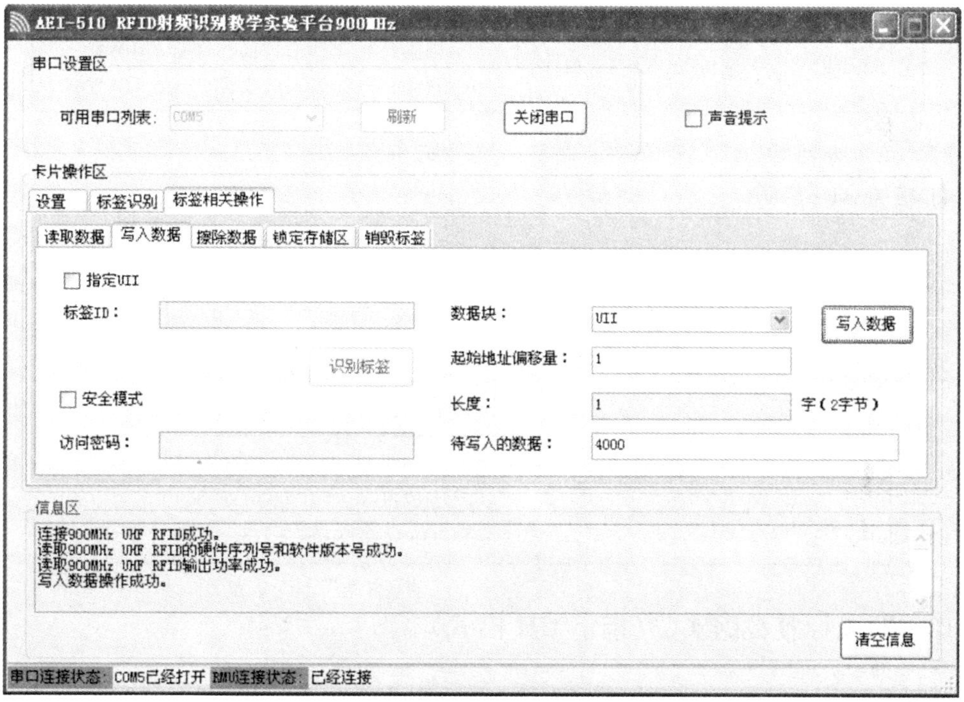

图 5 - 65　标签写入数据操作界面

4. 实验原理

在本实验中使用了写入标签数据（不指定 UII 模式）命令。

(1) 功能介绍

该命令向标签写入数据。用户无需指定标签的 UII 即可向该标签的指定存储空间写入数据信息。

(2) 数据格式

写入标签数据（不指定 UII）命令格式如下：

数据段	SOF	LEN	CMD	APWD	BANK	PTR	CNT	DATA	* CRC	EOF
长　度	1	1	1	4	1	EBV	1	CNT*2	2	1

注意：CNT 数据段是以字（2 字节）为单位的 DATA 的长度，现只支持 CNT 为 1。

写入标签数据（不指定 UII）响应格式（成功）如下：

数据段	SOF	LEN	CMD	STATUS	UII	* ECODE	* CRC	EOF
长　度	1	1	1	1		1	2	1

(3) 命令状态定义

位	Bit7~4	Bit3~1	Bit0
功　能	通用位	保留	1=响应中含 ECODE 数据段，不含 UII 数据 0=响应中不含 ECODE 数据段，不含 UII 数据

注意：该命令的 STATUS Bit0 只在 Bit7 为 1 时有效。

(4) 相关 API 函数

函数名	说　明
RmuWriteDataSingle ()	写入标签数据（不指定 UII）

(5) 命令示例

发送命令格式（hex）	返回数据格式（hex）
aa 0b 21 00 00 00 00 01 01 01 10 00 55	成功：aa 07 21 00 08 00 00 01 55
	失败：aa 04 21 81 04 55

5.4.10　写入标签数据实验（指定 UII 模式）

1. 实验目的

通过 PC 的串口对 RFID-900 MHz-Module 进行控制，对读卡区域里指定某张标签写入数据。

2. 实验条件

- AEI - 510 系统控制主板 1 个;
- RFID - 900 MHz - Module 读卡器模块 1 个;
- 900 MHz (ISO18000 - 6C)卡片 1 张;
- USB 电缆 1 条。

3. 实验步骤

① 将 RFID - 900 MHz - Module 模块正确安装在系统控制主板的 P4 插座上,将 900 MHz 天线安装到 RFID - 900 MHz - Module 模块的 SMA 天线座上。

② 将系统控制主板上的拨码开关座 J101 和 J104 全部拨到 ON 挡,其他 4 个拨码开关座全部拨到 OFF 挡。

③ 给系统控制主板供电(USB 供电或者 5 V DC 供电),用 USB 线连接系统控制主板和 PC。

④ 运行 AEI - 510 RFID(900 MHz).exe 软件。选择正确的串口,打开串口,成功连接到 900 MHz 模块后,切换到"标签相关操作"选项卡,选择"写入数据"选项卡,如图 5 - 66 所示。

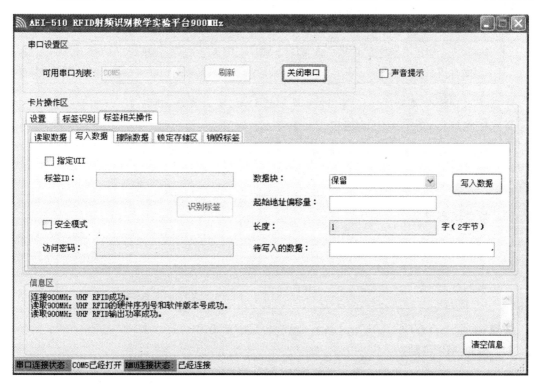

图 5 - 66　AEI - 510 RFID(900 MHz)标签写入数据运行界面(指定 UII 模式)

⑤ 将一张 900 MHz 卡片放在天线读卡区域内。

⑥ 勾选"指定 UII"选项。

⑦ 单击"识别标签"按钮,识别到标签后,在标签 ID 方框里会显示读取到的标签 ID,同

时，信息提示框里提示"单步识别成功"。

⑧ 在数据块下拉列表里选择要读取的数据块（保留、UII、TID、用户）。

⑨ 在"起始地址偏移量"方框里输入起始地址偏移量（十进制）。起始地址偏移量每增加1，读取资料的起始地址增加 2 个字节。

⑩ 在"待写入的数据"方框里输入待写入的数据。长度为 2 个字节。

⑪ 单击"写入数据"按钮。

⑫ 如果写入标签数据成功，在信息提示框里提示"写入数据操作成功"。

如果需要使用安全模式下对标签进行读取、写入、擦除数据操作时，请勾选"安全模式"，并在"访问密码"方框中输入 32 位的访问密码。

同样的，可以通过再次读取标签数据的方法来验证刚才写入的数据是否成功。

4. 实验原理

在本实验中使用了写入标签数据（指定 UII 模式）命令。

(1) 功能介绍

该命令向标签写入数据。在这种写入方式下，用户需指定欲写入数据的标签的 UII 信息。

(2) 数据格式

写入标签数据（指定 UII）命令格式如下：

数据段	SOF	LEN	CMD	APWD	BANK	PTR	CNT	DATA	*CRC	EOF
长　度	1	1	1	4	1	EBV	1	CNT*2	2	1

注意：CNT 数据段是以字（2 字节）为单位的 DATA 的长度，现只支持 CNT 为 1。

写入标签数据（指定 UII）响应格式如下：

数据段	SOF	LEN	CMD	STATUS	*ECODE	*CRC	EOF
长　度	1	1	1	1	1	2	1

(3) 命令状态定义

位	Bit7～4	Bit3～1	Bit0
功　能	通用位	保留	1＝响应中含 ECODE 数据段 0＝响应中不含 ECODE 数据段

注意：该命令的 STATUS Bit0 只在 Bit7 为 1 时有效。

(4) 相关 API 函数

函数名	说　明
RmuWriteData()	写入标签数据

(5) 命令示例

发送命令格式(hex)	返回数据格式(hex)
aa 0f 14 00 00 00 00 01 01 01 10 00 08 00 00 01 55	成功：aa 03 14 00 55
	失败：aa 04 14 81 04 55

5.4.11　擦除标签数据实验

1. 实验目的

通过 PC 的串口对 RFID - 900 MHz - Module 进行控制，将指定标签的指定数据块的数据擦除。

2. 实验条件

- AEI - 510 系统控制主板 1 个；
- RFID - 900 MHz - Module 读卡器模块 1 个；
- 900 MHz (ISO18000 - 6C)卡片 1 张；
- USB 电缆 1 条。

3. 实验步骤

① 将 RFID - 900 MHz - Module 模块正确安装在系统控制主板的 P4 插座上，将 900 MHz 天线安装到 RFID - 900 MHz - Module 模块的 SMA 天线座上。

② 将系统控制主板上的拨码开关座 J101 和 J104 全部拨到 ON 挡，其他 4 个拨码开关座全部拨到 OFF 挡。

③ 给系统控制主板供电（USB 供电或者 5 V DC 供电），用 USB 线连接系统控制主板和 PC。

④ 运行 AEI - 510 RFID(900 MHz).exe 软件。选择正确的串口，打开串口，成功连接到 900 MHz 模块后，切换到"标签相关操作"选项卡，选择"擦除数据"选项卡，如图 5 - 67 所示。

⑤ 将一张 900 MHz 卡片放在天线读卡区域内。

⑥ 单击"识别标签"按钮，识别到标签后，在标签 ID 方框里会显示读取到的标签 ID，同时，信息提示框里提示"单步识别成功"。

⑦ 在数据块下拉列表里选择要读取的数据块（保留、UII、TID、用户）。

⑧ 在"起始地址偏移量"方框里输入起始地址偏移量（十进制）。起始地址偏移量每增加 1，读取资料的起始地址增加 2 个字节。

⑨ 在"长度"方框里输入待擦除数据的长度（十进制）。长度以 2 个字节为单位。

⑩ 单击"擦除数据"按钮。

⑪ 如果擦除标签数据成功，在信息提示框里提示"擦除数据操作成功"，如图 5 - 68 所示。成功擦除后，再次读取擦除数据块的内容，为 0，表示数据擦除成功。

如果需要使用安全模式下对标签进行读取、写入、擦除数据操作时，请勾选"安全模式"，并在"访问密码"方框中输入 32 位的访问密码。

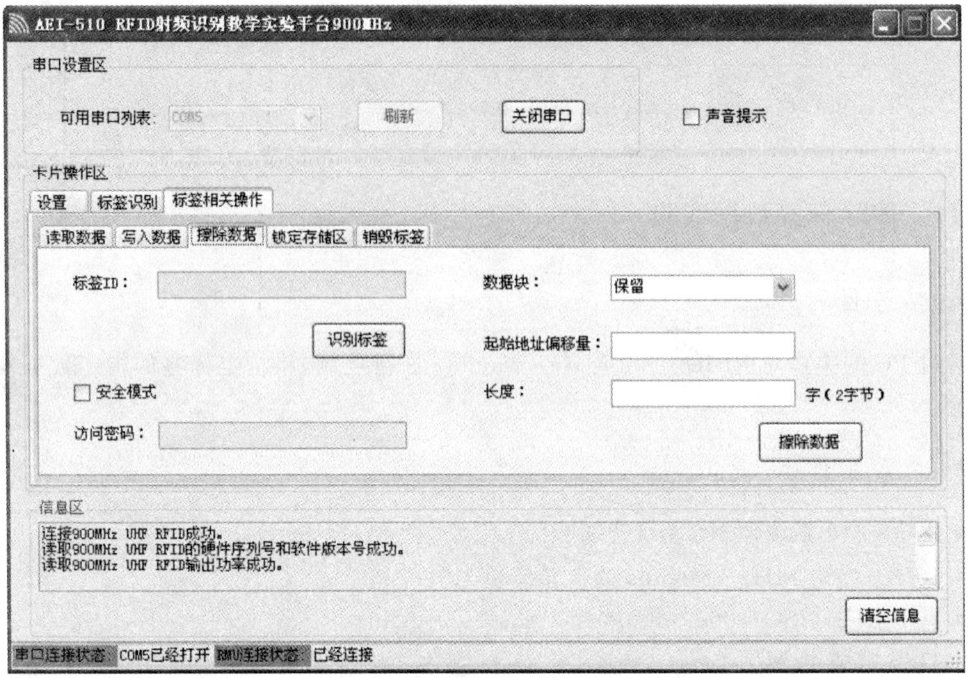

图 5-67　AEI-510 RFID(900 MHz)擦除标签数据运行界面

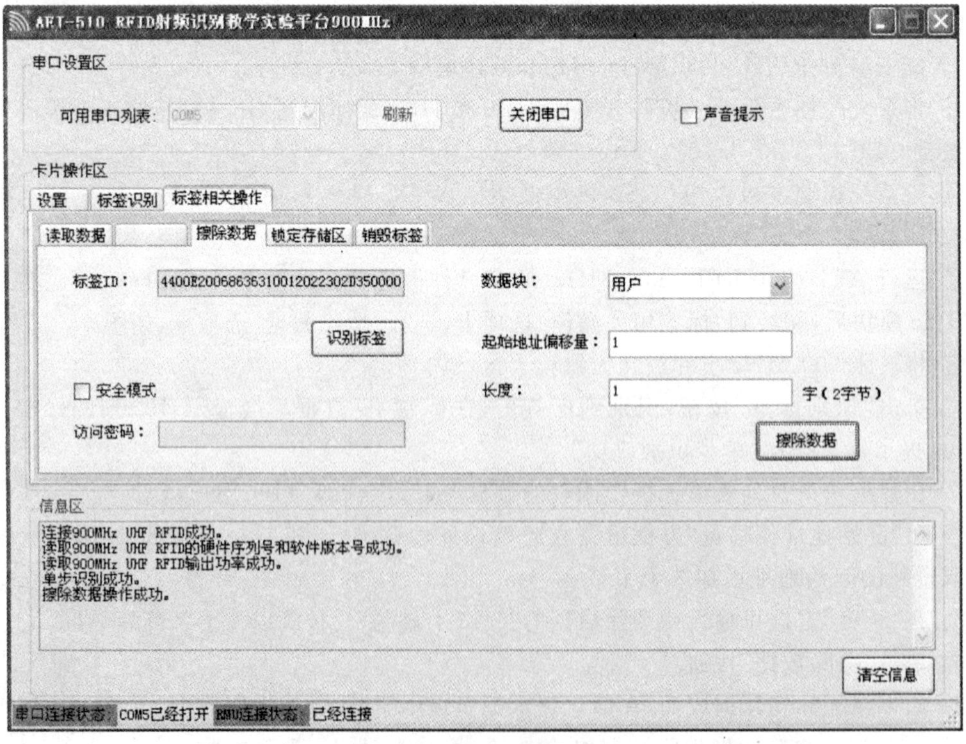

图 5-68　擦除标签数据

4．实验原理

在本实验中使用了擦除标签数据命令。

（1）功能介绍

该命令擦除指定标签的指定数据段。用户获取标签号后可用该命令擦除标签数据。该命令只对支持 BlockErase 命令的标签有效。

（2）数据格式

擦除标签数据命令格式如下：

数据段	SOF	LEN	CMD	APWD	BANK	PTR	CNT	UII	＊CRC	EOF
长　度	1	1	1	4	1	EBV	1		2	1

注意：CNT 数据段是以字（2 字节）为单位的需要擦除的数据长度，CNT 长度不能为 0。

擦除标签数据响应格式如下：

数据段	SOF	LEN	CMD	STATUS	＊ECODE	＊CRC	EOF
长　度	1	1	1	1	1	2	1

（3）命令状态定义

位	Bit7～4	Bit3～1	Bit0
功　能	通用位	保留	1＝响应中含 ECODE 数据段 0＝响应中不含 ECODE 数据段

注意：该命令的 STATUS Bit0 只在 Bit7 为 1 时有效。

（4）相关 API 函数

函数名	说　明
RmuEraseData()	擦除标签数据

（5）命令示例

发送命令格式（hex）	返回数据格式（hex）
aa 0d 15 00 00 00 00 11 01 01 08 00 00 01 55	成功：aa 03 15 00 55
	失败：aa 04 15 81 04 55

5.4.12　锁定存储区实验

1．实验目的

通过 PC 的串口对 RFID‐900 MHz‐Module 进行控制，对指定标签的指定数据块进行锁定操作。

2. 实验条件

- AEI-510系统控制主板1个;
- RFID-900 MHz-Module读卡器模块1个;
- 900 MHz(ISO18000-6C)卡片1张;
- USB电缆1条。

3. 实验步骤

① 将RFID-900 MHz-Module模块正确安装在系统控制主板的P4插座上,将900 MHz天线安装到RFID-900 MHz-Module模块的SMA天线座上。

② 将系统控制主板上的拨码开关座J101和J104全部拨到ON挡,其他4个拨码开关座全部拨到OFF挡。

③ 给系统控制主板供电(USB供电或者5 V DC供电),用USB线连接系统控制主板和PC。

④ 运行AEI-510 RFID(900 MHz).exe软件。选择正确的串口,打开串口,成功连接到900 MHz模块后,切换到"标签相关操作"选项卡,选择"锁定存储区"选项卡,如图5-69所示。

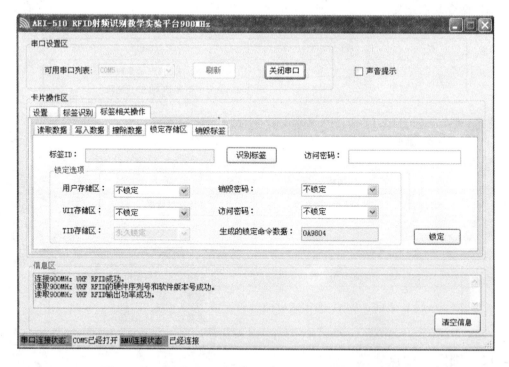

图5-69 AEI-510 RFID(900 MHz)"锁定存储区"运行界面

⑤ 将一张900 MHz卡片放在天线读卡区域内。

⑥ 单击"识别标签"按钮,识别到标签后,在标签ID方框里会显示读取到的标签ID,同时,信息提示框里提示"单步识别成功"。

⑦ 在"访问密码"方框里输入访问密码(00000000)。

⑧ 选择要锁定的选项(用户存储区、UII 存储区、销毁密码或访问密码)并指定锁定方法(不锁定、开放状态下锁定、永久锁定)。

⑨ 根据选择的不同锁定选项和锁定方法,会自动生成锁定命令数据。

⑩ 单击"锁定"按钮。

注意:存储区域锁定后,就不能再对该存储区域进行写入操作,请谨慎操作!

⑪ 如果锁定成功,在信息提示框里提示"锁定存储区操作成功"。如图 5-70 所示。

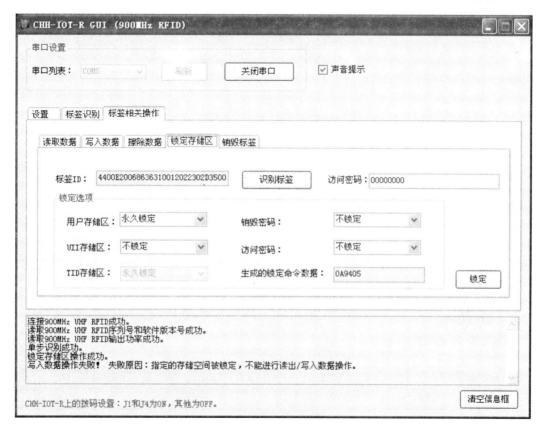

图 5-70　"锁定存储区"操作

成功锁定后,再次对已锁定数据块进行写入操作,信息框会提示"写入数据操作失败"! 失败原因:指定的存储空间被锁定,不能进行读出/写入数据操作。"如图 5-71 所示。

4. 实验原理

在本实验中使用了锁定标签数据命令。

(1) 功能介绍

该命令对指定标签的指定数据存储区进行锁定操作。用户获取标签号后可用该命令对标签进行锁定操作。

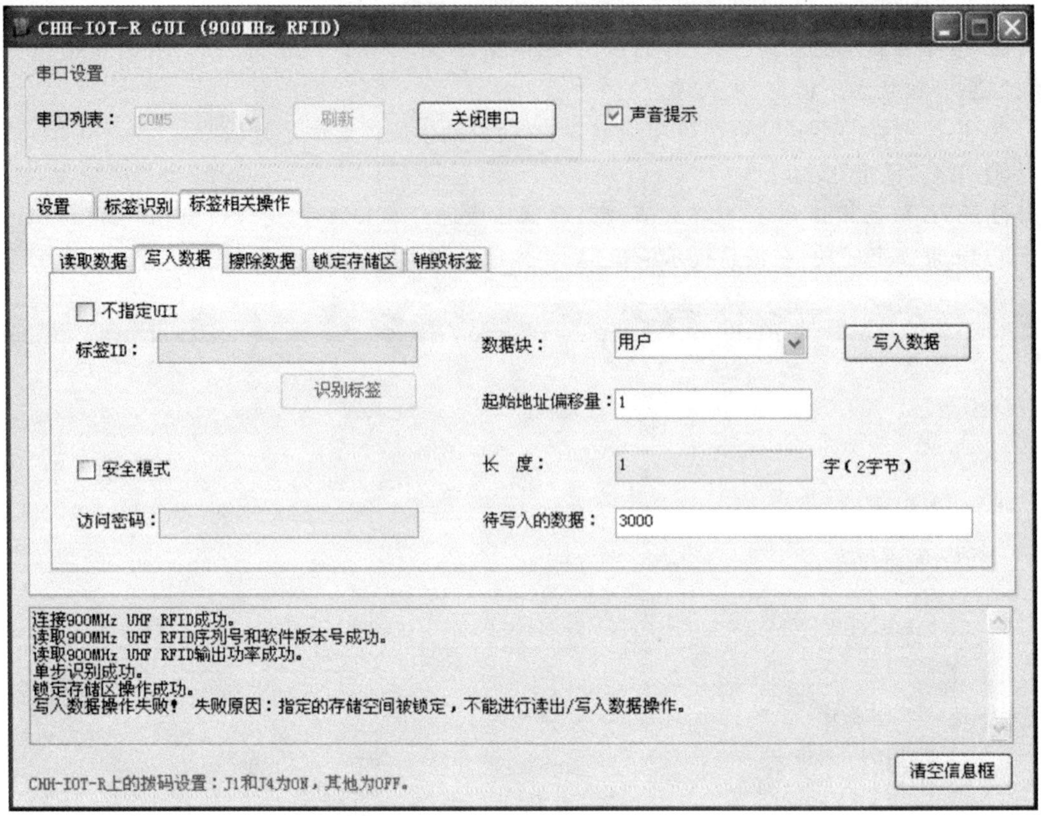

图 5-71　锁定标签

(2) 数据格式

锁定标签命令格式如下：

数据段	SOF	LEN	CMD	APWD	LOCKDATA	UII	＊CRC	EOF
长　度	1	1	1	4	3		2	1

注意： LOCKDATA 数据段的高四位为保留位，低二十位是 Lock - Command Payload。
详见附录 E。

锁定标签响应格式如下：

数据段	SOF	LEN	CMD	STATUS	＊ECODE	＊CRC	EOF
长　度	1	1	1	1	1	2	1

(3) 命令状态定义

位	Bit7～4	Bit3～1	Bit0
功　能	通用位	保留	1＝响应中含 ECODE 数据段 0＝响应中不含 ECODE 数据段

注意：该命令的 STATUS Bit0 只在 Bit7 为 1 时有效。

（4）相关 API 函数

函数名	说　明
RmuLockMem()	锁定标签

（5）命令示例

发送命令格式（hex）	返回数据格式（hex）
aa 0d 16 00 00 00 00 00 10 04 08 00 00 01 55	成功：aa 03 16 00 55
	失败：aa 04 16 81 04 55

5.4.13　销毁标签实验

1．实验目的

通过 PC 的串口对 RFID - 900 MHz - Module 进行控制，销毁用户指定的标签。

2．实验条件

- AEI - 510 系统控制主板 1 个；
- RFID - 900 MHz - Module 读卡器模块 1 个；
- 900 MHz（ISO18000 - 6C）卡片 1 张；
- USB 电缆 1 条。

3．实验步骤

① 将 RFID - 900 MHz - Module 模块正确安装在系统控制主板的 P4 插座上，将 900 MHz 天线安装到 RFID - 900 MHz - Module 模块的 SMA 天线座上。

② 将系统控制主板上的拨码开关座 J101 和 J104 全部拨到 ON 挡，其他 4 个拨码开关座全部拨到 OFF 挡。

③ 给系统控制主板供电（USB 供电或者 5 V DC 供电），用 USB 线连接系统控制主板和 PC。

④ 运行 AEI - 510 RFID(900 MHz).exe 软件。选择正确的串口，打开串口，成功连接到 900 MHz 模块后，切换到"标签相关操作"选项卡，选择"销毁标签"选项卡，如图 5 - 72 所示。

⑤ 将一张 900 MHz 卡片放在天线读卡区域内。

⑥ 单击"识别标签"按钮，识别到标签后，在标签 ID 方框里会显示读取到的标签 ID，同时，信息提示框里提示"单步识别成功"。

⑦ 在"销毁密码"方框里输入销毁密码。

⑧ 单击"销毁标签"按钮。

注意：标签销毁后将不能再使用，请谨慎操作！

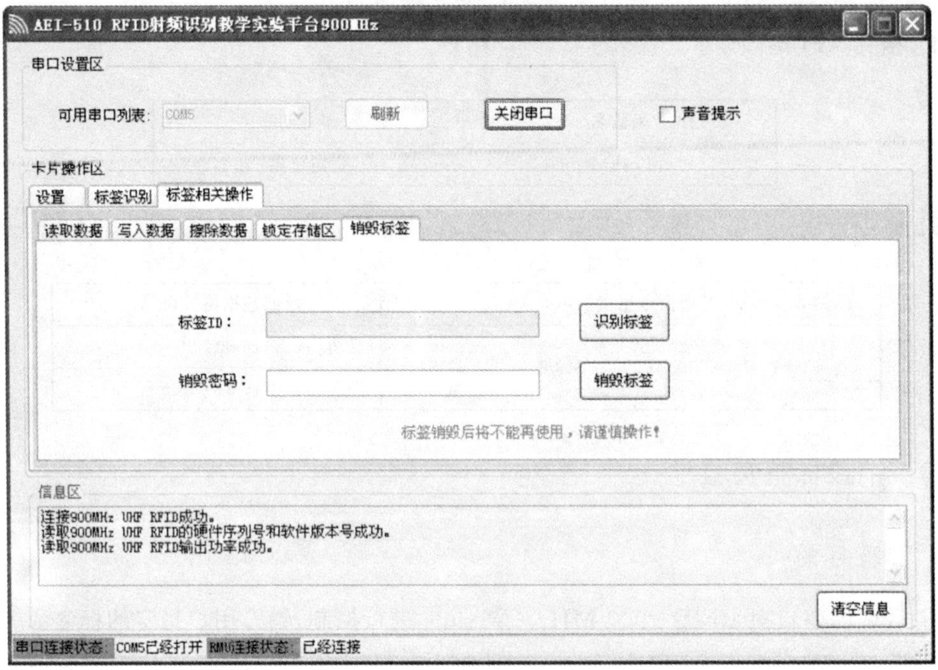

图 5 - 72 销毁标签

4. 实验原理

在本实验中使用了销毁标签命令。

(1) 功能介绍

该命令销毁指定标签。用户获取标签号后可用该命令销毁该标签。

(2) 数据格式

销毁标签命令格式如下：

数据段	SOF	LEN	CMD	KILLPWD	UII	* CRC	EOF
长 度	1	1	1	4		2	1

注意: KILLPWD 数据段是 4 个字节的 Kill Password。

销毁标签响应格式如下：

数据段	SOF	LEN	CMD	STATUS	* ECODE	* CRC	EOF
长 度	1	1	1	1	1	2	1

(3) 命令状态定义

位	Bit7~4	Bit3~1	Bit0
功 能	通用位	保留	1=响应中含 ECODE 数据段 0=响应中不含 ECODE 数据段

注意：该命令的 STATUS Bit0 只在 Bit7 为 1 时有效。

（4）相关 API 函数

函数名	说　明
RmuKillTag()	锁定标签

（5）命令示例

发送命令格式（hex）	返回数据格式（hex）
aa 0d 17 00 00 00 00 08 00 00 01 55	成功：aa 03 17 00 55
	失败：aa 04 17 81 04 55

5.5　RFID - ZigBee - Reader 2.4 GHz 微波 RFID 实验准备工作

基于 ZigBee2007/PRO 无线传感器网络的相关实验和应用开发是一个比较复杂的过程，在使用平台进行实验和开发前，请用户务必做好开发前的硬件平台和软件安装等准备工作，只有这样才能保证后续步骤的正确进行。

1．硬件平台方面的准备工作

建议用户首先熟悉硬件研发平台的系统主板、2.45 GHz RFID - ZigBee - Reader 模块和 RFID - ZigBee - Tag 标签节点，熟悉各个组件的硬件接口资源，看懂相应的原理图，了解各个模块的作用和用途。

另外，在装配 RFID - ZigBee - Reader 模块到系统主板时，用力要适中，尽量避免频繁插拔 RFID - ZigBee - Reader 模块。

2．软件平台方面的准备工作

基于 TI Z - Stack V2.2.0 协议栈的 ZigBee2007/PRO 无线传感器网络应用开发，需要在用户 PC 机端安装 Z - Stack V2.2.0 协议栈及相应的软件开发环境和软件工具。其中必须安装的有：Z - Stack V2.2.0 协议栈、软件开发环境 IAR Embedded Workbench for MCS - 51 和研发平台的相关驱动程序（CC Debugger 多功能仿真器驱动程序）。同时还建议用户安装一些其他相关软件工具（"光盘\开发工具"的目录下），这样更有助于应用开发。

3．IAR Embedded Workbench for MCS - 51 的安装

IAR Embedded Workbench 是一套集成开发环境，用于对汇编、C 或 C++编写的嵌入式应用程序进行编译和调试。该集成开发环境包含了 IAR 的 C/C++编译器、汇编器、链接器、文件管理器、文本编辑器、工程管理器和 C - SPY 调试器。对于 CC2530 基于 Z - Stack 的 Zig-Bee2007/PRO 无线传感器网络应用开发均使用 IAR Embedded Workbench for MCS - 51 软件。

AEI - 510 平台中 RFID - ZigBee - Reader 模块和 RFID - ZigBee - Tag 标签的实验程序

是使用软件开发环境 IAR Embedded Workbench for MCS-51 建立的。用户可以到 IAR 的官方网站 http://www.iar.com 的相关网页去下载 30 天评估版本。安装过程较简单,采用默认安装方式,在安装过程中按提示输入注册申请序列号即可,可参照实验用户指南中 IAR Embedded Workbench for MSP430 的安装过程。

4. Z-Stack V2.2.0 协议栈的安装

Z-Stack V2.2.0 是 TI 公司的免费 ZigBee2007/PRO 兼容协议栈,该协议栈经过了 ZigBee 联盟的认证。用户可以到 TI 的官方网站 http://www.ti.com 的相关页面去下载该协议栈。Z-Stack 安装文件支持在 Windows 2000 或 Windows XP 操作系统下安装,而且安装 Z-Stack 需要用到 Microsoft .NET Framework 工具。如要正常使用 Z-stack 中提供的 Z-Tool 2.0 工具,还必须安装 Microsoft .NET Framework 2.0,用户可以到微软公司官方网站下载。

Z-Stack V2.2.0 的安装过程非常简单,采用默认安装方式即可。安装完成后,可以看到如图 5-73 所示的目录和文件结构。

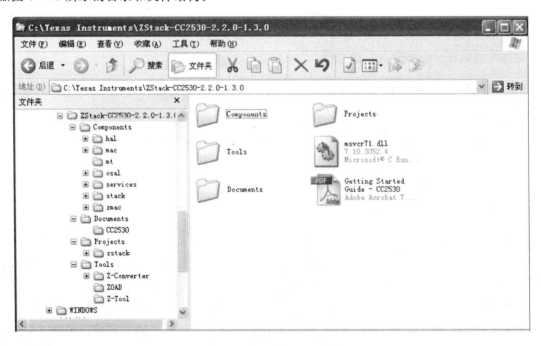

图 5-73 查看安装的 Z-Stack V2.2.0

注意:强烈建议用户按照如上的默认路径存放 Z-Stack V2.2.0 协议栈。

5. CC Debugger 多功能仿真器驱动程序的安装

在软件开发环境 IAR Embedded Workbench for MCS-51 中对目标板上的 CC2530 芯片进行程序的下载、调试等操作必须通过 CC Debugger 多功能仿真器进行。

当用户首次将 CC Debugger 多功能仿真器连接到用户 PC 时,Windows 操作系统将弹出"找到新的硬件向导"窗口。

选择"从列表或指定位置安装(高级)"选项,然后单击"下一步"按钮。

如果用户先前安装了 IAR Embedded Workbench for MCS－51 软件开发环境,那么 CC Debugger 多功能仿真器的驱动程序已经包含在 IAR Embedded Workbench for MCS－51 软件开发环境的安装目录中,例如"C:\Program File\IAR Systems\ Embedded Workbench 5.3 \8051\drivers\Texas Instruments"。单击"浏览"按钮,然后指定该位置。

若用户先前没有安装 IAR Embedded Workbench for MCS－51 软件开发环境,可以将驱动程序的位置指定到"配套光盘\驱动程序\CC Debugger 多功能仿真器驱动\"。

在指定好驱动程序的位置后,单击"下一步"按钮,系统将完成驱动程序的安装过程。

上述安装步骤如图 5－74～图 5－76 所示。

图 5－74 CC Debugger 多功能仿真器安装(一)

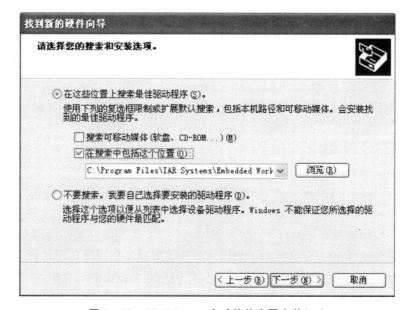

图 5－75 CC Debugger 多功能仿真器安装(二)

图 5 - 76　CC Debugger 多功能仿真器安装(三)

单击"完成"按钮结束安装。

安装完毕后,用户可在设备管理器中看到已安装的 CC Debugger 驱动。列表中显示为 Chipcon SRF04EB,如图 5 - 77 所示。

图 5 - 77　查看安装驱动

6. 其他相关开发工具

(1) SmartRF Flash Programmer

运行于用户 PC 端的 SmartRF Flash Programmer 软件是用来对 TI 的无线 SoC 系列 MCU(例如 CC2530)的闪存进行编程和对 ZigBee SoC 系列 MCU 的 IEEE Address(物理地址)进行修改的软件,如图 5 - 78 所示。用户可以到 TI 的官方网站 http://www.ti.com 的相关页面下载该软件的最新版本。

(2) SmartRF Studio

运行于用户 PC 端的 SmartRF Studio 软件可用来配置 TI 的 RF 系列 IC(CC400,CC900, CC1000,CC1050,CC1010,CC1020,CC1021,CC1070,CC2400,CC2420,CC2430,CC2431, CC1100,CC1101,CC1100E,CC1110,CC1111,CC1150,CC2500,CC2510,CC2511,CC2520, CC2530 和 CC2550),如图 5 - 79 所示。使用该软件的射频工程师可在设计过程的阶段轻松评估 TI 的 RF 系列 IC。在产生配置数据和寻找优化的外部元件值的过程中,该软件也是一个非常有用的工具。用户可以到 TI 的官方网站 http://www.ti.com 的相关页面下载该软件的最新版本。

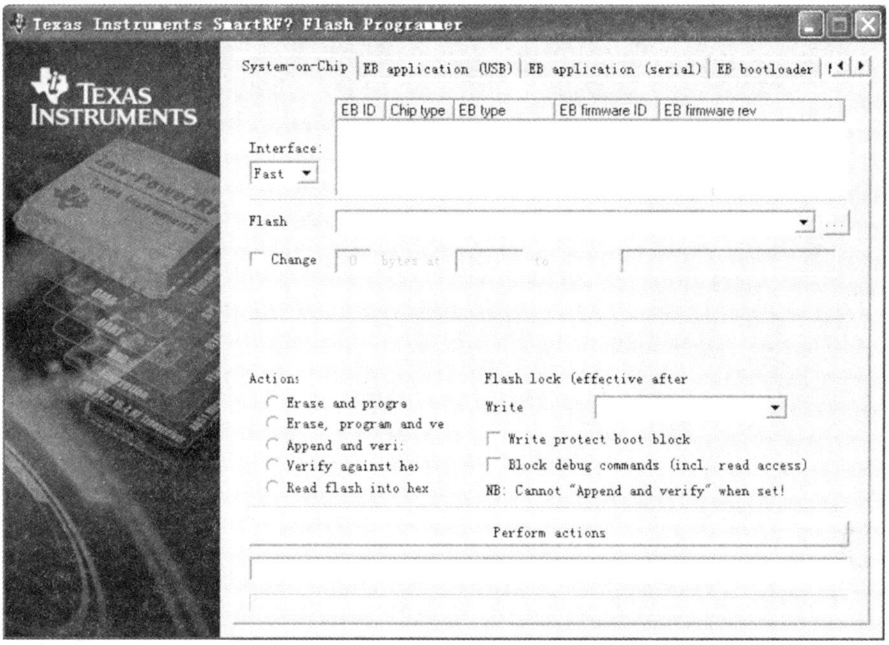

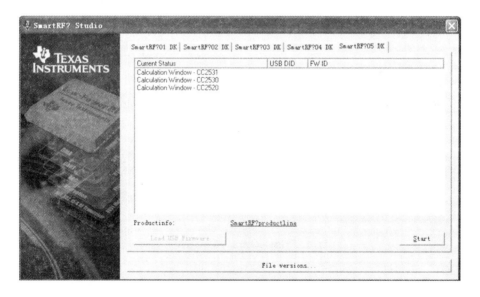

图 5 - 78　SmartRF Flash Programmer

图 5 - 79　SmartRF Studio

（3）Packet Sniffer

　　运行用户 PC 端的 Packet Sniffer 软件与一个 RF 监听硬件节点配合使用时，可对空气中的无线信号进行监听、过滤和数据解码，并将其按照一定的数据包格式显示在 GUI 界面，也可将这些数据以二进制文件格式存储，如图 5 - 80 所示。用户可以到 TI 的官方网站 http://www.ti.com 的相关页面下载该软件的最新版本。

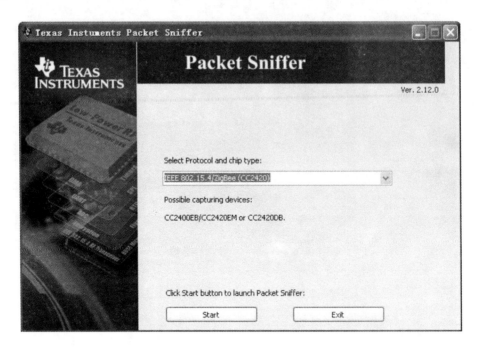

图 5 - 80   Packet Sniffer

(4) Z - Tool

运行于用户 PC 端的 Z - Tool 软件可用来与 TI ZigBee 目标设备开发系统通过 RS232 串口进行通信,如图 5 - 81 所示。该软件被用做开发、测试及调试。该工具软件包含在 TI Z - Stack 的安装包中。

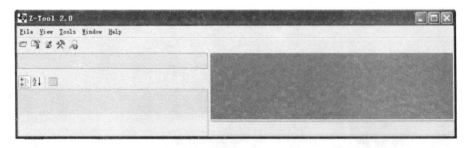

图 5 - 81   Z - Tool

(5) Z - Converter

运行于用户 PC 端的 Z - Converter 软件可用来转换 IEEE 和公用密钥等,它将字符串的形式转换成十六进制格式与上述 Z - Tool 配合使用,如图 5 - 82 所示。它为设备写入网络物理地址及安全密钥等数据。该工具软件包含在 TI Z - Stack 的安装包中。

(6) 串口调试助手

运行于用户 PC 端的串口调试助手软件可作为串口通信的辅助调试工具,如图 5 - 83 所示。用户可到 http://www.gjwtech.com 网页下载该软件。

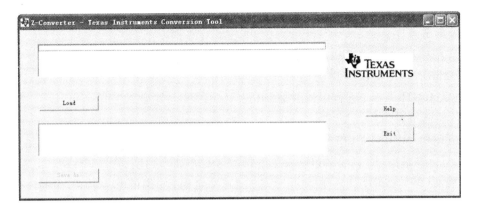

图 5 - 82　Z - Converter

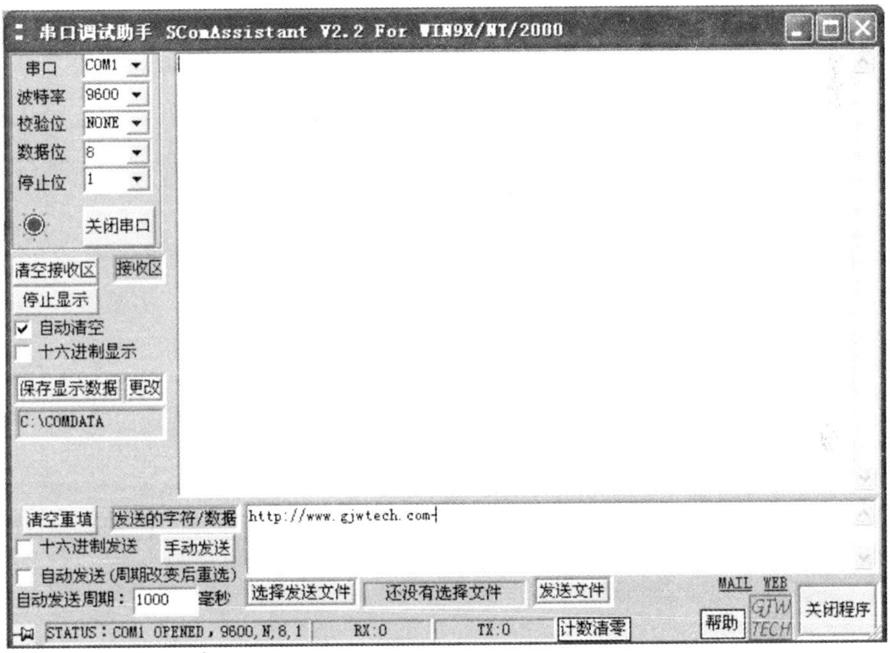

图 5 - 83　串口调试助手

5.5.1　基于 ZigBee2007/PRO 的 2.4 GHz 微波通信

本节将带领用户快速体验基于 ZigBee2007/PRO 的无线网络通信系统。请用户注意,本节并不介绍基于 ZigBee2007/PRO 的无线传感器网络系统的详细原理,而是介绍如何利用实验平台提供的软硬件资源快速建立基于 ZigBee2007/PRO 的无线网络通信系统,使用户对该系统有一个初步的了解。

1. 无线传感器网络监控系统中的节点类型

在基于 ZigBee2007/PRO 的无线传感器网络监控系统中,有以下两种类型的节点:

● 采集节点(collector);

● 传感器节点(sensor)。

(1) 采集节点

在本应用中,采集节点可以是协调器(建立 ZigBee 网络),也可以是路由器(扩展网络)。当 RFID - ZigBee - Reader 作为协调器时,能够与嵌入式系统或用户 PC 上位机软件 AEI - 510 RFID(2.45GHz).exe 进行串口通信。

(2) 传感器节点

在本应用中,RFID - ZigBee - Tag 作为传感器节点是终端设备。当上述协调器节点成功建立了 ZigBee 网络后,RFID - ZigBee - Tag 标签节点将加入到该 ZigBee 网络。之后,自动或通过用户触发(例如按键)及其他设定的方式(例如定时、采集的数据信息发生改变等),各 RFID - ZigBee - Tag 标签节点将开始发送各自的传感器数据给协调器节点,协调器节点收到数据后通过串口转发给嵌入式监控系统或用户 PC 上位机监控软件。

AEI - 510 给用户提供了一个 RFID - ZigBee - Tag 模块和两个 RFID - ZigBee - Tag 传感器标签节点(**注意:**需要烧写相应的 HEX 文件)。

2. 使用 IAR Embedded Workbench 软件给协调器节点烧入相应的 HEX 文件

使用 RFID - ZigBee - Reader 作为协调器节点。请按以下步骤给该协调器节点烧入相应的 HEX 文件:

① 将 CC Debugger 多功能仿真器的 JTAG 连接座用 10 PIN 扁平电缆连接到 RFID - ZigBee - Reader 模块的 JTAG 接口。

② 将 CC Debugger 多功能仿真器的 USB 接口用 USB 电缆连接到用户 PC 的 USB 接口,由用户 PC 的 USB 接口给 RFID - ZigBee - Reader 模块供电。此时,正确状态为仿真器的两个红色指示灯常亮,如果一个灯亮,按一下复位按钮即可。

③ 在用户 PC 上运行 IAR Embedded Workbench for MCS - 51 软件,进入到要烧写程序所在工程的目录(配套光盘\RFID - 2.4GHz 微波模块\zstack - RFID\projects\zstack\Samples\SensorNetRFID\CC2530DB\)下,打开工作区文件 SensorNet.eww,如图 5 - 84 所示。

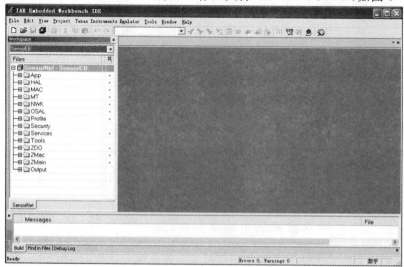

图 5 - 84　IAR Embedded Workbench for MCS - 51 运行界面

④ 在左侧的 Workspace 下拉列表中选中 CollectorEB－PRO 子工程，如图 5－85 所示。

⑤ 单击 Files 文件列表框内 Tools 文件夹前的"＋"号，展开的 Tools 文件夹内容如图 5－86 所示。

⑥ 修改协调器 ID 值。双击 f8wConfig.cfg 文件，在右侧的工作区内编辑该文件。在"－DZDAPP_CONFIG_PAN_ID ＝0xFFFF"处，将 0xFFFF 修改为 0x0001。

注意：不同的协调器的 ID 值不能重复。

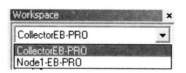

图 5－85　Workspace 工程选择(一)

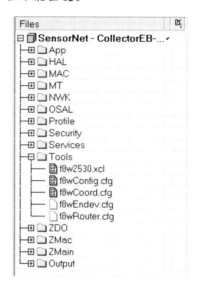

图 5－86　查看 Tools 文件夹内容

协调器 ID 值的修改如图 5－87 所示。

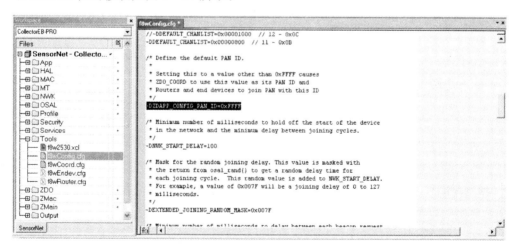

图 5－87　修改协调器 ID 值

⑦ 单击窗口上方的 Debug 图标 ，或使用快捷方式 Ctrl＋D，自动保存修改并下载程序到 CC2530 主芯片。

3. RFID – ZigBee – Tag 标签节点烧入相应的 HEX 文件

请按以下步骤给 RFID – ZigBee – Tag 标签节点烧入相应的 HEX 文件：

① 将 RFID – ZigBee – Tag 标签节点 POWER SWITCH 的电源选择开关 S602 拨到 OFF 位置。

② 用 CC Debugger 仿真器连接 PCUSB 接口和 RFID – ZigBee – Tag 的 JTAG 接口。

③ 在用户 PC 上运行 IAR Embedded Workbench for MCS – 51 软件，进入到要烧写程序所在工程的目录下，打开工作区文件 SensorNet. eww。

④ 在左侧的 Workspace 下拉列表中选中 Node1 – EB – PRO 子工程，如图 5 – 88 所示。

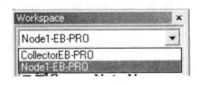

图 5 – 88 Workspace 工程选择(二)

⑤ 单击窗口上方的 Debug 图标，或使用快捷方式 Ctrl＋D，自动保存修改并下载程序到 CC2530 主芯片。

5.5.2 RFID – ZigBee – Reader 2.4 GHz 微波 RFID 读卡实验

1. 实验目的

通过 MSP430F2370 对 RFID – ZigBee – Reader 进行控制，读取在 2.4 GHz RFID 模块读卡区域内的 2.4 GHz RFID – ZigBee – Tag 的标签节点 ID 及传感器数据。

2. 实验条件

● 系统控制主板 1 个；
● RFID – ZigBee – Reader 读卡器模块 1 个；
● RFID – ZigBee – Tag 标签 2 个；
● MSP430 仿真器 1 个，CC2530 仿真器 1 个；
● USB 电缆 2 条。

3. 实验步骤

① 将 RFID – ZigBee – Reader 模块正确安装在系统控制主板的 P105 插座上。

② 将系统控制主板上的拨码开关座 J102 和 J106 全部拨到 ON 挡，其他 4 个拨码开关座全部拨到 OFF 挡。

③ 给系统控制主板供电(USB 供电或者 5 V DC 供电)。

④ 用 MSP430 仿真器将系统控制主板和 PC 连接，按照 5.1 节所述方法和步骤用 IAR 开发环境将"配套光盘\下位机代码\RFID – 2.45GHz – Demo"文件夹下的 RFID – 2.45GHz – Demo. eww 工程下载到系统控制主板上。

⑤ 用 CC Debugger 仿真器将 RFID – ZigBee – Reader 模块和 PC 连接，用 IAR Embedded Workbench for MCS – 51/IAR Embedded Workbench 开发环境将"配套光盘\RFID – 2.4GHz 微波模块\zstack – RFID\projects\zstack\Samples\SensorNetRFID\CC2530DB\"文件夹下的

eww 工程下载到 RFID – ZigBee – Reader 上。同样对 RFID – ZigBee – Tag 进行程序烧写（如果在前面已经烧写过程序，此处不需重复烧写）。

⑥ 将仿真器从系统控制主板上拔掉，按下系统控制主板上的复位键 RESET，可以观察到系统控制主板的 LCD 显示如下：

```
RFID – 2.45GHz – Demo


Card ID：
Data：


Please press the key
On the tag ！
```

⑦ 将 RFID – ZigBee – Tag 上电，可以看到 LED1（绿）常亮，LED2（红）闪烁，此时标签正在寻找读卡器建立的网络，待联网之后，LED2 会快速闪烁，之后按下 RFID – ZigBee – Tag 上的按键，RFID – ZigBee – Reader 读卡器会收到标签的一帧数据，并转发至 MSP430 单片机，主板上的 LCD 显示如下：

```
RFID – 2.45GHz – Demo



Card ID：4305
Humidity：52.70％RHU
Temperature：31.83Ca
Detect Card Success！
```

⑧ 此时按下主板上的 KEY1 或 KEY2 键可实现翻页操作，显示其他两个传感器、三轴加速度和光敏传感器的数值。

⑨ 按下 RFID – ZigBee – Reader 读卡器上的按钮 S501，可实现主动寻找标签，按下后，标签会向读卡器发送一帧数据，LCD 显示将被刷新。

4. 2.4 GHz 微波模块组网及发送原理

（1）RFID – ZigBee – Reader 协调器节点

主板电源打开后，执行下述代码：

```
if ( appState == APP_INIT && logicalType  )
{
    /* 设置设备为协调器 */
    logicalType = ZG_DEVICETYPE_COORDINATOR;
    zb_WriteConfiguration(ZCD_NV_LOGICAL_TYPE, sizeof(uint8), &logicalType);
    /* 复位-使用新的配置重新启动 */
    zb_SystemReset();
}
```

此段代码将其设定为协调器，并重启，建立网络。

（2）RFID - ZigBee - Tag 标签节点

当传感器节点启动后，会调用 zb_StartConfirm 函数，将发起 MY_FIND_COLLECTOR_EVT 寻找父节点时间，代码如下：

```
void zb_StartConfirm( uint8 status )
{
  /*  如果设备成功启动,改变应用状态  */
  if ( status == ZB_SUCCESS )
  {
  appState = APP_START;
  …
  …
  …
  /*  点亮 LED1 来指示节点已在网络中运行  */
  HalLedSet( HAL_LED_1, HAL_LED_MODE_ON );
  HalLedBlink ( HAL_LED_2, 0, 50, 100 );
  /*  存储父节点短地址  */
  zb_GetDeviceInfo(ZB_INFO_PARENT_SHORT_ADDR, &parentShortAddr);
  /*  设置事件绑定到采集节点  */
  osal_set_event( sapi_TaskID, MY_FIND_COLLECTOR_EVT );
  }
}
```

当协调器建立网络，传感器节点加入后，两者必须建立绑定关系才能互相发送数据，所以传感器节点再加入网络后便会调用 zb_BindConfirm 函数，代码如下：

```
void zb_BindConfirm( uint16 commandId, uint8 status )
{
  if( status == ZB_SUCCESS )
  {
    appState = APP_REPORT;          // 绑定成功
    if ( reportState )
    {
      /*  开始报告事件  */
      osal_set_event( sapi_TaskID, MY_REPORT_EVT );
    }
  }
  else                              // 如果绑定不成功,则继续寻找采集节点
  {
    osal_start_timerEx(sapi_TaskID,MY_FIND_COLLECTOR_EVT,myBindRetryDelay );
  }
}
```

若绑定成功则向操作系统发起 MY_REPORT_EVT 事件，代码如下：

```
if ( event & MY_REPORT_EVT )
```

```
    {
      if ( appState == APP_REPORT )
      {
        //开看门狗
        WatchDogEnable(0);
        sendReport_v2();
        iii = 1;
        osal_start_timerEx( sapi_TaskID, MY_REPORT_EVT, myReportPeriod );
      }
    }
```

其中 sendReport_v2()为发送帧函数,其代码由于要处理传感器数据的相关内容,其中最主要的函数为 zb_SendDataRequest(0xFFFE, SENSOR_REPORT_CMD_ID, SENSOR_RE-PORT_LENGTH, pData, 0, txOptions, 0)。本函数为无线发送数据帧的调用函数,其中输入参数 0xFFFE 设置发送的地址,此处的设置意义为组播,即发送给所有已绑定的节点, pData 是发送数据帧的地址。

当协调器接收到帧时,会启用接收任务,调用 zb_ReceiveDataIndication()函数,对于不同的帧,处理方式不同。

5.5.3　RFID - ZigBee - Reader 2.4 GHz 微波 RFID 上位机实验

1. 实验目的

PC 上位机通过串口对 RFID - ZigBee - Reader 进行读取,读取在 2.4 GHz 微波 RFID 模块读卡区域内的 RFID - ZigBee - Tag 的相关信息。

2. 实验条件

- AEI - 510 系统控制主板 1 个;
- RFID - ZigBee - Reader 读卡器模块 1 个;
- RFID - ZigBee - Tag 标签 2 个;
- CC2530 仿真器 1 个;
- USB 电缆 2 条。

3. 实验步骤

① 将 RFID - ZigBee - Reader 模块正确安装在系统控制主板的 P105 插座上。

② 将系统控制主板上的拨码开关座 J101 和 J106 全部拨到 ON 挡,其他 4 个拨码开关座全部拨到 OFF 挡。

③ 给系统控制主板供电(USB 供电或者 5 V DC 供电)。

④ 用 CC2530 仿真器将系统控制主板和 PC 连接,按照 5.5.2 小节所述方法和步骤完成 RFID - ZigBee - reader 和 RFID - ZigBee - Tag 程序的烧写。

⑤ 重启 RFID - ZigBee - reader 读卡器和 RFID - ZigBee - Tag 标签,将主板 USB 线连接至计算机串口。

⑥ 打开上位机 AEI-510 RFID(2.4 GHz).exe 软件,会看到如图 5-89 所示界面。

图 5-89　AEI-510 RFID(2.4 GHz)上位机界面

⑦ 单击右侧"串口通信设置"按钮,选择合适的本机可用串口、波特率 38 400、奇偶校验位 None、数据位 8 和停止位 1 等信息。单击"连接"按钮,即可将 PC 与读卡器串口相连,如图 5-90 所示。

图 5-90　串口设置

⑧ 此时单击"开始捕获数据"按钮,按下 RFID-ZigBee-Tag 上的按键 S601 发送标签节点上传感器的数据,即可得到如图 5-91 所示界面。

⑨ 单击 AEI-510 RFID(2.4GHz)软件菜单栏下方的"动态曲线"标签,会看到如图 5-92 所示界面。

在节点列表中双击所要查看的节点,并选择相应传感器,单击"开始绘图"按钮,则可查看该节点上所选传感器的数据走势图,如图 5-93 所示。

⑩ 单击 AEI-510 RFID(2.4 GHz)软件菜单栏下方的"节点信息"标签,会看到如图 5-94 所示界面。

在节点列表中双击某节点可查看传感器列表及数据列表,包含三类传感器的数值和时间

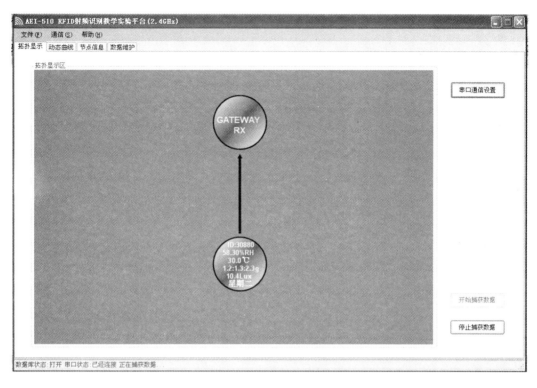

图 5 - 91　数据显示界面

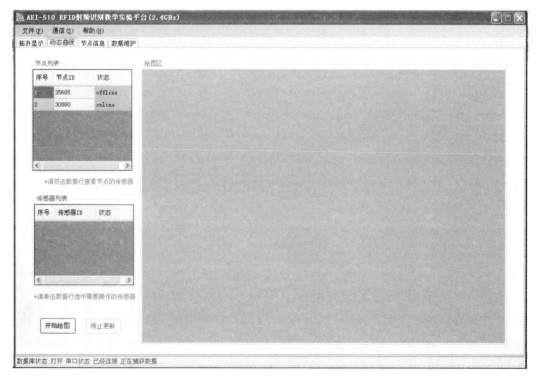

图 5 - 92　查看动态曲线

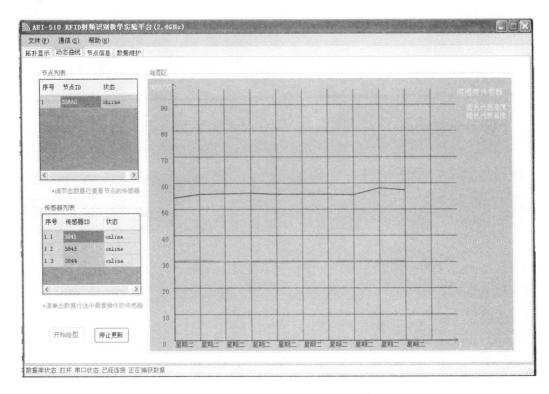

图 5 - 93 绘图界面

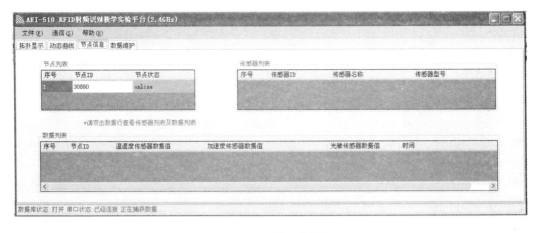

图 5 - 94 查看节点信息

等信息,如图 5 - 95 所示。

⑪ 单击 AEI - 510 RFID(2.4 GHz)软件菜单栏下方的"数据维护"标签,会看到如图 5 - 96 所示界面。

选择相应节点,单击"删除"按钮,会将数据库中此节点的数据清除,而单击"清空数据库"按钮,会将数据库中所有的数据清楚,**注意此操作不可恢复**。

⑫ 单击"拓扑显示"标签,单击右下角的"停止捕获数据"按钮,结束实验,关闭软件。

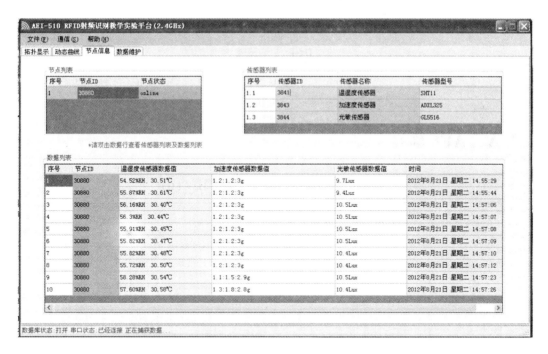

图 5-95　查看传感器列表及数据列表

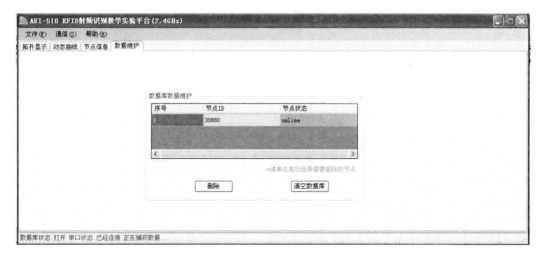

图 5-96　数据维护

附　录

附录 A　AFI 编码

表 A-1　AFI 编码(表中 X,Y 等于 1H~FH)

高 4 位/H	低 4 位/H	响应的应答器类别	举例/备注
0	0	各类应用族及子族	无应用预选
X	0	X 族的各子族	宽的应用预选
X	Y	X 族的 Y 子族	—
0	Y	仅为 Y 子族	—
1	0,Y	交通	公共交通工具,如公共汽车、飞机等
2	0,Y	金融	银行、零售
3	0,Y	识别	访问控制
4	0,Y	电信、移动通信	公用电话、GSM
5	0,Y	医疗	—
6	0,Y	对媒体	Internet 服务
7	0,Y	游戏	—
8	0,Y	数据存储	移动便携文件
9	0,Y	项目管理	—
A	0,Y	快递包裹	—
B	0,Y	邮政服务	—
C	0,Y	航空袋	—
D	0,Y	备用	—
E	0,Y	备用	—
F	0,Y	备用	—

附录 B　UII 格式

本书中所谓的 UII 包含 PC bits。UII 的前两个字节是 PC (Protocol - Control)位,其格式如下:

Bit0~4	Bit5~6	Bit7~15
以字(两个字节)为单位的 PC 和 UII 的总体长度	未定义	NSI(未使用)的总体长度

注意：UII 从低位开始传输。

PC 的前五位表示 PC 和 UII 的总体长度。例如：

PC bits0~4(bin)	PC+UII 长度(字节)
00000	2
00001	4
00010	6
...	...

附录 C　Error codes(错误码)

对标签进行数据操作(读取标签数据、写入标签数据、锁定标签、销毁标签)时，如果标签遇到错误则会返回错误码(Error Codes)，如表 C-1 所列。

表 C-1　标签错误码

Error Code 支持	Error Code 值(bin)	Error Code 名	Error 描述
Error-specific	00000000	其他错误	其他错误码未定义的错误
	00000011	存储空间溢出或未支持的 PC 值	制定的存储空间不存在或标签不支持制定的 PC 值
	00000100	存储空间被锁定	制定存储空间被锁定，不能进行读/写操作
	00001011	电力不足	因电力不足不能进行写入操作
Non-specific	00001111	不明错误	标签不支持 Error-specific 码

附录 D　Extensible Bit Vectors(EBV)

EBV(Extensible Bit Vectors)是一种能表示可延伸数据的数据结构。本书中提到的 EVB 是以字节为单位的数组，数组中的每个字节的最高位是延伸位。如果延伸位为 0，则表示该字节的最后一个字节；如果延伸位为 1，则表示后续还有有效字节。EVB 格式数据串表示的有效数据是从左到右忽略延伸位的比特流。

900 MHz 模块只支持一个字节和两个字节的 EVB 数据，其格式如下：

0　　X X X X X X X

1　　X X X X X X X　　0　　X X X X X X X

其中每个字节的最高位是延伸位。当 EVB 需要表示的数小于等于 127 时可用一个字节，而当 EVB 需要表示的数大于 127 小于 16 384 时需用两个字节。例如：

12: 0 0 0 0 1 1 0 0，

130:1 0 0 0 0 0 0 1 0 0 0 0 0 0 1 0。

附录 E　Lock – command Payload

Lock – command Payload　是二十位的数据,高十位是 Mask,低十位是 Action。其格式如表 E – 1 所列。当 Mask 置为 1 时对应的 Action 位有效,Action 位的含义如表 E – 2 和表 E – 3 所列。

表 E – 1　Lock – command Payload 数据格式

Kill password		Access password		UII memory		TID memory		User memory	
19	18	17	16	15	14	13	12	11	10
Skip/Write	Skip/Write	Skip/Write	Skip/Write	Skip/Write	Skip/Write	Skip/Write	Skip/Write	Skip/Write	Skip/Write
9	8	7	6	5	4	3	2	1	0
Pwd read/write	Perma lock	Pwd read/write	Perma lock	Pwd write	Perma lock	Pwd write	Perma lock	Pwd write	Perma lock

表 E – 2　Lock Action 位(一)

Pwd write	Perma lock	描　　述
0	0	相应数据段在 OPEN 或 SECURED 状态下可写入
0	1	相应数据段在 OPEN 或 SECURED 状态下永久可写入,相应数据段不可锁定
1	0	相应数据段在 SECURED 状态下可写入,OPEN 状态下不可写入
1	1	相应数据段在任何状态下不可写入

表 E – 3　Lock Action 位(二)

Pwd read/write	Perma lock	描　　述
0	0	相应数据段在 OPEN 或 SECURED 状态下可写入
0	1	相应数据段在 OPEN 或 SECURED 状态下永久可写入,相应数据段不可锁定
1	0	相应数据段在 SECURED 状态下可写入,OPEN 状态下不可写入
1	1	相应数据段在任何状态下不可写入

附录 F 实验部分电路原理图

1. 控制主板原理图

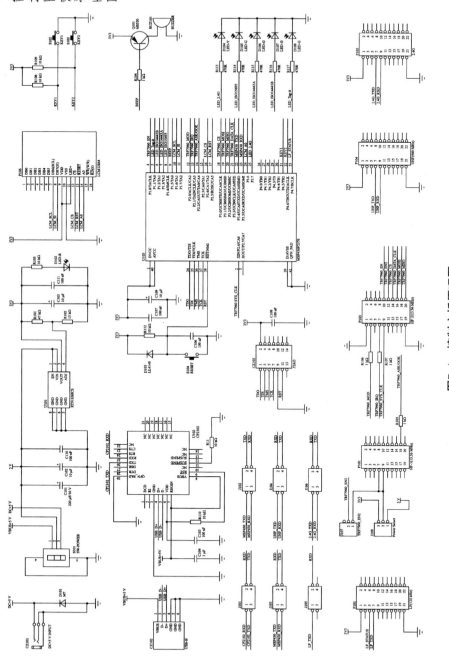

图 F-1 控制主板原理图

2. RFID - 125 kHz - Reader 原理图

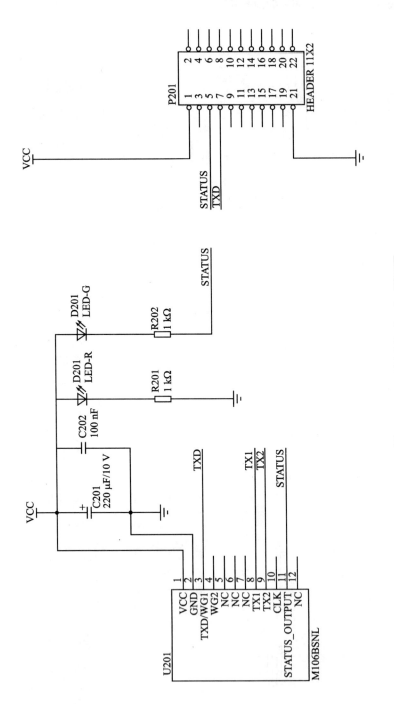

图F-2   RFID-125 kHz-Reader原理图

3. RFID-13.56 MHz-Reader 原理图

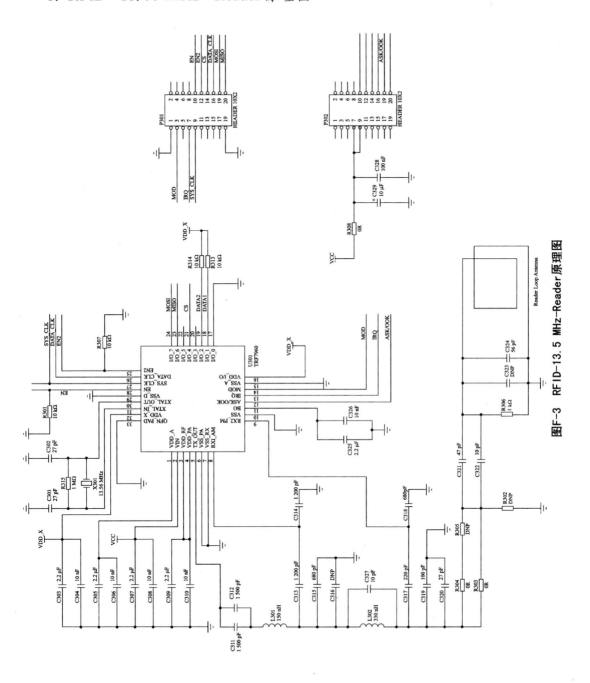

图F-3　RFID-13.5 MHz-Reader 原理图

4. RFID－900 MHz－Reader 原理图

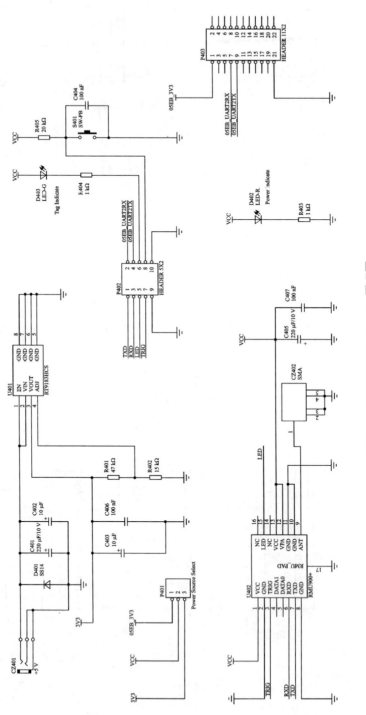

图F-4　RFID-900 MHz-Reader原理图

5. RFID – ZigBee – Reader 原理图

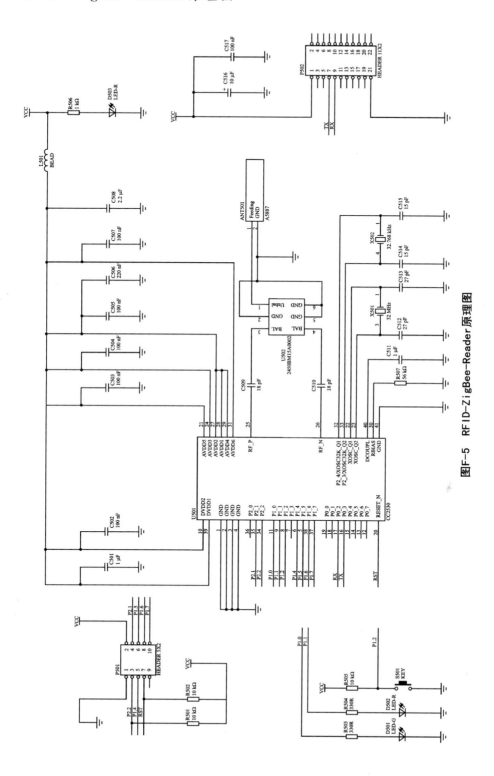

图F-5　RFID-ZigBee-Reader原理图

6. RFID - ZigBee - Tag 原理图

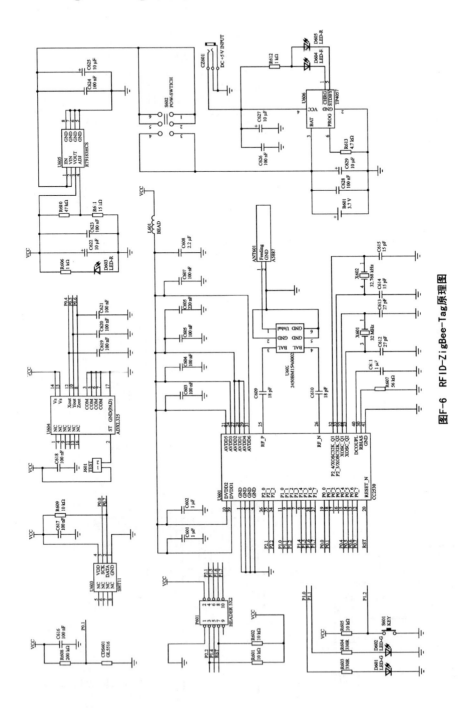

图F-6　RFID-ZigBee-Tag原理图

7. MSP430F2370 主控芯片与外围连接关系表

表 F - 1　MSP430F2370 主控芯片与外围连接关系表

MSP430F2370 引脚编号	MSP430F2370 引脚名称	外围器件	外围器件功能描述
1	DVCC	电源	+3.3V
40	AVCC		+3.3V
39	D/AVSS	GND	GND
38	RST/NMI	复位	RST
34	TDO/TDI	JTAG	TDO
35	TDI/TCLK		TDI
36	TMS		TMS
37	TCK		TCK
5	P1.1/TA0	LED 指示灯	Tag - it 协议指示灯
6	P1.2/TA1		ISO14443B 协议指示灯
7	P1.3/TA2		ISO14443A 协议指示灯
8	P1.4/SMCLK		ISO15693 协议指示灯
25	P3.7		2.4 GHz 卡片指示灯
9	P1.5/TA0	蜂鸣器	蜂鸣器
10	P1.6/TA1	液晶显示屏	SCL
11	P1.7/TA2		SI
16	P2.4/CA1/TA2		CS
17	P2.5/ROSC/CA5		RST
24	P3.6		A0
31	P4.5/TB2	用户按键	KEY1
32	P4.6/TBOUTH/ACLK		KEY2
22	P3.4/UCA0TXD/UCA0SIMO	UART	TXD
23	P3.5/UCA0RXD/UCA0SOMI		RXD
33	P4.7/TBCLK	125 kHz - RFID	STATUS
2	XIN/P2.6/CA6	13.56 MHz - RFID	SYS_CLK
4	P1.0/TACLK		EN
12	P2.0/ACLK/CA2		MOD
13	P2.1/TAINCLK/CA3		IRQ
14	P2.2/CAOUT/TA0/CA4		ASK/OOK
18	P3.0/UCB0STE/UCA0CLK		CS
19	P3.1/UCB0SIMO/UCB0SDA		MOSI
20	P3.2/UCB0SOMI/UCB0SCL		MISO
21	P3.3/UCB0CLKI/UCA0STE		DATA_CLK

续表 F－1

MSP430F2370 引脚编号	MSP430F2370 引脚名称	外围器件	外围器件功能描述
3	XOUT/P2.7/CA7	NC	
15	P2.3/CA0/TA1	NC	
26	P4.0/TB0	NC	
27	P4.1/TB1	NC	
28	P4.2/TB2	NC	
29	P4.3/TB0	NC	
30	P4.4/TB1	NC	

附录 G　实验常见问题

Q1：为什么插入 USB 连接电缆线后，系统控制主板未能正常供电？

A1：系统控制主板既可以采用 USB 供电，也可以采用 5 V 电源适配器供电，若采用 USB 接口供电，请将 Power Switch 开关拨到 USB 插座一侧。

Q2：为什么将控制主板和计算机连接后，系统无法识别到虚拟串口号？

A2：请确定 CP2102 的驱动程序是否已经正确安装。

Q3：为什么 RFID 模块不能正确识别标签卡号？

A3：请确定是否烧写了正确的程序，并对相应的 RFID 拨码开关进行了正确设置。请确保卡片处于天线感应范围之内。

Q4：Windows XP 系统，在安装驱动程序时提示"inf 找不到所需的段落"，安装终止，怎么解决？

A4：① 打开"控制面板→管理工具→服务"，查看 smart card 是否启用，若没有的话，请手动启用。如果 smart card 服务也无法启用，可检查 scardsvr 服务是否存在，且已经启动，如果没有启动请手动启动，然后设为"自动"。

② 如果该服务不存在，则按以下步骤操作。单击"开始→运行"输入 cmd 打开命令提示符窗口，先执行命令 scardsvr reinstall，接着再执行命令 regsvr32 scardssp.dll 重新注册 scardssp.dll。接着进入服务，将 scardsvr 手动启用，并在属性中将启动方式改为"自动"。

③ 如果以上措施均告失败，说明您装的是 ghost 精简版系统。打开 IAR 目录下 FET430UIF 的驱动程序，其下有 2 个 inf 文件：umpusbXP.inf 和 UmpComXP.inf，其中 umpusbXP.inf 中无 ClassInstall32 段，打开 UmpComXP.inf，把里面的"[ClassInstall32.NT] AddReg＝PortsClass.NT.AddReg"复制到 umpusbXP.inf 中，然后保存，重新安装驱动。

④ 如果仍然不能安装，请考虑安装完整版的 Windows XP 系统。

附录 H　RFID 国际标准

　　到现在为止,国际标准化组织发布的射频识别(Radio Frequency IDentification,RFID)国际标准共计 19 项,如表 H - 1 所列。

表 H - 1　RFID 国际标准

序　号	编　号	中文名称	英文名称
1	ISO/IEC15961	2004 信息技术 项目管理的射频识别(RFID)数据协议:应用接口	Information technology—Radio frequency identification (RFID) for item management—Data protocol: application interface
2	ISO/IEC15962	2004 信息技术 项目管理的射频识别(RFID)数据协议:数据编码规则和逻辑存储功能	Information technology—Radio frequency identification (RFID) for item management—Data protocol: data encoding rules and logical memory functions
3	ISO/IEC15963	2004 信息技术 项目管理的射频识别(RFID)RF 标签的唯一识别	Information technology—Radio frequency identification for item management—Unique identification for RF tags
4	ISO/IEC18000—1	2004 信息技术 项目管理的射频识别第 1 部分:已标准化的参考体系结构和参数定义	Information technology—Radio frequency identification for item management—Part 1: Reference architecture and definition of parameters to be standardized
5	ISO/IEC18000—2	2004 信息技术 项目管理的射频识别第 2 部分:在 135 kHz 以下的空气接口通信参数	Information technology—Radio frequency identification for item management—Part 2: Parameters for air interface communications below 135 kHz
6	ISO/IEC18000—3	2004 信息技术 项目管理的射频识别第 3 部分:在 13.56 MHz 的空气接口通信参数	Information technology—Radio frequency identification for item management—Part 3: Parameters for air interface communications at 13.56 MHz
7	ISO/IEC18000—4	2004 信息技术 项目管理的射频识别第 4 部分:在 2.45 GHz 的空气接口通信参数	Information technology—Radio frequency identification for item management—Part 4: Parameters for air interface communications at 2.45 GHz
8	ISO/IEC18000—6	2004 信息技术 项目管理的射频识别第 6 部分:在 860 MHz 和 960 MHz 的空气接口通信参数	Information technology—Radio frequency identification for item management—Part 6: Parameters for air interface communications at 860 MHz to 960 MHz

续表 H-1

序　号	编　号	中文名称	英文名称
9	ISO/IEC18000　7	2008 信息技术 项目管理的射频识别 第 7 部分：在 433 MHz 的活动空气接口通信参数	Information technology—Radio frequency identification for item management—Part 7：Parameters for active air interface communications at 433 MHz
10	ISO/IEC TR18001	2004 信息技术 项目管理的射频识别 应用要求轮廓	Information technology—Radio frequency identification for item management—Application requirements profiles
11	ISO/IEC TR18046	2006 信息技术 自动识别和数据采集技术 射频识别设备性能测试方法	Information technology—Automatic identification and data capture techniques—Radio frequency identification device performance test methods
12	ISO/IEC18046—3	2007 信息技术 射频识别设备性能测试方法 第 3 部分：标签性能测试方法	Information technology — Radio frequency identification device performance test methods — Part 3：Test methods for tag performance
13	ISO/IEC TR18047—2	2006 信息技术 射频识别设备性能测试方法 第 2 部分：低于 135 kHz 的空气接口通信的测试方法	Information technology—Radio frequency identification device conformance test methods—Part 2：Test methods for air interface communications below 135 kHz
14	ISO/IEC TR18047—3	2004 信息技术 射频识别设备性能测试方法 第 3 部分：在 13.56 MHz 的空气接口通信的测试方法	Information technology—Radio frequency identification device conformance test methods—Part 3：Test methods for air interface communications at 13.56 MHz
15	ISO/IEC TR18047—4	2004 信息技术 射频识别设备性能测试方法 第 4 部分：空气接口的测试方法	Information technology—Radio frequency identification device conformance test methods—Part 4：Test methods for air interface
16	ISO/IEC TR18047—6	2006 信息技术 射频识别设备性能测试方法 第 6 部分：在 860 MHz 到 960 MHz 的空气接口通信的测试方法	Information technology—Radio frequency identification device conformance test methods—Part 6：Test methods for air interface communications at 860 MHz to 960 MHz
17	ISO/IEC TR18047—7	2005 信息技术 射频识别设备性能测试方法 第 3 部分：在 433 MHz 的活动空气接口通信的测试方法	Information technology—Radio frequency identification device conformance test methods—Part 7：Test methods for active air interface communications at 433 MHz

序　号	编　号	中文名称	英文名称
18	ISO/IEC19762—3	2005 信息技术 自动识别和数据采集（AIDC）技术 已协调词汇 第 3 部分：射频识别（RFID）	Information technology—Automatic identification and data capture（AIDC）techniques—Harmonized vocabulary—Part 3：Radio frequency identification（RFID）
19	ISO/IEC TR24710	2005 信息技术 项目管理的射频识别 ISO/IEC 18000 空气接口定义用的基本标签许可证平面功能	Information technology—Radio frequency identification for item management—Elementary tag licence plate functionality for ISO/IEC 18000 air interface definitions

参 考 文 献

[1] 赵军辉.射频识别技术与应用[M].北京:机械工业出版社,2008.

[2] 游战清,李苏剑,等.无线射频识别技术(RFID)理论与应用[M].北京:电子工业出版社,2004.

[3] 张肃文.高频电子线路[M].北京:高等教育出版社,2009.

[4] 刘禹,关强.RFID系统测试与应用实务[M].北京:电子工业出版社,2010.

[5] 刘岩.RFID通信测试技术与应用[M].北京:人民邮电出版社,2010.

[6] 樊昌信,曹丽娜.通信原理[M].6版.北京:国防工业出版社,2006.

[7] 纪越峰.现代通信技术[M].2版.北京:北京邮电大学出版社,2004.

[8] 范红梅.RFID技术研究[D].杭州:浙江大学,2006.

[9] 吴江伟.RFID技术在我国铁路专业运输业务中的应用及效益分析[D].成都:西南交通大学,2010.

[10] 刘先超.RFID(射频电子标签)天线的小型化[D].西安:西安电子科技大学,2009.

[11] 杨益.基于RFID的数字化仓库管理系统[D].武汉:华中科技大学,2008.

[12] 郭腾飞,刘齐宏.RFID技术在自行车防盗系统中的应用[J].科协论坛(下半月),2010,4.

[13] 辛鑫.RFID在医药供应链管理中的应用技术研究与开发[D].上海:上海交通大学,2007.

[14] 吴海华.基于RFID技术的图书智能管理系统研究[D].江苏:扬州大学,2009.

[15] 凌云,林华治.RFID在仓库管理系统中的应用[J].中国管理信息化,2009,12(3).

[16] 巨天强.RFID的发展及其应用的现状和未来[J].甘肃科技,2009,25(15).

[17] 李彩红.无线射频识别(RFID)技术及其应用[J].广东技术师范学院报,2006,6.

[18] 王璐,秦汝祥,贾群.基于RFID技术的门禁监控系统[J].微机发展,2003,13(11).

[19] 周学叶,单承赣.基于RFID的门禁系统设计[J].金卡工程,2008,9.

[20] 杨笔锋,唐艳军.基于射频识别的智能车辆管理系统设计[J].计算机测量与控制,2010,18(1).

[21] 王建维,谢勇,吴计生.基于RFID的数字化仓库管理系统的设计与实现[J].网络与信息化,2009,28(4).

[22] 黄峥,古鹏.基于RFID的应用系统研究[J].计算机应用与软件,2011,28(6).

[23] 张有光,杜万,张秀春,杨予强.全球三大RFID标准体系比较分析[J].中国标准化,2006,3.

[24] 庚桂平,苗建军.无线射频识别技术标准化工作介绍[J].Aeronautic Stand ardization & Quality,2007,2(18).

[25] 周晓光,王晓华.射频识别(RFID)技术原理与应用实例[M].北京:人民邮电出版社,2006.